"十二五"高等职业教育能源类专业规划教材
国家示范性高等职业院校精品教材

风力发电技术及应用

曹　莹　主　编
马文静　陈　群　副主编

中国铁道出版社
CHINA RAILWAY PUBLISHING HOUSE

内 容 简 介

本书以职业能力培养为重点，根据风力发电企业发展的需要和完成职业岗位实际工作任务所需要的知识、能力及素质要求，合理选取教学内容。

全书共设置了六个项目：风能资源的测量与评估，风力发电机组的选型，离网型风力发电系统的设计，并网运行风力发电系统控制技术，风力发电机组的安装、运行与维护，风力发电场建设。每个项目包含多个典型的工作任务，学生通过完成“任务”，理解相关理论知识，掌握相关操作技能。

本书教学 PPT 课件，可登录 www.51eds.com 下载。

本书可供高职院校风力发电技术及应用、新能源发电技术等专业的学生使用，也可供从事风力发电技术研究和应用的工程技术人员参考。

图书在版编目(CIP)数据

风力发电技术及应用 / 曹莹主编. —北京：中国铁道出版社，2013.8
“十二五”高等职业教育能源类专业规划教材
ISBN 978-7-113-16619-9

Ⅰ.①风… Ⅱ.①曹… Ⅲ.①风力发电-高等职业教育-教材 Ⅳ.①TM614

中国版本图书馆 CIP 数据核字(2013)第 177743 号

书　　名：风力发电技术及应用
作　　者：曹　莹　主编

策　　划：吴　飞　　　　读者热线：400-668-0820
责任编辑：吴　飞
编辑助理：绳　超
封面设计：付　巍
封面制作：白　雪
责任印制：李　佳

出版发行：中国铁道出版社（北京市宣武区右安门西街 8 号　**邮政编码：**100054）
网　　址：http://www.51eds.com
印　　刷：北京新魏印刷厂
版　　次：2013 年 8 月第 1 版　2013 年 8 月第 1 次印刷
开　　本：787mm×1092mm　1/16　**印张：**16.5　**字数：**417 千
印　　数：1～3000 册
书　　号：ISBN 978-7-113-16619-9
定　　价：32.00 元

前言

FOREWORD

风能是一种取之不尽、用之不竭的绿色环保的再生能源。随着经济的快速发展，能源消耗逐年增加，风力发电对缓解能源匮乏及减轻环境污染起着非常重要的作用。近年来，世界风力发电装机容量以每年平均30%以上的速度快速增长，风力发电技术日渐成熟，单机容量不断增长，风力发电成本大幅降低，展现了良好的发展前景。因此风力发电行业的人才需求也将大大增加，在此背景下，我们编写了《风力发电技术及应用》一书。

本书以职业能力培养为重点，与行业企业合作，进行了基于工作过程的课程开发与设计，充分体现了职业性、实践性和开放性的要求。根据风力发电企业发展的需要和完成职业岗位实际工作任务所需要的知识、能力及素质要求，选取教学内容。分解出从事相关岗位的综合能力和相关的专项能力，共设置了六个项目：风能资源的测量与评估，风力发电机组的选型，离网型风力发电系统的设计，并网运行风力发电系统控制技术，风力发电机组的安装、运行与维护，风力发电场建设。每个项目包含多个典型的工作任务，学生通过完成“任务”，理解相关理论知识，掌握相关操作技能，从而尽快达到岗位要求，实现零距离就业。

本书由曹莹任主编，马文静、陈群任副主编。具体编写分工：曹莹编写项目一、项目二、项目六，马文静编写项目三、项目四，陈群编写项目五。本书由曹莹负责内容编排设计、修改和全书的统稿工作。

本书在编写过程中得到了江苏龙源风力投资有限公司、江苏联能风力发电有限公司、南京康尼科技实业有限公司相关工程技术人员的大力支持和帮助。同时参考了大量的相关文献资料（详见书末的参考文献），借鉴吸收了众多专家、学者的研究成果，在此对相关作者一并表示衷心的感谢！

由于风力发电技术涉及面广，发展迅速，加之编者水平有限，书中难免存在不足和疏漏之处，敬请读者批评指正。

编　者

2013年4月

CONTENTS 目录

项目一 风能资源的测量与评估

风能是太阳能的一种表现形式，是一种可再生的、对环境无污染、对生态无破坏的清洁能源。风能资源在空间分布上是分散的，在时间分布上也是不稳定和不连续的。但是，风能资源的分布仍存在着很强的地域性和时间性。我国的风能资源主要分布在北部、沿海及岛屿等地区。为保证风力发电机组高效率稳定地运行，达到预期的目标，风力发电场场址必须具备较丰富的风能资源，因此，对拟建风力发电场的地区进行细致的风能资源勘测研究、风能资源评估，是风力发电场建设项目前期必须进行的重要的工作。

本项目包括三个学习性工作任务：

任务一　风和风能基础知识认知

任务二　风能资源的测量

任务三　风能资源的评估

任务一　风和风能基础知识认知

学习目标

(1) 了解风形成的原因以及大气环流的形成。

(2) 掌握季风、海陆风、山风的形成。

(3) 掌握测风系统的组成，风速和风向的测量方法。

(4) 掌握模拟风力发电场装置的组装与调试方法。

任务描述

风是人类最熟悉的一种自然现象，风无处不在。太阳辐射造成地球表面大气层受热不均，引起大气压力分布不均，在不均的压力作用下空气沿水平方向运动就形成了风。风能是一种最具活力的可再生能源，它实质上是太阳能的转化形式，因此是取之不尽的。通过本任务的学习，掌握风的成因以及风速和风向的测量方法，了解模拟风力发电场装置的组成，掌握模拟风力发电场装置的安装方法。

相关知识

一、风的形成

1. 风的成因

风是由于空气受冷或者受热而导致从一个地方向另一个地方产生移动的结果。简单地说，空气的流动现象称为风。空气运动主要是由于地球上各个纬度所接受的太阳辐射强度不同形成的，风能实质上是太阳能的转化形式，因此是取之不尽的。

风在地表上形成的根本原因是太阳能量的传输，由于地球是一个球体，太阳光辐射到地球上的能量随纬度不同而不同。在赤道和低纬度地区，太阳高度角大，日照时间长，太阳辐射强度大，地面和大气接收的热量多、温度较高；在高纬度地区，太阳高度角小，日照时间短，地面和大气接收的热量少，温度较低。这种高纬度与低纬度之间的温度差异，形成了南北之间的气压梯度，使空气做水平运动，风应沿水平气压梯度方向吹，即垂直于等压线从高压向低压吹。

由于地球自转形成的地转偏向力称为科里奥利力，简称偏向力或科氏力。这种力使北半球气流向右偏转，南半球气流向左偏转，所以地球大气运动除受气压梯度力影响外，还要受地转偏向力的影响。因此，大气的真实运动是两个力综合影响的结果。

实际上，地面上的风不仅受这两个力的支配，而且在很大程度上受海洋、地形的影响，山谷和海峡能改变气流运动的方向，还能使风速增大，而丘陵、山地由于摩擦大使风速减少，孤立山峰却因海拔高使风速增大。因此，风向和风速的时空分布较为复杂。

2. 大气环流

大气环流是指大范围的大气运动状态。某一大范围的地区、某一大气层在一个长时期的大气运动的平均状态或者某一个时段的大气运动的变化过程，都可以称为大气环流。

当空气由赤道两侧上升向极地流动时，开始因地转偏向力很小，空气基本受气压梯度力影响，在北半球，由南向北流动，随着纬度的增加，地转偏向力逐渐加大，空气运动也就逐渐向右偏转，也就是逐渐转向东方。在纬度30°附近，偏角达到90°，地转偏向力与气压梯度力相当，空气运动方向与纬圈平行，所以在纬度30°附近上空，赤道来的气流受到阻塞而聚积，气流下沉，形成这一地区地面气压升高，就是所谓的副热带高压。

副热带高压下沉气流分为两支。一支从副热带高压向南流动，指向赤道，在地转偏向力作用下，北半球吹东北风，南半球吹东南风，风速稳定且不大（3～4级），这就是所谓的信风，所以在南北纬度30°之间的地带称为信风地带，这支气流补充了赤道的上升气流，构成了一个闭合的环流圈，称为哈德莱（Hadley）环流，又称正环流圈，此环流圈南面上升，北面下沉；另一支从副热带高压向北流动，在地转偏向力的作用下，北半球吹西风，且风速较大，这就是所谓的西风带，在60°附近处，西风带遇到了由极地向南流来的冷空气，被迫沿冷空气上面爬升，在60°地面出现一个副极地低压带。

副极地低压带的上升气流，到了高空又分成两股：一股向南，一股向北。向南的一股气流在副热带地区下沉，构成一个中纬度闭合圈，正好与哈德莱环流流向相反，此环流圈北面上升、南面下沉，所以称为反环流圈，又称费雷尔（Ferrel）环流圈；向北的一股气流，从上空到达极地后冷却下沉，形成极地高压带，这股气流补偿了地面流向副极地带的气流，而且形成了一个闭合圈，此环流圈南面上升、北面下沉，与哈德莱环流流向类似，因此又称正环流。在北半球，此气流由北向南，受地转偏向力的作用，吹偏东风，在60°～90°之间，形成了极地东风带。

综上所述，由于地球表面受热不均，引起大气层中空气压力不均衡，因此，形成地面与高空的大气环流。各环流圈伸屈的高度，以赤道最高，中纬度次之，极地最低。这主要是由于地球表面增热程度随纬度增高而降低的缘故。这种环流在地球地转偏向力的作用下，形成了赤道～纬度30°环流圈（哈德莱环流）、纬度30°～60°环流圈（费雷尔环流）和纬度60°～90°环流圈（极地环流），这便是著名的三圈环流，如图1.1所示。

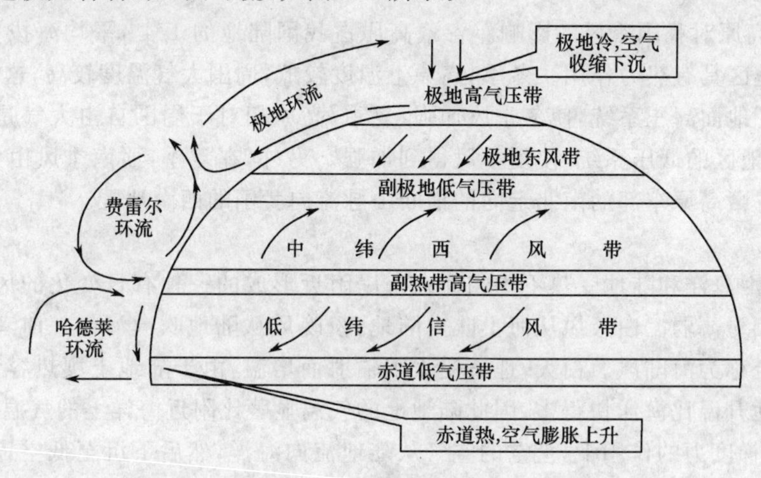

图1.1　三圈环流示意图

3. 风的类型

风受大气环流、地形、水域等不同因素的综合影响，表现形式多种多样，如季风、地方性的海陆风、山谷风、台风等。

1）季风

在一个大范围地区内，它的盛行风向或气压系统有明显的季节变化，这种在一年内随着季节不同有规律转变风向的风称为季风。

季风环流是季风气候的主要反映。季风环流形成的主要原因是由于海陆分布的热力差异、行星风带的季节转换以及地形特征等综合形成的，如图1.2所示。

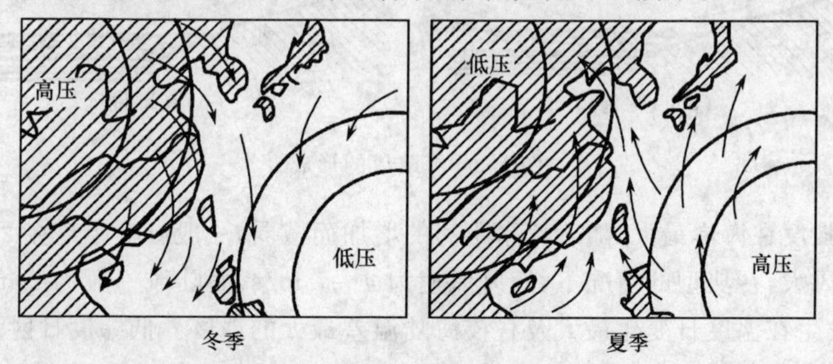

图1.2　季风的形成

(1) 海陆分布对我国季风的影响。海洋的热容量比陆地大得多。夏季，陆地比海洋暖，大陆气压低于海洋，气压梯度力由海洋指向大陆，风从海洋吹向大陆；冬季正好相反，海洋很快变暖，陆地相对较冷，大陆气压高于海洋，气压梯度力由大陆指向海洋，风从大陆吹向海洋。我国东临太平洋，南临印度洋，冬夏的温差大，所以季风明显。

(2) 行星风带的季节转换对我国季风的影响。从图 1.1 可以看出，地球上存在着 5 个风带。信风带，盛行西风带、极地东风带在南半球和北半球是对称分布的。这 5 个风带在北半球的夏季都向北移动，而冬季向南移动，这样冬季西风带的南缘地带在夏季就可以变成东风带。因此，冬夏盛行风就会发生 180°的变化。冬季，我国主要在西风带影响下，强大的西伯利亚高压笼罩着全国，盛行偏北风。夏季西风带北移，我国在大陆热低压控制下，副热带高压也北移，盛行偏南风。

(3) 青藏高原对我国季风的影响。青藏高原占我国陆地的 1/4 ，平均海拔在 4 000 m 以上，对于周围地区具有热力作用。冬季，高原上温度较低，周围大气温度较高，这样形成下沉气流，从而加强了地面高压系统，使冬季风加强；夏季，高原相对于周围自由大气是一个热源，加强了高原周围地区的低压系统，使夏季风得到加强。另外，在夏季，西南季风由孟加拉湾向北推进时，沿着青藏高原东部的南北走向的横断山脉流向我国的西南地区。

2) 海陆风

海陆风是因海洋和陆地受热不均匀而在海岸附近形成的一种有日变化的风系，周期为一昼夜，其势力相对薄弱。白天风从海上吹向陆地，夜晚风从陆地吹向海洋。前者称为海风，后者称为陆风，合称为海陆风。白天，地表受太阳辐射而增温，由于陆地土壤热容量比海水热容量小得多，陆地升温比海洋快得多，因此陆地上的气温显著比附近海洋上的气温高。陆地上空气在水平气压梯度力的作用下，上空的空气从陆地流向海洋，然后下沉至低空，又由海面流向陆地，再度上升，遂形成低层海风和铅直剖面上的海风环流。海风从每天上午开始直到傍晚，风力下午最强。日落以后，陆地降温比海洋快；到了夜间，海上气温高于陆地，就出现与白天相反的热力环流而形成低层陆风和铅直剖面上的陆风环流。海陆的温差，白天大于夜晚，所以海风较陆风强，如图 1.3 所示。

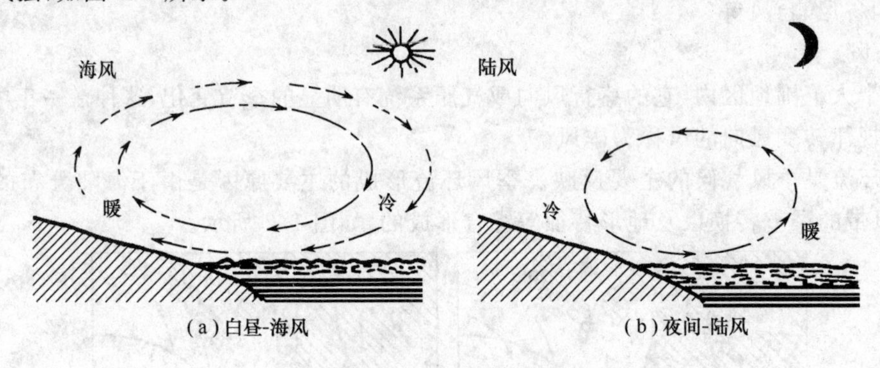

图 1.3　海陆风的形成

海陆风的强度在海岸最大，随着离岸距离的增加而减弱，一般影响距离在 20～50 km。海风的风速比陆风大，在典型的情况下，海风风速为 4～7 m/s，而陆风一般为 2 m/s。海陆风最强烈的地区，发生在温度日变化最大及昼夜海陆温差最大的地区。低纬度日射强，所以海陆风较为明显，尤以夏季为甚。

此外，在大湖附近同样日间有风自湖面吹向陆地，称为湖风；夜间有风自陆地吹向湖面，称为陆风，合称为湖陆风。

3) 山谷风

山谷风是由于山谷与其附近空气之间的热力差异而引起的，形成原理与海陆风类似。白天，山坡接受太阳光热较多，成为一只小小的“加热炉”，空气增温较多；而山谷上空，同高度上的空气因离地较远，增温较少。于是山坡上的暖空气不断上升，并在上层从山坡流向谷地，谷底的空气则沿山坡向山顶补充，这样便在山坡与山谷之间形成一个热力环流。下层风由谷底吹向山坡，称为谷风。到了夜间，山坡上的空气受山坡辐射冷却影响，"加热炉"变成了"冷却器"，空气降温较多；而谷地上空，同高度的空气因离地面较远，降温较少。于是山坡上的冷空气因密度大，顺山坡流入谷地，谷底的空气因汇合而上升，并从上面向山顶上空流去，形成与白天相反的热力环流。下层风由山坡吹向谷地，称为山风。山风和谷风合称为山谷风，如图 1.4 所示。

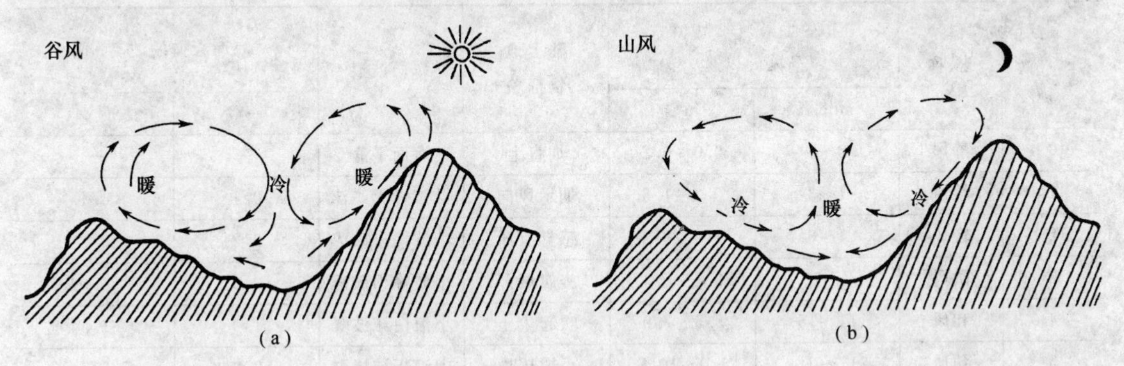

图 1.4　山谷风形成图

山谷风一般比较弱，谷风比山风大一些，谷风风速一般为 2～4 m/s，有时为 6～7 m/s，在通过山隘时，风速加大。山风风速一般仅为 1～2 m/s，但在峡谷中，风力可能还会大一些。

4）台风

台风是发生在热带海洋上强烈的热带气旋。它像在流动江河中前进的涡旋一样，一边绕自己的中心急速旋转，一边随周围大气向前移动。在北半球热带气旋中的气流绕中心呈逆时针方向旋转，在南半球则相反。愈靠近热带气旋中心，气压愈低，风力愈大。但发展强烈的热带气旋，如台风，其中心却是一片风平浪静的晴空区，即台风眼。台风中心气压很低，一般为 87～99 kPa，中心附近地面最大风速一般为 30～50 m/s，有时可超过 80 m/s，如图 1.5 所示。

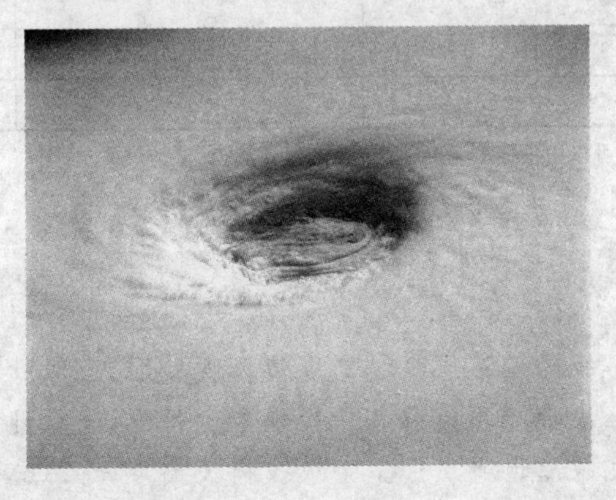

图 1.5　台风眼

4. 风力等级

风力等级（wind scale）简称风级，是风强度的一种表示方法。风越强，数值越大。用风速仪测得的风速可以套用为风级，同时也可通过目测陆地或者海面上的物体征象估计风力等级。

1) 风级

风级是根据风对地面或海面物体影响而引起的各种现象，按风力的强度等级来估计风力的大小，国际上通用的风力等级是由英国人蒲福(Francis Beaufort)于1805年拟定的，所以又称“蒲福风力等级”。他最初是根据风对炊烟、沙尘、地物、渔船、海浪等的影响，将风力从静风到飓风分为13个等级(0～12级)，1946年以后又增加到18个等级(0～17级)，见表1.1。我国天气预报中一般采用13等级分法。一般风力达到6级时，气象台就发布大风警报。

表1.1 蒲福风力等级

风力等级	名称	相当于离平地10 m高处的风速		陆上地物征象	海面波浪	海面大概的波高/m	
		mile/h	m/s			一般	最高
0	静风	0～1	0.0～0.2	烟直上	海面平静	—	—
1	软风	1～3	0.3～1.5	烟示风向	微波峰无飞沫	0.1	0.1
2	轻风	4～6	1.6～3.3	感觉有风	小波峰未破碎	0.2	0.3
3	微风	7～10	3.4～5.4	旌旗展开	小波峰顶破碎	0.6	1.0
4	和风	11～16	5.5～7.9	吹起尘土	小浪白沫波峰	1.0	1.5
5	劲风	17～21	8.0～10.7	小树摇摆	中浪折沫峰群	2.0	2.5
6	强风	22～27	10.8～13.8	电线有声	大浪白沫高峰	3.0	4.0
7	疾风	28～33	13.9～17.1	步行困难	破峰白沫成条	4.0	5.5
8	大风	34～40	17.2～20.7	折毁树枝	浪长高有浪花	5.5	7.5
9	烈风	41～47	20.8～24.4	小损房屋	浪峰倒卷	7.0	10.0
10	狂风	48～55	24.5～28.4	拔起树木	海浪翻滚咆哮	9.0	12.5
11	暴风	56～63	28.5～32.6	损毁重大	波峰全呈飞沫	11.5	16.0
12	飓风	64～71	32.7～36.9	摧毁极大	海浪滔天	14.0	—
13		72～80	37.0～41.4				
14		81～89	41.5～46.1				
15		90～99	46.2～50.9				
16		100～108	51.0～56.0				
17		109～118	56.1～61.2				

注：13～17级风力是当风速可以用仪器测定时使用，故未列特征。

阅读材料1.1

风 力 歌

零级烟柱直冲天，一级轻烟随风飘。二级清风吹脸面，三级叶动红旗展。

四级枝摇飞纸片，五级带叶小树摇。六级举伞步行难，七级迎风走不便。

八级风吹树枝断，九级屋顶飞瓦片。十级拔树又倒屋，十一二级陆上少。

2) 风速与风级的关系

除了查表外，还可以通过式(1.1)～式(1.3)来计算风速。

如已知某一风级时，其关系式为

$$\overline{V}_N = 0.1 + 0.824N^{1.505} \tag{1.1}$$

式中　N——风的级数；

$\overline{V}_N$——N 级风的平均风速，m/s。

若计算 N 级风的最大风速$\overline{V}_{N\max}$，其公式为

$$\overline{V}_{N\max}=0.2+0.824N^{1.505}+0.5N^{0.56} \tag{1.2}$$

若计算 N 级风的最小风速$\overline{V}_{N\min}$，其公式为

$$\overline{V}_{N\min}=0.824N^{1.505}-0.56 \tag{1.3}$$

二、风的测量

测风，主要是测量风向和风速，有了风速，就可以计算出当时的气压、温度、湿度下的风能。风向测量是指测量风的来向，风速测量是测量单位时间内空气在水平方向上移动的距离。

1. 测风系统

对于初选的风力发电场选址区应采用高精度的自动测风系统进行风的测量。

自动测风系统主要由 5 部分组成，包括主机、传感器、数据存储装置、保护和隔离装置、电源。

主机是利用微处理器对传感器发送的信号进行采集、运算和存储，由数据记录装置、数据读取装置、微处理器、显示装置组成。

传感器种类很多，分为风速传感器、风向传感器、温度传感器、气压传感器。输出信号一般为数字信号。

由于测风系统安装在野外，因此数据存储装置应有足够的存储空间，而且为了野外操作方便，最好采用可插接形式。

测风系统输入信号可能会受到各种干扰，设备会随时遭受破坏，如恶劣的冰雪天气会影响传感器信号，雷电天气干扰传输信号因而出现误差等。因此，一般在传感器输入信号和主机之间增设保护和隔离装置，从而提高系统运行的可靠性。

测风系统电源一般采用电池供电。为了提高系统工作的可靠性，还应配备一套或两套备用的电源，如太阳能光板等。主电源和备用电源互为备用，可自动切换。

2. 风向测量

风的测量包括风向测量和风速测量。风向测量是指测量风的来向。

1）风向测量仪器

风向标是一种应用比较广泛的风向测量装置，有单翼型、双翼型和流线型等。风向标一般是由尾翼、指向杆、平衡锤及旋转主轴四个部分组成的首尾不对称的平衡装置。其重心在支撑轴的轴心上，整个风向标可以绕垂直轴自由摆动。在风的动压力作用下，取得指向风来向的一个平衡位置，即风向的指示。传送和指示风向标所在方位的方法很多，有电触点盘、环形电位、自整角机和光电码盘四种类型。其中，最常用的是光电码盘。

风向杆的安装方位指向正南，一般安装在离地 10 m 的高度上，如图 1.6 所示。

2）风向表示

风向一般用 16 个方位表示，即北东北（NNE）、东北（NE）、东东北（ENE）、东（E）、东东南（ESE）、东南（SE）、南东南（SSE）、南（S）、南西南（SSW）、西南（SW）、西西南（WSW）、西（W）、西西北（WNW）、西北（NW）、北西北（NNW）、北（N）。静风记为 C。

风向也可以用角度来表示，以正北为零度，顺时针方向旋转，每转过 22.5°为一个方位，东风为 90°，南风为 180°，西风为 270°，北风为 360°，如图 1.7 所示。

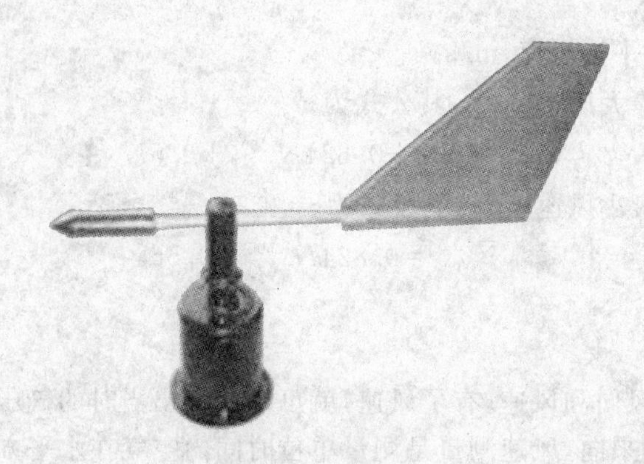

图 1.6 风向仪

各种风向出现的频率通常用风玫瑰图来表示。风玫瑰图是以“玫瑰花”形式表示各方向气流状况重复率的统计图形，一般又称风频图，如图 1.8 所示。在图中，该地区最大风频的风向为西风，约为 13%(每一间隔代表风向频率 5%)。同理，统计各种风向上的平均风速和风能的图分别称为风速玫瑰图和风能玫瑰图。

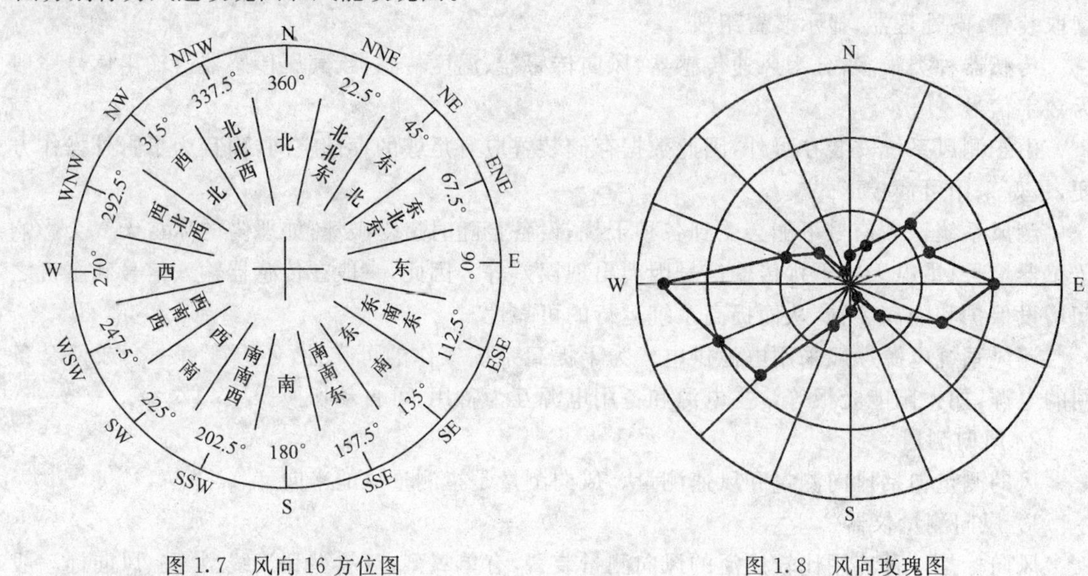

图 1.7 风向 16 方位图

图 1.8 风向玫瑰图

3. 风速测量

风速测量是指测量单位时间内空气在水平方向上移动的距离。

1) 风速计

风速的测量仪器类型很多，有旋转式风速计、压力式风速计、散热式风速计、声学风速计。

(1) 旋转式风速计。旋转式风速计的感应部分是一个固定在转轴上的感应风的组件，常用的有风杯式(见图 1.9)和螺旋桨式(见图 1.10)两种。风杯式旋转轴垂直于风的来向，螺旋桨式的旋转轴平行于风的来向。

风杯式风速计的主要优点是与风向无关。风杯式风速计一般有 3 个或 4 个半球形或抛物锥形的空心杯壳组成。风杯式风速计固定在互成 120°的三叉星形支架上或互成 90°的十字形支架上，风杯的凹面顺着同一方向，整个横臂架固定在能够旋转的垂直轴上。在风力的作用下，风杯的凹面和凸面所受的风的压力不相等，风杯绕转轴旋转，转速正比于风速。

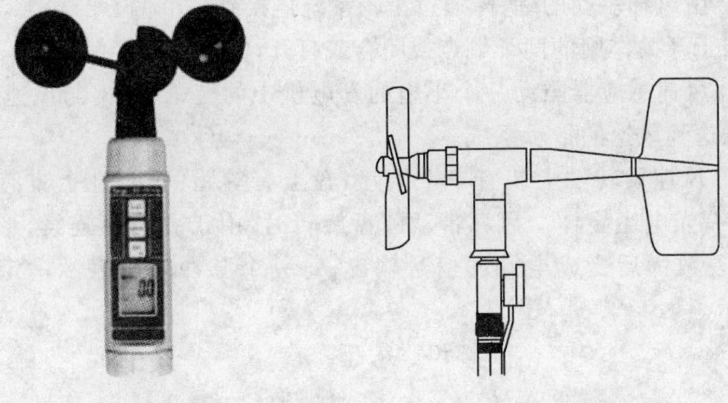

图 1.9　风杯式　　　　图 1.10　螺旋桨式

(2) 压力式风速计。压力式风速计是利用风的全压力与静压力之差来测定风速的大小。通过双联皮托管，一个管口迎着气流的方向，感应着气流的全压力，另一个管口背着气流的来向，因为有抽吸作用，所感应的压力要比静压力要低一些。两个管子所感应的压力差与风速成一定的关系，如图 1.11 所示。

(3) 散热式风速计。被电流加热的细金属丝或者微型球体电阻元件，放置在气流中，其散热率与风速的平方根成线性关系。通常在使加热电流不变时，测出被加热物体的温度，就能推算出风速。散热式风速计感应速度快，时间常数只有百分之几秒，在小风速测量时灵敏度较高，适用于室内和野外的大气湍流实验，但不能测量风向，如图 1.12 所示。

图 1.11　压力式风速计

图 1.12　散热式风速计

(4) 声学风速计。声学风速计是利用声波在大气中传播的速度与风速间的函数关系来测量风速。声波在大气中传播的速度为声波的传播速度与气流速度的代数和。它与气温、气压、湿度等因素有关。在一定距离内，声波顺风与逆风传播有个时间差。由这个时间差，便可以确定气流速度。声学风速计没有转动部件，因此响应快，能测定沿任何指定方向的风速分量的特性，但价格较高。

一般的风速测量采用的是旋转式风速计。

2) 风速记录

记录风速是通过信号的转换方法来实现的，一般有如下 4 种方式：

(1) 机械式。当风速感应器旋转时，通过蜗杆带动蜗轮转动，再通过齿轮系统带动齿针旋转,从刻度盘上直接读出风的行程,除以时间就可以得到风速。

(2) 电接式。由风杯驱动的蜗杆,通过齿轮系统连接到一个偏心凸轮上,风杯旋转一定圈数,凸轮使得相当于开关作用的两个触点或闭合或打开,完成一次接触,表示一定的风程。

(3) 电机式。风速感应器驱动一个小型的发电机中的转子,输出与风速感应器转速成正比的交变电流,输送到风速的指示系统。

(4) 光电式。风速旋转轴上装有一个圆盘,盘上有等距的孔,孔上方有一红外光源(发光管),正下方有一光电半导体。风杯带动圆盘旋转时,由于孔的不连续,形成光脉冲信号,经光敏晶体管接受放大后变成电脉冲信号输出,每一个脉冲信号表示一定的风的行程,结构如图 1.13 所示。

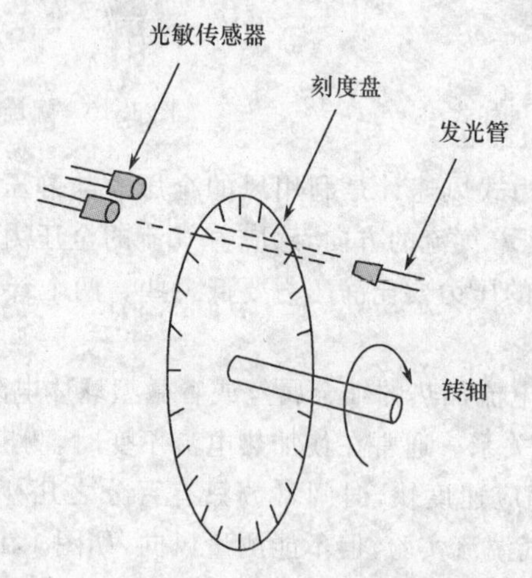

图 1.13 光电式的结构图

3) 风速表示

各国表示风速单位的方法不尽相同,如用 m/s,n mile/h,km/h,ft/s,mile/h 等。各种单位换算的方法如表 1.2 所示。

表 1.2 各种风速单位换算表

单　位	m/s	n mile/h	km/h	ft/s	mile/h
m/s	1	1.944	3.600	3.281	2.237
n mile/h	0.514	1	1.852	1.688	1.151
km/h	0.278	0.540	1	0.911	0.621
ft/s	0.305	0.592	1.097	1	0.682
mile/h	0.447	0.869	1.609	1.467	1

风速的大小与风速计安装高度和观测时间有关。各国基本上都以 10 m 高处观测为基准,但取多长时间的平均风速不统一,平均风速有取 1 min、2 min、10 min 的,也有取 1 h 的,也有取瞬时风速的。

我国气象站观测时有 3 种风速,1 天 4 次定时 2 min 平均风速、自记 10 min 平均风速和瞬时风速。风能资源计算时,都用自记 10 min 平均风速。安全风速计算时用最大风速(10 min 平均最大风速)或瞬时风速。

任务实施

1. 观察模拟风力发电场的组成

模拟风力发电场由轴流风机、轴流风机框罩、测速仪、风力发电场运动机构、风力发电场运动机构箱、单相交流电动机、电容器、连杆、滚轮、万向轮、微动开关、护栏组成，如图 1.14 所示。

轴流风机安装在轴流风机框罩内，轴流风机框罩安装在风力发电场运动机构上，轴流风机提供可变电源。

风力发电场运动机构由传动齿轮链机构组成，单相交流电动机和风力发电场运动机构安装在风力发电场运动机构箱中，风力发电场运动机构箱与风力发电机塔架用连杆连接。当单相交流电动机旋转时，传动齿轮链机构带动滚轮运动，风力发电场运动机构箱围绕发电机的塔架做圆周旋转运动，当轴流风机输送可变风量时，在风力发电机周围形成风向和风速可变的风力发电场。

测速仪安装在风力发电机与轴流风机框罩之间，用于检测模拟风力发电场的风速。

万向轮支撑风力发电场运动机构。

微动开关用于风力发电场运动机构限位。

图 1.14　模拟风力发电场装置

2. 练习组装模拟风力发电场

（1）将单相交流电动机、电容器安装在风力发电场运动机构箱内，再将滚轮、万向轮安装在风力发电场运动机构箱底部。

（2）用齿轮和链条连接单相交流电动机和滚轮。

（3）将轴流风机安装在轴流风机支架上，再将轴流风机和轴流风机支架安装在轴流风机框罩，然后将轴流风机框罩安装在风力发电场运动机构箱上，要求紧固件不松动。

（4）在风力发电机塔架座上安装两个微动开关。

（5）用连杆将风力发电场运动机构箱与风力发电机塔架座连接起来。

（6）根据风力供电主电路电气原理图和接插座，焊接轴流风机、单相交流电动机、电容器、微动开关的引出线，引出线的焊接要光滑、可靠，焊接端口使用热缩管绝缘。

(7) 整理上述焊接好的引出线，将电源线、信号线和控制线在相应的接插座中，接插座端的引出线使用管型端子和接线标号。

3. 分组讨论

(1) 模拟风力发电场的作用是什么？

(2) 模拟风力发电场中微动开关的作用是什么？

(3) 模拟风力发电场装置风量可变的风源是由哪个机构完成？

任务二　风能资源的测量

学习目标

(1) 了解风能的特点。

(2) 熟悉我国风能资源分布的规律。

(3) 掌握绘制风向频率玫瑰图的方法。

(4) 会计算风能、风功率密度。

(5) 掌握风速风向仪的安装与测试方法。

任务描述

风能的储量是巨大的，为了决策风能开发的可能性、规模性和潜在的能力，对一个地区乃至全国的风能资源储量的了解是必须的，因此风能资源的测量也是必不可少的。通过本任务的学习，了解风能资源的数学表达和测量方法，熟悉风速风向仪的基本原理和结构，掌握风速风向仪的安装和测试方法。

相关知识

一、风能的特点

与其他能源形式相比，风能具有以下特点：

1) 风能蕴藏量大、分布广

据世界气象组织估计，全球可利用风能资源约为200亿千瓦，为地球上可利用水资源的10倍。我国约20%的国土面积具有比较丰富的风能资源，我国最近一次风力普查（2004年）显示，我国陆地上风能资源技术可开发量为2.97亿千瓦。

2) 风能是可再生能源

不可再生能源是指消耗一点就少一点，短期内不能再产生的自然能源。它包括煤、石油、天然气、核燃料等。可再生能源是指可循环使用或不断得到补充的自然资源。如：风能、太阳能、水能、潮汐能、生物能等。因此，风能是一种可再生能源，但又是一种过程性能源，不能直接储存，不用就过去了。

3) 风能利用对环境基本不造成直接的污染和影响

风力发电机组运行时，只降低了地球表面气流的速度，对大气环境的影响较小。风力发电机组运行时，噪声在 40～50 dB，远小于汽车的噪声，在距风力发电机组 50 m 外已基本没有影响。风力发电机组对鸟类的歇息环境可能会造成一定的影响。因此，风力发电属于清洁能源，对环境的负面影响非常有限，对于保护地球环境、减少 CO_2 温室气体排放具有重要意义。

4）风能的能量密度低

由于风能来源于空气的流动，而空气的密度是很小的，因此，风力的能量密度也很小，只有水力的 1/816，这是风能的一个重要缺陷。因此，风力发电机组的单机容量一般较小。我国一般以 1.5～2 MW 级风力发电机组为主，世界上最大的商业运行机组也只有 5 MW。

5）不同地区风能差异大

由于地形的影响，风力的地区差异非常明显。一个邻近的区域，有利地形下的风力，往往是不利地形下的几倍甚至几十倍。

6）风能具有不稳定性

风能随季节性影响很大，我国亚洲大陆东部，濒临太平洋，季风强盛。冬季我国北方受西伯利亚冷空气影响较大，夏季我国东南部受太平洋季风影响较大。由于气流瞬息万变，因此风的脉动、日变化，季变化以至年际的变化都十分明显，波动很大，极不稳定。

阅读材料 1.2

风能利用历史

人类利用风能的历史可以追溯到公元前。我国是世界上最早利用风能的国家之一。公元前数世纪我国人民就利用风力提水、灌溉、磨面、舂米，用风帆推动船舶前进。埃及尼罗河上的风帆船、中国的木帆船，都有两三千年的历史记载。唐代有“乘风破浪会有时，直挂云帆济沧海”的诗句，可见那时风帆船已广泛用于江河航运。到了宋代更是我国应用风车的全盛时代，当时流行的垂直轴风车，一直沿用至今。

在国外，公元前 2 世纪，古波斯人就利用垂直轴风车碾米。10 世纪伊斯兰人用风车提水，11 世纪风车在中东已获得广泛的应用。13 世纪风车传至欧洲，14 世纪已成为欧洲不可缺少的原动机。在荷兰，风车先用于莱茵河三角洲湖地和低湿地的汲水，其风车的功率可达 50 马力（1 米制马力＝735.498 75 W），以后又用于榨油和锯木。到了 18 世纪 20 年代，在北美洲，风力机被用来灌溉田地和驱动发电机发电。18 世纪波斯的风车模型和栅架式风车模型分别如图 1.15、图 1.16 所示。从 1920 年起，人们开始研究利用风力机做大规模发电。1931 年，在苏联的 Crimean Balaclava 建造了一座 100 kW 容量的风力发电机，这是最早商业化的风力发电机。

数千年来，风能技术发展缓慢，也没有引起人们足够的重视。但自 1973 年世界石油危机以来，在常规能源告急和全球生态环境恶化的双重压力下，风能作为新能源的一部分才重新有了长足的发展。风能作为一种无污染和可再生的新能源，有着巨大的发展潜力，特别是对沿海岛屿，交通不便的边远山区，地广人稀的草原牧场，以及远离电网和近期内电网还难以到达的农村、边疆，作为解决生产和生活能源的一种可靠途径，有着十分重要的意义。即使在发达国家，风能作为一种高效清洁的新能源也日益受到重视。美国早在 1974 年就开始实行联邦风能计划。其内容主要是：评估国家的风能资源；研究风能开发中的社会和环境问题；改进风力发电机的性能，降低造价；主要研究为农业和其他用户用的小于 100 kW 的风力发电机；为电力公司及工业用户设计的兆瓦级的风力发电机组。美国已于

20 世纪 80 年代成功地开发了 100 kW、200 kW、2 000 kW、2 500 kW、6 200 kW、7 200 kW 的 6 种风力发电机组。目前美国已成为世界上风力发电机装机容量最多的国家，每年还以 10%的速度增长。现在世界上最大的新型风力发电机组已在夏威夷岛建成运行，其风力发电机叶片直径为 97.5 m，重 144 t，风轮迎风角的调整和机组的运行都由计算机控制，年发电量达 1 000 万千瓦·时。根据美国能源部的统计至 1990 年美国风力发电量已占总发电量的 1%。在瑞典、荷兰、英国、丹麦、德国、日本、西班牙，也根据各自国家的情况制定了相应的风力发电计划。如瑞典 1990 年风力发电机的装机容量已达 350 MW，年发电 10 亿千瓦·时。丹麦在 1978 年即建成了日德兰风力发电站，装机容量 2 000 kW，三片风叶的扫掠直径为 54m，混凝土塔高 58 m。联邦德国 1980 年就在易北河口建成了一座风力发电站，装机容量为 3 000 kW。英伦三岛濒临海洋，风能十分丰富，政府对风能开发也十分重视，到 1990 年风力发电已占英国总发电量的 2%。在日本，1991 年 10 月轻津海峡青森县的日本最大的风力发电站投入运行，5 台风力发电机可为 700 户家庭提供电力。

图 1.15　18 世纪波斯的风车模型

图 1.16　棚架式风车模型

二、风能资源的数学描述

在统计风能资源时，主要考虑风况和风功率密度。

1. 风况

1）年平均风速

年平均风速是一年中各次观测的风速之和除以观测的次数，是最直观、最简单表示风能大小的指标之一。

我国在建设风力发电场时，一般要求当地在 10 m 高处的年平均风速在 6 m/s 左右，这时，风功率密度在 200～250 W/m^2，相当于风力发电机组满功率运行的时间在 2 000～2 500 h，从经济分析来看是有利的。

但是用年平均风速来要求也存在一定的缺点，因为它不包含空气密度和风频在内，即使年平均风速相同，其风速概率分布 $p(v)$ 也不一定相同，计算出的可利用风能小时数和风能有很大的差异（见表 1.3）。从表 1.3 中可以看出，一年中风速大于或等于 3 m/s 的小时数，在年平均风速基本相同的情况下，最大的可相差几百小时，占一年中风速大于或等于 3 m/s 的小时数的 30%，两者相同的几乎没有。

表 1.3 各地风速、风能对比

地名	嵊泗	泰山	青岛	石浦	长春	满洲里	西沙	五道梁	茫崖	大连
年平均风速/(m/s)	6.78	6.68	5.28	5.23	4.2	4.2	4.79	4.79	4.85	4.90
一年中风速大于或等于 3 m/s 的小时数/h	7723	6940	7115	7015	5534	5888	6634	5742	6347	6332
两站差值	783		100		354		892		15	
两站比值	1.11		1.01		1.06		1.16		1.00	
一年中风速大于或等于 3 m/s 的风能/kW	3169	2966	1568	1486	1196	851	1137	1082	1001	1502
两站差值	203		82		345		109		501	
两站比值	1.07		1.06		1.41		1.11		1.50	

2) 风速年变化

风速年变化是指风速在一年内的变化。我国一般是春季风速大，夏秋季风速小。这既有利于风电和水电的互补，又便于安排风力发电机组的检修时间(一般安排在风速较小的月份)。

3) 风速日变化

风速是瞬息万变的，风速日变化是指风速在一日内的变化。风速日变化的原因是太阳辐射而造成的地面热力不均匀。一般说来，风速日变化分陆、海两种类型。陆地午后风速大，14时达到最大；夜间风速小，6 时左右风速最小。因为午后地面最热，上下对流最旺盛，高空大风的动能下传也最多。海上白天风速小、夜间风速大，这是由于白天大气层的稳定度大，海面上气温比海温高所致。

当风速日变化与电网的日负载曲线特性相一致时，风况也是最好的。

4) 风速随高度变化

在大气边界层中，由于空气运动受地面植被、建筑物的影响，风速随距地面的高度增加而发生明显的变化，这种变化规律称为风剪切或风速廓线，一般接近于对数分布率或指数分布率。

(1) 对数率分布。在离地高度 100 m 内的表面层中，可以忽略剪切应力的变化，这时，风速廓线可采用普朗特对数率来表示，即

$$V=\frac{V^*}{K}\ln\left(\frac{Z}{Z_0}\right) \tag{1.4}$$

$$V^*=\sqrt{\frac{\tau_0}{\rho}} \tag{1.5}$$

式中 V——风速，m/s；

K——卡曼常数，其值为 0.4 左右；

V^*——摩擦速度，m/s；

ρ——空气密度，kg/m^3，一般取 1.225 kg/m^3；

τ_0——地面剪切应力，N/m^2；

Z——离地高度，m；

Z_0——粗糙度参数，m。

不同地表面状态下的粗糙度见表 1.4。

表 1.4　不同地表面状态下的粗糙度

地形	沿海区	开阔地	建筑物不多的郊区	建筑物较多的郊区	大城市中心
Z_0/m	0.005～0.01	0.03～0.10	0.20～0.40	0.80～1.20	2.00～3.00

(2) 指数率分布。目前多数国家采用经验的指数率分布来描述近地层中平均风速随高度的变化，风速廓线的指数率分布可以表示为

$$V_n = V_1 \left(\frac{Z_n}{Z_1}\right)^{\alpha} \tag{1.6}$$

式中　V_n——Z_n 高度处的风速，m/s；

V_1——Z_1 高度处的风速，m/s；

α——风切变指数。

α 取值大小受地面环境的影响，在计算不同高度风速时，α 可按表 1.5 取值。

表 1.5　不同地表面状态下的风切变指数值

地面情况	α	地面情况	α
光滑地面、海洋	0.10	树木多，建筑物少	0.22～0.24
草地	0.14	森林、村庄	0.28～0.30
较高草地、城市地	0.16	城市高建筑物	0.40
高农作物少量树木	0.20		

如果已知 Z_n、Z_1 两个高度的实际平均风速，风切变指数 α 可由式(1.7)计算。

$$\alpha = \frac{\lg(V_n/V_1)}{\lg(Z_n/Z_1)} \tag{1.7}$$

实测结果表明：用对数率分布和指数率分布都能较好地描述风速随高度的分布规律，其中指数率分布偏差较小，而且计算简便，因此更为通用。

5) 风向玫瑰频率图

风向玫瑰频率图表示各方位出现风的频率，可以确定主导的风向，在设计时，要求机组排列垂直于主导方向。

6) 湍流强度

湍流是指风速、风向及其垂直分量的迅速扰动或不规则运动，是重要的风况特征。根据湍流形成的原因可分为两种湍流：一种是由于垂直方向温度分布不均匀引起的热力湍流，它的强度主要取决于大气的稳定度；另一种是由于垂直方向风速分布不均匀及地面粗糙度引起的机械湍流，它的强度主要取决于风速梯度和地面粗糙度。实际的湍流是上述两种湍流的叠加。

湍流强度是脉动风速的均方差 σ 与平均风速 $\bar{v}$ 的比值，即

$$I_T = \frac{\sigma}{v} \tag{1.8}$$

$$\sigma = \sqrt{\frac{1}{N-1}\sum_{i=1}^{n}(\overline{v_i} - \bar{v})^2} \tag{1.9}$$

式中　I_T——湍流强度；

σ——10 min 平均风速标准值，m/s；

$\bar{v}$——10 min 平均风速，m/s。

I_T 值在 0.10 或以下时表示湍流较小，大于或等于 0.25 时表示湍流过大。一般海上 I_T 范围在 0.08～0.10，陆地上 I_T 范围为 0.12～0.15。湍流有两种不利的影响，即减少输出的功率

和引起风能转换系统的振动与荷载的不均匀，最终使风力发电机组受到破坏。

2. 风功率密度

1）风能

风能就是空气运动的能量，或者表述为每秒在面积 A 上从以速度 v 自由流动的气流中所获得的能量，即

$$W=\frac{1}{2}\rho Av^3 \tag{1.10}$$

式中 W——风能，W；

ρ——空气密度，kg/m^3，一般取 1.225 kg/m^3；

v——风速，m/s；

A——面积，m^2。

因为对于一个地点来说空气密度是一个常数，当面积一定时，风能由风速决定。因此风速取值的准确与否对风能的估计有决定性作用。

2）风功率密度

为了衡量一个地方风能的大小，评价一个地区风能的潜力，风功率密度是最方便的一个量。风功率密度是指气流垂直流过单位面积（风轮面积）的风能，又称风能密度。因此在与风能公式相同的情况下，将风轮面积定为 1 m^2时，即得到风功率密度为

$$w=\frac{1}{2}\rho v^3 \tag{1.11}$$

风功率密度的单位是 W/m^2。由于风速是一个随机性很大的量，必须通过一段时间的观测来了解它的平均状况。因此在一段时间（如一年）内的平均风功率密度可以将式（1.11）对时间积分后求平均，即

$$\overline{w}=\frac{1}{T}\int_0^T \frac{1}{2}\rho v^3\,\mathrm{d}t \tag{1.12}$$

式中 $\overline{w}$——平均风功率密度，W/m^2；

T——总时数，h。

而当知道了在 T 时间长度内风速 v 的概率分布 $p(v)$后，平均风功率密度就可以计算出来。在研究了风速的统计特性后，风速分布 $p(v)$可以用一定的概率分布形式来拟合，这样就大大简化了计算的过程。

（1）空气密度。从风能的公式可知，ρ 的大小直接关系到风能的多少，特别是在高海拔的地区，影响更突出。所以计算一个地点的风功率密度，需要掌握所计算时间区间下的空气密度和风速。另一方面，由于我国地形复杂，空气密度的影响也必须要加以考虑。空气密度 ρ 是气压、气温和湿度的函数，其计算公式为

$$\rho=\frac{1.276}{1+0.003\,66t}\times\frac{p-0.378p_w}{1\,000} \tag{1.13}$$

式中 p——气压，hPa；

t——气温，℃；

p_w——水气压，hPa。

（2）风速的统计特性。由于风的随机性很大，因此在判断一个地方的风况时，必须依靠该地区风的统计特性。在风能利用中，反映风的统计特性的一个重要形式是风速的频率分布。根据长期观察的结果表明，年度风速频率分布曲线最有代表性。为此，应该具有风速的连续记

录，并且资料的长度至少有3年以上的观测记录，一般要求为5～10年。

风速频率分布一般正态分布，要想描述这样的一个分布至少要有三个参数，即平均风速、频率离差系数和偏差系数。一般来说，风力愈大的地区，分布曲线愈平缓，峰值降低右移。这说明风力大的地区，大风速所占比例多。如前所述，由于地理、气候特点的不同，各种风速所占的比例有所不同。

通常用于拟合风速分布的线型很多，有瑞利分布、对数正态分布、Γ分布、双参数威布尔分布、三参数威布尔分布等，也可用皮尔逊曲线进行拟合。但威布尔双参数曲线是普遍认为的适用于风速统计描述的概率密度函数。

威布尔分布是一种单峰的，两参数的分布函数簇。其概率密度函数可表达为

$$P(x)=\frac{k}{c}\left(\frac{x}{c}\right)^{k-1}\exp\left[-\left(\frac{x}{c}\right)^{k}\right] \tag{1.14}$$

式中，k和c为威布尔分布的两个参数，k称为形状参数，c称为尺度参数。当$c=1$时，称为标准威布尔分布。形状参数k的改变对分布曲线形式有很大影响。当$0<k<1$时，分布的众数为0，威布尔分布密度为x的减函数；当$k=1$时，威布尔分布呈指数型；$k=2$时，称为瑞利分布；$k=3.5$时，威布尔分布实际上已很接近于正态分布了。

3）平均风功率密度

根据式(1.11)可知，w为ρ和v两个随机变量的函数，对于同一个地方而言，空气密度ρ的变化可忽略不计，因此，w的变化主要是由v^3随机变化所决定，这样w的概率密度分布只决定于风速的概率分布特征，即

$$E(w)=\frac{1}{2}\rho E(v^3) \tag{1.15}$$

经过数学分析可知，只要确定了风速的威布尔分布两个参数c和k，风速的立方的平均值便可以确定，平均风功率密度便可以求得，即

$$\overline{w}=\frac{1}{2}\rho c^3\Gamma\left(\frac{3}{k}+1\right) \tag{1.16}$$

4）参数c和k的估计

估计风速的威布尔分布参数的方法有多种，根据可供使用的风速统计资料的不同情况可以做出不同的选择。通常可采用的方法有：累积分布函数拟合威布尔曲线方法（即最小二乘法）；平均风速和标准差估计威布尔分布参数方法；平均风速和最大风速估计威布尔分布参数方法等。根据国内外大量验算结果，上述方法中最小二乘法误差最大。在具体使用中，前两种方法需要有完整的风速观测资料，需要进行大量的统计工作；后一种方法中的平均风速和最大风速可以从常规气象资料中获得，因此这种方法较前两种方法有优越性。

5）有效风功率密度

对于风能转换装置而言，可利用的风能是在“切入风速”到“切出风速”之间的风速段，这个范围内的风能称为“有效风能”，该风速范围内的平均风功率密度即“有效风功率密度”，其计算公式为

$$\overline{w_e}=\int_{v_1}^{v_2}\frac{1}{2}\rho v^3P'(v)\mathrm{d}v \tag{1.17}$$

式中　v_1——切入风速，m/s；

v_2——切出风速，m/s；

$P'(v)$——有效风速范围内风速的条件概率分布密度函数，其关系为

$$P'(v)=\frac{P(v)}{P(v_1\leqslant v\leqslant v_2)}=\frac{P(v)}{P(v\leqslant v_2)-P(v\leqslant v_1)}$$

6）风能可利用时间

在确定了风速的威布尔分布的两个参数 c 和 k 后，可以得出风能可利用时间，即

$$t=N\left[\mathrm{e}^{-\left(\frac{v_1}{c}\right)^k}-\mathrm{e}^{-\left(\frac{v_2}{c}\right)^k}\right] \tag{1.18}$$

式中，N——统计时段的总时间，h。

一般年风能可利用时间在 2 000 h 以上时，可视为风能可利用区。

由以上可知，只要给定了威布尔分布的两个参数 c 和 k 后，平均风功率密度、有效风功率密度、风能可利用小时数都可以方便地求得。另外，知道了分布参数 c 和 k 后，风速分布形式便确定了，具体的风力发电机组设计的各个参数同样可以确定，而无需逐一查阅和重新统计所有的风速观测资料。这无疑给实际应用带来了许多方便。

3. 风功率密度等级表

风功率密度等级在国家标准 GB/T 8710—2002《风力发电场风能资源评估方法》中给出了七个级别，见表 1.6。一般来说，平均风速越大，风功率密度也越大，风能可利用小时数就越多。

表 1.6　风功率密度等级表

风功率密度等级	10 m 高度		30 m 高度		50 m 高度		用于并网风力发电
	风功率密度/（W/m²）	年平均风速参考值/（m/s）	风功率密度/（W/m²）	年平均风速参考值/（m/s）	风功率密度/（W/m²）	年平均风速参考值/（m/s）	
1	＜100	4.4	＜160	5.1	＜200	5.6	—
2	100～150	5.1	160～240	5.9	200～300	6.4	—
3	150～200	5.6	240～320	6.5	300～400	7.0	较好
4	200～250	6.0	320～400	7.0	400～500	7.5	好
5	250～300	6.4	400～480	7.4	500～600	8.0	很好
6	300～400	7.0	480～640	8.2	600～800	8.8	很好
7	400～1 000	9.4	640～1 600	11.0	800～2 000	11.9	很好

注：1. 不同高度的年平均风速参考值是按风切变指数为 1/7 推算的。

2. 与风功率密度上限值对应的年平均风速参考值，按海平面标准气压并符合瑞利风速频率分布的情况推算。

4. 风能区划指标体系

风能资源潜力的多少，是风能利用的关键。划分风能区划的目的是了解各地风能资源的差异，以便合理地开发利用。而风能分布具有明显的地域性规律，这种规律反映了大型天气系统的活动和地形作用的综合影响。国家气象局发布的我国风能三级区划指标体系如下：

1）第一级区划指标

第一级区划选用能反映风能资源多少的指标，即利用年有效风能密度、年平均风速和 3～20 m/s 风速的年累积小时数的多少将我国分为 4 个区，见表 1.7。

表 1.7 风能区划指标

风能指标	风能丰富区	风能较丰富区	风能可利用区	风能欠缺区
年有效风能密度/(W/m²)	>200	150～200	50～150	<50
平均风速/(m/s)	6.91	6.28～6.91	4.36～6.28	<4.36
3～20 m/s风速的年累积小时数/h	>5 000	4 000～5 000	2 000～4 000	<2 000

(1) 风能丰富区。年有效风能密度大于 200 W/m²、3～20 m/s 风速的年累积小时数大于 5 000 h 的划为风能丰富区,用"Ⅰ"表示。

(2) 风能较丰富区。年有效风能密度 150～200 W/m²、3～20 m/s 风速的年累积小时数在 4 000～5 000 h 的划为风能较丰富区,用"Ⅱ"表示。

(3) 风能可利用区。年有效风能密度 50～150 W/m²、3～20 m/s 风速的年累积小时数在 2 000～4 000 h 的划为风能可利用区,用"Ⅲ"表示。

(4) 风能欠缺区。年有效风能密度 50 W/m² 以下、3～20 m/s 风速的年累积小时数在 2 000 h以下的划为风能欠缺区,用"Ⅳ"表示。

2) 第二级区划指标

主要考虑一年四季中各季的风密度和有效风力出现小时数的分配情况。

3) 第三级区划指标

选用风力发电机最大设计风速时,一般取当地的最大风速。在此风速下,要求风力发电机能抵抗垂直于风的平面上所受到的压强,使风力发电机保持稳定、安全,不致产生倾斜或被破坏。由于风力发电机寿命一般为 20～30 年,为了安全,取 30 年一遇的最大风速值作为最大设计风速。

5. 我国的风能资源分区

我国幅员辽阔,海岸线长,风能资源比较丰富。冬季风来自于西伯利亚和蒙古国等中高纬度的内陆地区,夏季风来自于太平洋的东南风、印度洋和南海的西南风,热带风暴是太平洋西部和南海热带海洋共同形成的空气漩涡,是破坏力极大的海洋风暴。

据测算,在 10 m 高处,我国风能理论资源储量为 322.6×10^{10} W,即 32.26 亿千瓦。实际可供开发的量按 322.6×10^{10} W 的 1/10 估计,则可开发量为 32.3×10^{10} W,即 3.26 亿千瓦。考虑到风力发电机组风轮的实际扫掠面积为圆形,对于直径 1 m 的风轮面积为 $0.25\pi m^2 = 0.785\ m^2$。因此再乘面积系数 0.785,即为经济可开发量。由此可得到全国风能经济可开发量为 2.53×10^{10} W,即 2.53 亿千瓦。

根据全国有效风功率密度和一年中风速大于或等于 3 m/s 时间的全年累积小时数,可以把我国的风能资源划分为以下几个区域。

(1) 东南沿海及其岛屿,为我国最大风能资源区。年有效风功率密度大于或等于 200 W/m²的等值线平行于海岸线,沿海岛屿的风功率密度在 300 W/m² 的以上,一年中风速大于或等于 3 m/s 的时间全年累计小时数范围为 7 000～8 000 h。然而从这一地区向内陆,则丘陵连绵,冬半年强大冷空气南下,很难长驱直下;夏半年台风在离海岸 50 km 时风速便减小到 68%。所以,在东南沿海仅在由海岸向内陆几十公里的地方有较大的风能,再向内陆则风能锐减。在不到 100 km 的地带,风能密度降至 50 W/m² 以下,反而变为全国风能最小区。但在福建的台山、平潭和浙江的南麂、大陈、嵊泗等沿海岛屿上,风能却很大。其中,台山风能密度为 534.4 W/m²,有效风力出现时间百分率为 90%,风速大于或等于 3 m/s 的全年累积小时数为 7 900 h。换言之，平均每天风速大于或等于 3 m/s 的有 21.3 h，是我国平地上有记录的风能资源最大的地方之一。

(2) 内蒙古和甘肃北部为我国次大风能资源区。这一地区终年在西风带控制下，而且又是冷空气入侵首当其冲的地方，风能密度为 200～300 W/m^2，有效风力出现时间百分率为 70%左右，风速大于或等于 3 m/s 的全年累积小时数为 5 000 h 以上，风速大于或等于 6 m/s 的全年累积小时数为 2 000 h 以上，从北向南逐渐减小，但不像东南沿海梯度那么大。风能资源最大的虎勒盖地区，风速大于或等于 3 m/s 的全年累积小时数达 7 659 h。这一地区的风能密度虽然较东南沿海小一些，但因为分布的范围较广，故也是我国的最大风能资源区。

(3) 黑龙江和吉林东部以及辽东半岛沿海，为大风能资源区。风能密度在 200 W/m^2 以上，风速大于或等于 3 m/s 和 6 m/s 的全年累积小时数分别为 5 000～7 000 h 和 3 000 h。

(4) 青藏高原、三北地区的北部和沿海为较大风能资源区。这个地区风能密度在 150～200 W/m^2 之间，风速大于或等于 3 m/s 和 6 m/s 的全年累积小时数分别为 4 000～5 000 h 和 3 000 h 以上。青藏高原风速大于或等于 3 m/s 的全年累积小时数可达 6 500 h，但由于青藏高原海拔高、空气密度小，所以风能密度相对较小，在 4 000 m 的高度，空气的密度大致为地面的 67%。也就是说，同样是 8 m/s 的风速，在平地为 313.6 W/m^2，而在 4 000 m 的高度却只有 210.1 W/m^2。所以，如果按风速大于或等于 3 m/s 和 6 m/s 出现的小时数计算，青藏高原应属于最大区，而实际上这里的风能却较东南沿海及其岛屿来得小。

(5) 云贵川，甘肃、陕西南部，河南、湖南西部，福建、广东、广西的山区，以及塔里木盆地，为我国最小风能区。这些地区风能密度在 50 W/m^2 以下，可利用的风能仅为 20%左右，风速大于或等于 3 m/s 的全年累积小时数在 2 000 h 以下，风速大于或等于 6 m/s 的全年累积小时数在 150 h 以下，尤以四川盆地和西双版纳地区风能最小，这里全年静风频率在 60%以上，如绵阳为 67%、巴中为 60%，阿坝为 67%、恩施为 75%。所以这些地区除高山顶和峡谷等特殊地形外，风能潜力很低，无利用价值。

(6) 在(4)和(5)所述地区以外的广大地区为风能季节利用区。有的在冬、春季可以利用，有的在夏、秋季可以利用。这些地区风能密度在 50～100 W/m^2 之间，可利用风力在 30%～40%，风速大于或等于 3 m/s 的全年累积在 2 000～4 000 h，风速大于或等于 6 m/s 的在 1 000 h左右。

阅读材料 1.3

风能资源观测网建设

由于地面地形复杂，又有花草树木、建筑物，靠近地面的风比较混乱，无法由此测风。大规模发展风电，必须要像天气预报一样对风能进行精准预测，以帮助电网工作人员对风电做出精确调度。只有距离地面一定高度，风与天气系统的关系才较有规律。风力发电主要利用的是近地层的动能资源，因此，要实现风能资源的大规模可持续开发利用，必须详细了解在风机高度范围内(120m 以下)的风能资源总储量。国家发改委、财政部和中国气象局共同开展的“风能资源观测网”工作，在风能丰富、具有风电开发潜力的区域建设 400 座 70 m 和 100 m 高度的测风观测塔，目前已经基本完成。气象部门将对一定范围内的风向、风速、气温、气压以及风梯度和风脉动等数据进行观测，确定我国风机高度上的风能资源总储量以及精细化的地区分布特征，为风电规划提供全面有效的数据。

三、风能资源测量方法

1. 测量位置和数量

1）测量位置

（1）所选测量位置的风况应基本代表该风力发电场的风况。

（2）测量位置附近应无高大建筑物、树木等障碍物，与单个障碍物距离应大于障碍物高度的 3 倍，与成排障碍物距离应保持在障碍物最大高度的 10 倍以上。

（3）测量位置应选择在风力发电场主风向的上风向位置。

2）测量数量

测量数量依风力发电场地形复杂程度而定：对于地形较为平坦的风力发电场，可选择一处安装测量设备；对于地形较为复杂的风力发电场，应选择两处及以上安装测量设备。

2. 测量参数

1）基本参数

测量项目的核心是收集风速、风向和气温数据。使用这些指定的参数，以获得评估风能开发可行性时所需要的与资源有关的基本资料。

（1）风速。风速数据是评估风力发电场风能资源的最重要的指标，推荐在多个高度测量，以确定场址中风的特性，进行风力发电机组在几个轮毂高度之间的性能模拟，同时在多个高度的测量数据可以互为备用。一般测量如下数据：

① 10 min 平均风速：每秒采样 1 次，自动计算和记录每 10 min 的平均风速（m/s）。

② 小时平均风速：通过 10 min 平均风速值获取每小时的平均风速（m/s）。

③ 极大风速：每 3 s 采样 1 次的风速的最大值（m/s）。

（2）风向：

① 风向采集：与风速同步采集该风速的风向。

② 风向区域：所记录的风向都是某一风速在该区域的瞬时采样值。风向区域分为 16 等分时，每个扇形区域含 22.5°；也可以采用多少度来表示风向。

（3）气温。空气温度是风力发电场运行环境的一个重要表征，推荐测量高度为接近地面2～3 m 或者接近轮毂高度。在很多地方，平均近地空气温度与轮毂高度处平均温度相差 1 ℃以内。

2）可选参数

如要扩展测量范围，额外的测量参数有太阳辐射、垂直风速、温度变化和大气压。

（1）太阳辐射。当太阳辐射与风速和每天发生时间结合应用时，太阳辐射也是大气稳定性的一个指标，用于风流动的数值模拟。推荐测量高度为地面上 3～4 m。利用风能测量系统来测量太阳能资源，也可用于以后的太阳能评估研究。

（2）垂直风速。此参数提供了场内湍流参数的信息，是风力发电机组负载状况的一个良好预测因素。为了测量垂直风速分量，使之作为风湍流的指标之一，要在较高的基本风速测量高度附近安装一台风速计或超声波测风仪。

（3）温度随高度的变化。该项测量又称 AT（温差），提供了有关湍流的信息。过去被用于指示大气稳定性。要在不干扰风测量的较高和较低的测量高度安装一套温度传感器。

（4）大气压。大气压与空气温度用于确定空气密度。大风的环境难以精确测量，因为当风吹过仪器部件时，产生了压力波动，压力传感器最好安装在室内。因此，多数资源评估项目并不测量大气压，而代之以当地国家气象站取得的资料，再根据海拔高度进行调整。

3）记录参数和采样间隔

上述参数应每 1 s 或 2 s 采样一次，并记录平均值、标准偏差、最大值和最小值。数据记录应自然成系列，并注明相应的时间和日期标记。各记录参数列于下文并汇总在表 1.8 中。

表 1.8　基本参数和可选参数

项　　目	测量参数	记　录　值
基本参数	风速/(m/s)	平均值、标准偏差、最大、最小值
	风向/(°)	平均值、标准偏差
	气温/℃	平均值、最大、最小值
可选参数	太阳辐射/(W/m²)	平均值、最大、最小值
	垂直风速/(m/s)	平均值、标准偏差
	大气压/Pa	平均值、最大、最小值
	温度变化/℃	平均值、最大、最小值

(1) 平均值。应计算所有参数的 10 min 平均值，10 min 是风能测量的国际标准间隔。除风向外，平均值定义为所有样本的平均。风向的平均应为一个单位矢量(合成矢量)值。平均值用于报告风速变化率及风速和风向的频率分布。

(2) 标准偏差。风速和风向的标准偏差定义为所有 1 s 和 2 s 样本在每个平均时段内的真实总量。风速和风向的标准偏差是湍流水平和大气稳定性的指标。标准偏差也在验证平均值时用于检验可疑或错误的数据。

(3) 最大值和最小值。至少要计算每天的风速和气温的最大值、最小值。最大(最小)值定义为所选时段内 1 s 或 2 s 读数的最高(最低)值。对应于最大(最小)风速的风向也应当记录。

3. 测量仪器

1）测风仪

测风仪在现场安装前应经法定计量部门检验合格，在有效期内使用。

(1) 风速传感器。测量范围：0～60 m/s；误差范围：±0.5 m/s(3～30 m/s 范围内)；工作环境温度：－40～＋50 ℃；响应特性距离常数：5 m。

(2) 风向传感器。测量范围：0°～360°；精度值：±2.5°；工作环境温度：－40～＋50℃。

(3) 数据采集器。应具有测量参数的采集、计算和记录的功能；应能在现场可直接从外部观察到采集的数据；应具有在现场或室内下载数据的功能；应能完整地保存不低于三个月采集的数据量；应能在现场工作环境温度下可靠运行。

2）大气温度计

测量范围：－40～＋50 ℃；精确度：±1 ℃。

3）大气压力计

测量范围：60～108 kPa；精确度：±3％。

4. 测量设备安装

1）测风塔

(1) 测风塔结构可选择桁架型或立杆拉线型等不同形式，并应便于其上安装的测风仪的维修。在沿海地区，结构能承受当地 30 年一遇的最大风载的冲击，表面应防盐雾腐蚀。

(2) 风力发电场在安装测风塔时，其高度不应低于拟安装的风力发电机组的轮毂中心高度。风力发电场多处安装测风塔时，其高度可按 10 m 的整数倍选择，但至少有一处测风塔的高度不应低于拟安装的风力发电机组的轮毂中心高度。

(3) 测风塔顶部应有避雷装置，接地电阻不应大于 4Ω。

(4) 测风塔应悬挂有“请勿攀登”的明显安全标志。测风塔位于航线下方时，应根据航空部门的要求决定是否装航空信号灯。在有牲畜出没的地方，应设防护围栏。

2) 测风仪

测风仪包括风速传感器、风向传感器和数据采集器 3 部分。

(1) 测风仪数量。只在一处安装测风塔时，测风塔上应安装 3 层风速、风向传感器，其中两层应选择在 10 m 高度和拟安装的风力发电机组的轮毂中心高度处，另一层可选择 10 m 的整数倍高度安装。

若风力发电场安装两处及以上测风塔时，应有一套风速、风向传感器安装在 10 m 高度处，另一套风速、风向传感器应固定在拟安装的风力发电机组的轮毂中心高度处，其余的风速、风向传感器可固定在测风塔 10 m 的整数倍高度处。

(2) 风速、风向传感器安装：

① 风速、风向传感器应固定在桁架型结构测风塔直径的 3 倍以上、圆管型结构测风塔直径的 6 倍以上的牢固横梁处，迎主风向安装(横梁与主风向成 90°)，并进行水平校正。

② 应有一处迎主方向对称安装两套风速、风向传感器。

③ 风向标应根据当地磁偏角修正，按实际“北”定向安装。

(3) 数据采集器：

① 野外安装数据采集器时，安装盒应固定在测风塔上离地 1.5 m 处，也可安装在现场的临时建筑物内；

② 安装盒应防水、防冻、防腐和防沙尘；

③ 数据采集器安装在远离测风现场的建筑物内时，应保证传输数据的准确性。

3) 大气温度计、大气压力计

大气温度计、大气压力计可随测风塔安装，也可安装在距测风塔中 30 m 以内、离地高度 1.2 m 的百叶箱内。

5. 测量数据收集

(1) 现场测量应连续进行，不应少于 1 年。

(2) 现场采集的测量数据完整率应在 98%以上。

(3) 采集测量数据可采用遥控、现场或室内下载的方法，数据采集器的芯片或存储器脱离现场不得超过 1 h。

(4) 采集数据的时间间隔最长不宜超过 1 个月。

(5)下载的测量数据应作为原始资料正本保存，用复制件进行数据整理。

6. 测量数据整理

不得对现场采集的原始数据进行任何的删改或增减，应对原始数据进行初判，看其是否在合理的范围内，对下载数据应及时进行复制和整理。数据合理范围参考值见表 1.9，数据相关性参考值见表 1.10，数据变化趋势参考值见表 1.11。

表 1.9 数据合理范围参考值

主要参数	合理范围
平均风速	0 m/s≤小时平均值<40 m/s
湍流强度	0≤小时平均值<1
风向	0°≤小时平均值≤360°
平均气压(海平面)	94 kPa<小时平均值<106 kPa

表 1.10 数据相关性参考值

主要参数	合理相关性
50 m/30 m 高度小时平均风速差值	2.0 m/s
50 m/10 m 高度小时平均风速差值	<4.0 m/s
50 m/30 m 高度风向差值	<20°

表 1.11 数据变化趋势参考值

主要参数	合理变化趋势
平均风速的 1 h 变化	<5 m/s
平均温度的 1 h 变化	<5 ℃
平均气压的 3 h 变化	<1 kPa

在数据整理过程中，发现数据缺漏和失真时，应立即与现场测风人员联系，认真检查测量设备，及时进行设备检修或更换，对缺漏和失真数据应说明原因。

整理数据时序依：每日 0 时～23 时；每月 1 日～28 日(或 29、30、31 日)；每年为 1 月～12 月(也可由实际测风起始月、日、时起记录)。

风速标准偏差(σ)以 10 min 为基准进行计算与记录，其计算公式如下：

$$\sigma = \sqrt{\frac{1}{600}\sum_{i=1}^{600}(V_i - V)^2} \tag{1.19}$$

式中 V_i——10 min 内每秒的采样风速，m/s；

V——10 min 内的平均风速，m/s。

任务实施

1. 风速风向仪的工作原理

风速风向仪是专为各种大型机械设备研制开发的大型智能风速传感报警设备，其内部采用了先进的微处理器作为控制核心，外围采用了先进的数字通信技术。系统稳定性高、抗干扰能力强、检测精度高。风杯采用特殊材料制成，机械强度高、抗风能力强。显示器机箱设计新颖独特、坚固耐用、安装使用方便，如图 1.17 所示。

1) 风向部分

风向部分由风向标、风向轴及风向度盘(磁罗盘)等组成。装在风向度盘上的磁棒与风向度盘组成磁罗盘，用来确定风向方位。风向度盘外盘下方具有锁定旋钮，当下拉锁定旋钮并向右旋转定位时，回弹顶杆将风向度盘放下，使得锥形宝石轴承与轴尖接触，此时风向度盘将自

图 1.17　风速风向仪

动定北，风向指示值由风向指针在风向度盘上稳定位置来确定。

2）风速部分

风速部分采用传统的三环旋转架结构，仪器内的单片机对风速传感器的输出频率进行采样、计算，最后仪器输出瞬时风速、1 min 平均风速、瞬时风级、1 min 平均风级、平均风速及对应的浪高。测得的参数在液晶显示器上用数字直接显示出来。风速传感器的感应元件是三杯风组件，由 3 个碳纤维风杯和杯架组成。转换器为多齿转杯和狭缝光耦合器。当风杯受水平风力作用而旋转时，通过轴转杯在狭缝光耦合器中的转动，输出频率信号。

2. 安装风速风向仪

如图 1.18 所示，将风速仪、风向仪安装在风力发电机机身上，并将电源线与信号线引出。

图 1.18　风速风向仪安装

3. 测量风速和风向

1）风速测量

旋下手柄（电池仓）下侧端盖，取出内部电池架，按电池架上标示电池方向装上 3 节 AAA7 号电池后将电池架装于电池仓内，电池架安装时注意正极朝向内侧（电池架装反时按电源开关仪器无显示），旋上电池仓盖，按下底部电源开关，仪器初始化显示“16025”，随后即显示风速及风级数据，进行风速及风级的测量时，仪器左侧显示两位数据为风级（单位为级），仪器右侧显示三位为风速(单位为 m/s),风级显示精度为级,风速显示精度为 0.1 m/s。

2）风向测量

在测量前应先检查风向部分是否垂直牢固地连接在风速仪风杯的回弹顶杆上。下拉锁定旋钮并向右旋转定位时,回弹顶杆将风向度盘放下,使锥形宝石轴承与轴尖相接。观测时应在风向指针稳定时读取方位度数。测量完成后为了保护轴尖与锥形宝石轴承,应及时向左旋转锁定旋钮并使其向上回弹复位,使回弹顶杆将风向度盘顶起并定位在仪器上部,并使锥形宝石轴承与轴尖相分离。

4. 记录数据

调节变频器调节模拟风力发电场风速,观察风速仪数据,并记录下频率与风速的关系,绘制出风速－频率曲线图。调节风力发电场方向,观察风向仪变化情况,记录下屏幕上对应的风向数据。

5. 分组讨论

(1) 风速与调节风力发电场风速的电动机频率之间有什么关系?

(2) 能否将实时测得的风速风向数据进行存储?

任务三　风能资源的评估

学习目标

(1) 了解风能资源评估的步骤。

(2) 掌握风能资源评估指标。

(3) 掌握测风数据处理的方法。

(4) 通过案例掌握风能资源进行评估的方法。

任务描述

丰富的风能资源是大规模发展风力发电的前提条件。风能资源的评估是进行风力发电开发的前提,是风力发电场建设的关键。评估的目的主要是摸清风能资源,确定风力发电场的装机容量和为风力发电机组选型及布置提供依据,以便于对整个项目进行经济技术评价。风能资源评估的水平直接影响到风力发电场选址以及发电量预测,最终反映为风力发电场建成后的实际发电量。通过本任务的学习,掌握风能资源的评估方法。

相关知识

一、风能资源评估步骤

对某一地区进行风能资源评估,是风力发电场建设项目前期必须进行的重要工作。风能资源评估分如下几个阶段:

1) 资料收集、整理分析

从地方各级气象台、站及有关部门收集有关气象、地理及地质数据资料,对其进行分析和归类，从中筛选出具有代表性的完整数据资料。能反映某地风能资源状况的多年(10 年以上，最好在 30 年以上)平均值和极值，如平均和极端(最低和最高)风速，平均和极端气温，平均气压，雷电日数以及地形地貌等。

2) 风能资源普查分区

对收集到的资料进行进一步分析，按标准划分风能区域及其风功率密度等级，初步确定风能可利用区。有关风功率密度等级及风能可利用区的划分方法见本项目任务二相关内容。

3) 风力发电场宏观选址

风力发电场宏观选址遵循的原则一般是：根据风能资源调查与分区的结果，选择最有利的场址，以求增大风力发电机组的出力，提高供电的经济性、稳定性和可靠性；最大限度地减少各种因素对风能利用、风力发电机组使用寿命和安全的影响；全方位考虑场址所在地对电力的需求及交通、电网、土地使用、环境等因素。

4) 风力发电场风况观测

一般来说，气象台、站提供的数据只是反映较大区域内的风气候，而且数据由于仪器本身精度等问题，不能完全满足风力发电场精确选址及风力发电机组微观选址的要求。因此，为正确评价风力发电场的风能资源情况，取得具有代表性的风速风向资料，有必要对现场进行实地测风，为风力发电场的选址及风力发电机组微观选址提供最有效的数据。

现场测风应连续进行，时间至少 1 年以上，有效数据不得少于 90%，内容包括风速、风向的统计值、温度和气压等。

5) 测风塔安装

为进行精确的风力发电机组微观选址，现场所安装测风塔的数量一般不能少于 2 座。若条件许可，对于地形相对复杂的地区应增至 4～8 座。测风塔应尽量设立在最能代表并反映风力发电场风能资源的位置。测风应在空旷地进行，尽量远离高大树木和建筑物，选择位置时应充分考虑地形和障碍物的影响。如果测风塔必须位于障碍物附近，则在盛行风向的下风向与障碍物的水平距离不应少于该障碍物高度的 10 倍；如果测风塔必须设立在树木密集的地方，则至少应高出树木顶端 10 m。

为确定风速随高度的变化，得到不同高度处可靠的风速值，一座测风塔上应安装多层测风仪，而测量气压和温度时，每个风力发电场场址只需安装一套气压传感器和温度传感器，塔上的安装高度为 2～3 m。

6) 风力发电场风力发电机组微观选址

场址选定后，根据地形地质情况、外部因素和现场实测风能资源的分析结果，在场区内对风力发电机组进行定位排布。

二、风能资源资料的获得

现有测风数据是最有价值的资料，中国气象科学研究院和部分省区的有关部门绘制了全国或地区的风能资源分布图，按照风功率密度和有效风速出现的小时数进行风能资源区域的划分，标明了风能丰富的区域，可用于指导宏观选址。有些省(自治区、直辖市)已进行过风能资源的调查，可以向有关部门咨询，尽量收集候选场址已有的测风数据或已建风力发电场的运行记录，对场址的风能资源进行评估。某些地区完全没有或者只有极少的现成测风数据，还有些地区地形复杂，即使有现成资料用来推算测站附近的风况，其可靠性也受到限制。在风力发电场场址选择时可采用以下定性的方法初步判断风能资源是否丰富。

1. 地形地貌特征判别法

对缺少测风数据的丘陵和山地，可利用地形地貌特征进行风能资源评估。地形图是表明地形地貌特征的主要工具，采用比例尺寸 1∶50 000 的地形图，能够较详细地反映出地形特征。

从地形图上(见图 1.19)可以判别发生较高平均风速的典型特征有：

(1) 经常发生强烈气压梯度的区域内的隘口和峡谷；

(2) 从山脉向下延伸的长峡谷；

(3) 高原和台地；

(4) 强烈高空区域内暴露的山脊和山峰；

(5) 强烈高空风或温度、压力梯度区域内暴露的海岸；

(6) 岛屿的迎风角和侧风角。

图 1.19　发生较高平均风速的典型特征

从图 1.19 上可以判断发生较低平均风速的典型特征有：

(1) 垂直于高处盛行风向的峡谷；

(2) 盆地；

(3) 表面粗糙度大的区域，例如森林覆盖的平地等。

2. 植物变形判别法

植物因长期被风吹而导致永久变形的程度可以反映该地区风力特性的一般情况。特别是树的高度和形状能够作为记录多年持续的风力强度和主风向的依据。树的变形受多种因素影响，包括树的种类、高度、暴露在风中的程度、生长季节和非生长季节的平均风速、年平均风速和持续的风向等。已经得到证明，年平均风速是与树的变形程度最相关的特性。

3. 风成地貌判别法

地表物质会因风吹而移动和沉积，形成干盐湖、沙丘和其他风成地貌，从而表明附近存在固定方向的强风，如在山的迎风坡岩石裸露，背风坡砂堆积。在缺少风速数据的地方，研究风成地貌有助于初步了解当地风况。

4. 当地居民调查判别法

有些地区由于气候的特殊性，各种风况特征不明显，可通过对当地长期居住居民的询问调查，定性了解该地区风能资源的情况。

三、风能资源评估

在收集现场实测风资料后，应进行数据验证、数据修正和数据处理，对风能资源作出评估。

1. 数据验证

数据验证是检查风力发电场测风获得的原始数据，对其完整性和合理性进行判断，检验出不合理的数据和缺测的数据。经过处理，整理出至少连续1年完整的风力发电场小时测风数据。

1）数据检验

（1）完整性检验：

① 数量。数据数量应等于预期记录的数据数量

② 时间顺序。数据的时间顺序应符合预期的开始和结束时间，中间应连续。

（2）合理性检验：

① 范围检验。主要数据合理范围参考值见表1.9。

② 相关性检验。主要数据相关性参考值见表1.10。

③ 趋势检验。主要数据变化趋势参考值见表1.11。

2）不合理数据和缺测数据的处理

（1）检验后列出所有不合理的数据和缺测的数据及其发生的时间。

（2）对不合理数据再次进行判别，挑出符合实际情况的有效数据，回归原始数据组。

（3）将备用的或可供参考的传感器同期记录数据，替换已经确认无效的数据或填补缺测的数据，如果没有同期记录的数据，应向有经验的专家咨询。

（4）编写数据验证报告，对确认无效数据的原因要注明，替换的数据要注明来源。

3）计算测风数据完整率

$$\text{数据完整率}=\frac{\text{应测数据数目}-\text{缺测数据数目}-\text{无效数据数目}}{\text{应测数据数目}}\times 100\% \tag{1.20}$$

式中　应测数据数目——测量期间的小时平均值数目；

缺测数据数目——没有记录到的小时平均值数目；

无效数据数目——确认为不合理的小时平均值数目，数据完整率应达到90%。

4）验证结果

经过各种检验，剔掉无效数据，替换上有效数据，整理出一套至少连续一年的风力发电场实测逐个小时风速、风向数据，注明这套数据的完整率。数据还应包括实测的逐个小时平均气温（可选）、逐个小时平均气压（可选）和按实测数据计算的逐个小时湍流强度。

2. 数据修正

根据风力发电场附近气象站，海洋站等长期测站的观测数据，用相关分析方法将验证后的风力发电场测风数据修正为一套反映风力发电场长期平均水平的代表性数据，即风力发电场代表年的逐个小时风速风向数据。

3. 数据处理

数据处理的目的是将修正后的数据处理成评估风力发电场风能资源所需要的各种参数，包括不同时段的平均风速和风功率密度、风速和风能的频率分布、风向频率和风能密度的方向分布、风切变指数等。

（1）平均风速和风功率密度。计算风速和风功率密度的月平均值、年平均值；各月同一钟点（每日0点至23点）平均值、全年同一钟点平均值。

（2）风速和风能的频率分布。以1 m/s为一个风速区间，统计每个风速区间内风速和风能出现的频率（次数）。

（3）风向频率和风能密度的方向分布。算出在代表16个方位的扇区内风向出现的频率和风能密度的方向分布。

(4) 风切变指数。反映风速随高度变化的参数，根据风切变指数和仪器安装高度测得的风速可以推算出近地层任意高度的风速。

(5) 编制风况图。将处理好的各种风况参数绘制成曲线图形，主要分为年风况图和月风况图。

4. 风能资源评估

根据数据处理形成的各种参数，对风力发电场风能资源进行评估，以判断风力发电场是否具有开发价值。

(1) 风功率密度。风功率密度蕴含风速、风速频率分布和空气密度的影响，是风力发电场风能资源的综合指标。风功率密度等级见表1.6所示，达到表中3级风况的风力发电场才有开发价值。

(2) 风向频率及风能密度方向分布。风力发电场内机组位置的排列取决于风能密度方向分布和地形的影响。在风能玫瑰图上，最好有一个明显的主导风向或两个方向接近相反的主风向。山区主风向与山脊走向垂直为最好。

(3) 风速的日变化和年变化。对比各月的风速(或风功率密度)日变化曲线图和全年的风速(或风功率密度)日变化曲线图与同期的电网日负荷曲线；风速(或风功率密度)年变化曲线与同期的电网年负荷曲线对比，两者相一致或接近的部分越多越好。

(4) 湍流强度。湍流强度值不大于0.10，表示湍流相对较小。中等程度湍流的值为0.10～0.25，更高的I_T值表明湍流过大。

(5) 其他气象因素。特殊的天气条件，如最大风速超过40 m/s或极大风速超过60 m/s、气温低于零下20 ℃、积雪、结冰、雷暴、盐雾或沙尘多发等情况，要对风力发电机组提出特殊的要求，会增加成本和运行的困难。

阅读材料1.4

中国风能资源普查

20世纪70年代末，中国气象局首次做出中国风能资源的计算和区划，20世纪80年代末，又根据全国900多个气象台站离地面10 m高度上测风资料进行了第二次风能资源的普查，较为完整地估算出各省及全国离地面10 m高度层上的风能资源储量。这次普查给出了中国陆地上的风能资源理论储量为32.36亿千瓦，技术可开发量为2.53亿千瓦，其中不包括近海的储量。

随着近十几年气象事业的快速发展，获取观测资料的技术手段有了很大的提高，观测站的数量也大大增加，全国气象站数量已经达到2 000多个，观测资料质量也有很大的提高和改善，国家发改委与中国气象局于2003年底启动了第三次全国风能资源普查，对原来的计算结果进行修正和重新计算，得到我国陆地上离地面10 m高度层上的风能资源理论储量为43.5亿千瓦，技术可开发量约为2.97亿千瓦，技术可开发面积约为20万平方公里。

任务实施

1. 观测资料分析

江苏省地处北纬32°～35°之间，位于江淮下游，黄海、东海之滨，属温带和亚热带湿润气候区，区内具有南北气候特征，受海洋、大陆性气候的双重影响。夏季盛行东南风、冬季盛行东偏北风。

江苏省风能资源评估采用的现场观测资料包括：

（1）江苏省风能资源专业观测网 14 座测风塔 2009 年 6～8 月观测资料；

（2）江苏省发改委和气象局提供的 5 座测风塔原始观测资料；

（3）江苏省发改委和气象局提供的 2 座测风塔的 70 m 高度年平均风速和年平均风功率密度统计数据，另有 2 座 40 m 高度测风塔的统计计算结果。

1）风能资源专业观测网资料分析

江苏省沿海岸线风能资源专业观测网共有 14 座测风塔，现场观测资料已满 3 个月，经过数据质量检验，满足阶段评估分析要求。

结果表明：2009 年 6～8 月，江苏省沿海地区 70 m 高度处的平均风速南北方向分布不同，北部地区平均风速在 4.8～5.9 m/s 之间，中部地区平均风速在 6.3～6.5 m/s 之间，而南部地区（除圆陀角测风塔风速为 6.5 m/s 外）均在 5.8～6.1 m/s 之间。50 m 高度处的平均风速在 4.6～6.3 m/s 之间，江苏省沿海北部地区风速较小，在 5.7～5.8 m/s（除圆陀角测风塔风速为 6.2 m/s）。

江苏省沿海地区 6～8 月 70 m 高度处的平均风功率密度在 105.7～260.7 W/m^2，最大值在川东垦区 3# 测风塔区域，最小值在最北部的九里测风塔区域。50 m 高度处的平均风功率密度在 96～246 W/m^2，最大值和最小值出现的区域与 70 m 高度处是一致的。

2）具备一年观测期的测风塔原始资料分析

江苏省评估区域有 5 座测风塔，其中 3 座塔高度为 70 m，2 座塔 40 m，各测风塔设置信息见表 1.12。

表 1.12　江苏省千万千瓦级风力发电基地测风塔设置信息

测风塔名称	风速/风向层次/(m/s)	观测时段 （年月日—年月日）	仪器类型
川东	40,30,10/40,10	20060220—20061203	NRG
竹港 1#	40,30,10/40,10	20060221—20061203	NRG
竹港 2#	70,50,30,10/70,10	20060101—20061203	NRG
东陵	70,60,50,40,25,10/70,10	20050101—20051231	NOMAD2
洋口港	70,60,50,40,25,10/70,10	20050101—20051231	NOMAD2

根据资料完整率要求，检验各测风塔数据有效完整率，其中川东 2006 年 2 月 20 日至 2006 年 12 月 3 日现场观测期间测风塔各高度的有效数据完整率为 91.6%；竹港 1# 2006 年 2 月 21 日至 2006 年 12 月 3 日现场观测期间测风塔各高度的有效数据完整率为 97.1%；竹港 2# 2006 年 1 月 1 日至 2005 年 12 月 31 日现场观测期间测风塔各高度（除洋口港 10 m 高度的）的有效数据完整率为 93.3%；其余高度的有效数据完整率在 98.3%以上。

江苏省各测风塔观测年度各项风能参数见表 1.13 。川东、竹港 1# 40 m 高度年平均风速均为 6.0 m/s，平均风功率密度为 230.0 W/m^2 左右；竹港 2# 70 m 高度年平均风速均为 6.5 m/s，平均风功率密度为 325 W/m^2 左右；洋口港 70 m 高度年平均风速均为 6.5 m/s，平均风功率密度为 282.0 W/m^2 左右。观测期间各测风塔最大风速小于 27.4 m/s，极大风速值小于 34.0 m/s。

各测风塔风能密度方向分布和风向频率分布具有很好的一致性。川东测风塔 40 m 风能密度大致分布在北到东南扇区内；竹港 2＃测风塔 70 m 风能密度大致分布在北到东南偏东扇区内；东陵测风塔 70 m 风能密度集中分布在偏北方向上。

表 1.13　江苏省各测风塔观测年度风能参数

测风塔名称	观测高度/m	3～25 m/s 时数百分率/%	平均风速/(m/s)	最大风速/(m/s)	极大风速/(m/s)	平均风功率密度/(W/m²)	有效风功率密度/(W/m²)	风能密度/(kW·h/m²)	风能资源等级
川东	10	72	4.5	19.0	32.6	105.5	144.8	923.4	2
	30	85	5.7	22.3	31.9	206.7	241.1	1 809.7	
	40	86	6.0	23.2	30.7	234.1	269.7	2 049.7	
竹港 1＃	10	72	4.5	18.2	24.6	106.3	145.5	930.4	2
	30	85	5.7	21.9	27.1	200.6	235.2	1 756.1	
	40	87	6.0	23.0	28.1	232.8	267.6	2 038.1	
竹港 2＃	10	70	4.3	16.9	24.0	93.7	132	820.8	2
	30	84	5.5	21.2	26.3	180.9	213.7	1 583.9	
	50	87	6.2	23.1	27.5	248.8	283.6	2 178.4	
	70	88	6.5	23.9	27.5	296.4	334.5	2 595.7	
东陵	10	71	4.9	23.2	28.7	167.8	235.5	1 470.0	3
	25	87	5.9	25.4	31.7	232.3	267.3	2 035.2	
	40	91	6.6	26.3	32.1	290.9	318.7	2 548.7	
	50	91	6.7	26.7	32.9	310.1	338.8	2 716.4	
	60	92	6.8	27.4	34	325.3	353.5	2 849.9	
洋口港	10	71	4.5	21	28.7	130.1	182.0	1 139.7	2
	25	85	5.5	23.5	30.2	188.2	219.7	1 648.9	
	40	88	5.9	24.7	31.3	218.8	246.9	1 917.1	
	50	90	6.2	25.3	30.6	245.0	271.0	2 145.8	
	70	90	6.5	26.5	33.6	282.0	312.5	2 470.4	

3）测风塔统计数据

江苏省发改委和气象局提供的 2 座测风塔 70 m 高度处年平均风速和年平均风功率密度统计数据见表 1.14。由于没有测风塔原始数据，只作为数值模拟结果可靠性判断依据。

表 1.14　江苏省已有测风塔平均风速和年平均风功率密度统计数据

测　风　塔		平均风速/(m/s)	平均风功率密度/(W/m²)	观测时段(年月日—年月日)
名　称	观测高度/m			
响水 1＃	70	6.8	323.0	20041020—20051019
东台 1＃	70	6.5	242.8	20030623—20040601

4）选取参证站和资料分析

利用风能观测网 14 座塔和现有的其他测风塔资料与其周边气象站同期测风数据进行相关检验，选择与江苏省各测风塔同期观测资料相关效果最佳的气象站为参证站，结果显示，如东气象站与各测风塔的相关最好，各高度层相关系数在 0.48～0.70 之间，均通过 0.05 显著性检验。故选择如东气象站为参证站。

如东气象站建于1959年1月，历史观测资料规范、齐全。该站多年平均风速3.2 m/s，月平均风速最大的3月和4月为3.5 m/s，最小的10月为2.8 m/s。

5）测风塔资料的长年代订正

如东气象站近20年年平均风速在2.9～3.8 m/s之间。根据台站沿革信息记载，该站1998年有台站迁址记录，2004年有仪器更换记录，且测风仪高度一般在16.6～24.8 m，资料需要订正。江苏省如东气象站逐年平均风速直方图如图1.20所示。

结果显示，如东气象站2005年平均风速比近20年平均风速偏大3.1%，表明川东、竹港1#、竹港2# 3个测风塔观测年度平均风速不能代表长年平均风速，需要订正。2006年平均风速比近20年平均风速偏小3.2%，表明东陵、洋口港两个测风塔观测年度平均风速不能代表长年平均风速，需要订正。

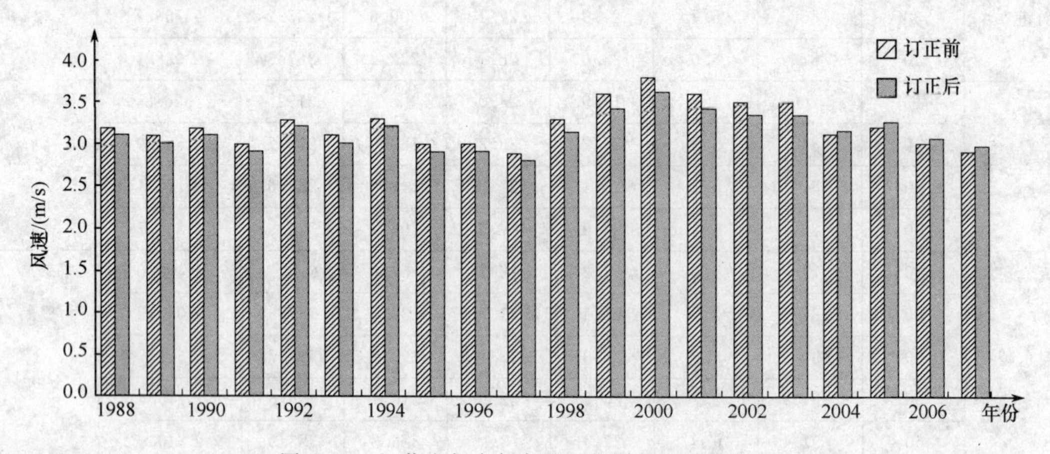

图1.20　江苏省如东气象站逐年平均风速直方图

根据表1.15给出的江苏省参证站观测年度风速年景参数，计算得到各测风塔各高度常年平均风能参数，估算结果见表1.16。计算结果显示，常年平均状况下，江苏省沿海地区风能资源等级一般为2级。

表1.15　江苏省参证站观测年度风速年景参数

参证站名称	累年年平均风速/(m/s)	观测年年平均风速/(m/s)	百分率/%
如东气象站(2005)	3.2	3.3	3.1
如东气象站(2006)	3.2	3.1	−3.2

表1.16　江苏省各测风塔长年代平均风能参数估算结果

测风塔名称	观测高度/m	年平均风速/(m/s)	年平均风功率密度/(W/m²)	风能密度/(kW·h/m²)	风能资源等级
川东	10	4.6	115.3	1 009.0	2
	30	5.9	225.9	1 977.5	
	40	6.2	255.8	2 239.8	
竹港1#	10	4.6	116.2	1 016.7	2
	30	5.9	219.2	1 918.9	
	40	6.2	254.4	2 227.1	

续表

测风塔名称	观测高度/m	年平均风速/(m/s)	年平均风功率密度/(W/m²)	风能密度/(kW·h/m²)	风能资源等级
竹港2#	10	4.4	102.4	896.9	2
	40	5.7	197.7	1 730.8	
	50	6.4	271.9	2 380.4	
	70	6.7	323.9	2 836.4	
东陵	10	4.8	153.6	1 345.8	2
	25	5.7	212.7	1 863.2	
	40	6.4	266.3	2 333.3	
	50	6.5	283.9	2 486.9	
	60	6.6	297.8	2 609.1	
洋口港	10	4.4	119.1	1 043.4	2
	25	5.3	172.3	1 509.6	
	40	5.7	200.3	1 755.1	
	50	6.0	224.3	1 964.5	
	70	6.3	258.2	2 261.6	

2. 江苏省风能资源综合评价

江苏省风能资源评估结果见表1.17。

表1.17　江苏省风能资源评估结果

江苏省	项　目	风能资源3级 风功率密度 300～400 W/m²	风能资源2.5级 风功率密度 250～300 W/m²	风能资源≥3级 风功率密度 ≥300 W/m²
海上5～25 m水深线内	面积/km²	46 200	—	46 200
	可装机容量/10^7 kW	1 390	—	1 390
陆上	面积/km²	—	1300	—
	可装机容量/10^7 kW	—	0.340	—

江苏省沿海地区海拔高度基本接近海平面，空气密度在1.225 kg/m³左右，与标准大气状况相当接近，在年平均风功率密度等级时，平均风功率密度较大，70 m高度处年平均风速在6.6～7.0 m/s之间，年功率密度在260～340 W/m²之间，湍流强度属于中等偏弱水平，低于IECB类(0.16)，对风力发电机组不会造成破坏。50 m高度处达到3级风能资源等级的区域主要分布在近海，在近海5～25 m水深线内，风能资源等级为3～4级，潜在开发面积为46 200 km²，海岸陆地风能资源为2.5～3级，潜在开发面积为1 300 km²。

根据风能资源评估标准判定，江苏省风资源属于较丰富区；风能储量较丰富，风能资源主要集中在沿海和近海区域；风况稳定且规律性强，有待于进一步的开发利用。

3. 分组讨论

(1) 风能资源评估需要哪些资料？

(2) 风能资源评估过程中需要注意哪些问题？

知识拓展

风力发电的现状及发展

一、世界风力发电现状及发展

1. 世界风能的储量

全世界的风能总量约1 300亿千瓦,风能资源分布见表1.18,世界风能资源多集中在沿海和开阔大陆的收缩地带,如美国的加利福尼亚州沿岸和北欧一些国家。理论上全球可再生风能资源是全球预期电力需求的2倍,技术上可以利用的资源总量估计高达每年53万亿千瓦·时53 000TW·h。

表1.18　世界风能资源分布　　单位:TW·h

地区	北美洲	澳洲	西欧	东欧	亚洲	拉丁美洲
风能资源	1 400	3 000	4 800	10 600	4 600	5 400

2. 全球风能装机容量

据全球风能理事会(GWEC)统计数据显示,2011年全球新增风电装机容量达40 564 MW;这一新增容量使全球累计风电装机容量达237 669 MW,见表1.19。到目前为止,全球75个国家有商业运营的风电装机,其中22个国家的装机容量超过1 GW。据全球风能理事会的统计,2011年全球风电新增装机排名前十位的国家分别是中国(17 631 MW)、美国(6 810 MW)、印度(3 019 MW)、德国(2 086 MW)、英国(1 293 MW)、加拿大(1 267 MW)、西班牙(1 050 MW)、意大利(950 MW)、法国(830 MW)和瑞典(763 MW)(见图1.21)。

表1.19　全球风电市场增长率(2006～2011)

年份	新增装机/MW	增速/%	累计装机/MW	增速/%
2006	16 246		74 052	
2007	19 888	30	93 820	27
2008	26 560	34	120 291	28
2009	38 610	45	158 864	32
2010	38 828	1	197 637	24
2011	40 564	4	237 669	20

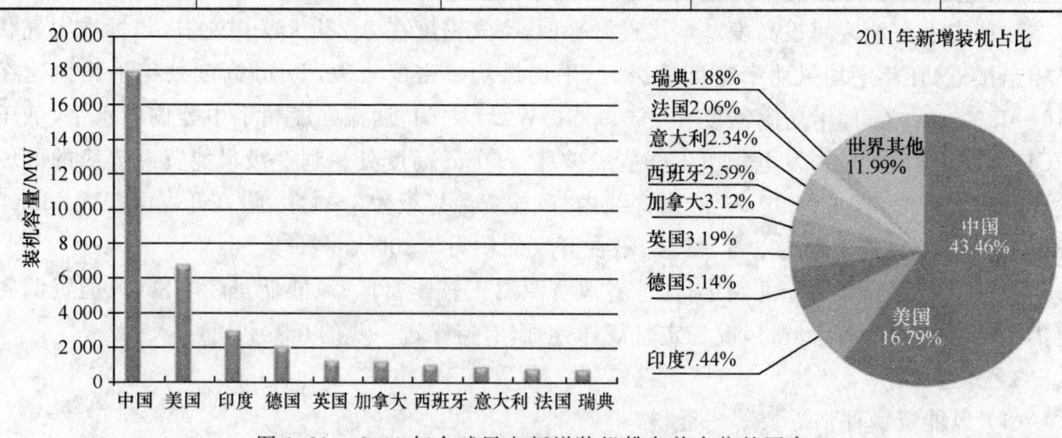

图1.21　2011年全球风电新增装机排名前十位的国家

根据全球风能理事会统计，2011 年全球风电累计装机排名前十位的国家分别是中国(62 364 MW)、美国(46 919 MW)、德国(29 060 MW)、西班牙(21 674 MW)、印度(16 084 MW)、法国(6 800 MW)、意大利(6 737 MW)、英国(6 540 MW)、加拿大(5 265 MW)和葡萄牙(4 083 MW)(见图 1.22)。

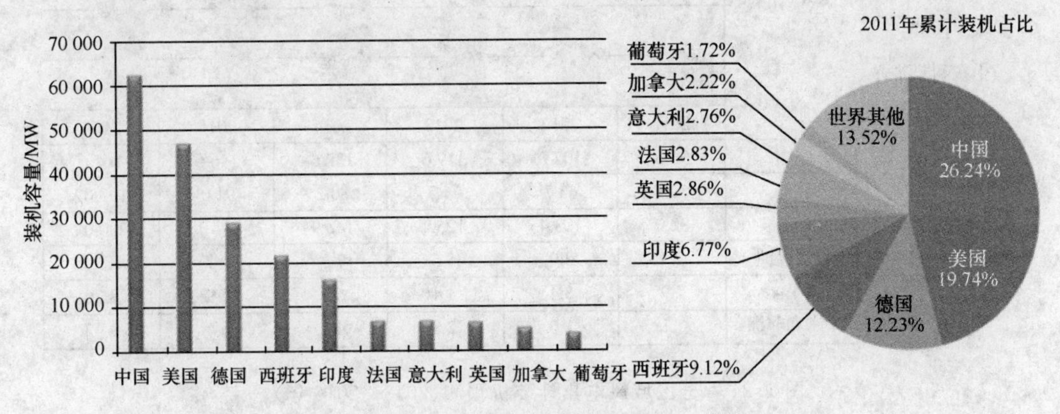

图 1.22　2011 年全球风电累计装机排名前 10 位的国家

3. 全球风电发展趋势

从整体发展趋势上看，根据全球风能理事会预测，未来 4 年间，全球风电年市场装机容量将有望从 2012 年年底的 40.6 GW 增长到 59.24 GW。在这 4 年间，全球风电市场年新增装机容量将以 8%的平均速度增长，在 2013～2016 年，总的市场增量有望突破 255 GW，全球累计装机容量将达到 493 GW。累计市场在 4 年间的增长水平约为 16%，相较于过去 15 年的平均 28%的增长速度，未来 4 年的累积市场增长速度明显在下滑(见图 1.23)。

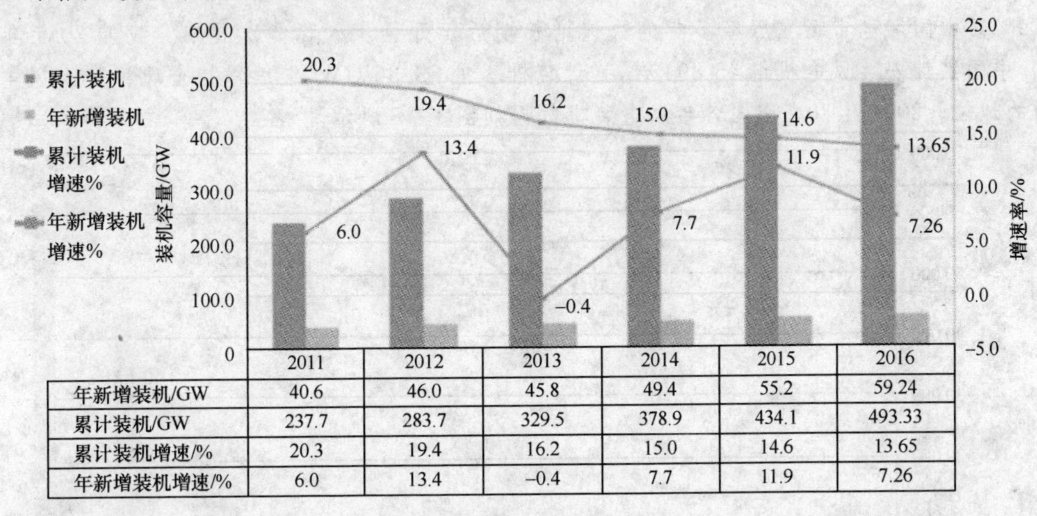

	2011	2012	2013	2014	2015	2016
年新增装机/GW	40.6	46.0	45.8	49.4	55.2	59.24
累计装机/GW	237.7	283.7	329.5	378.9	434.1	493.33
累计装机增速/%	20.3	19.4	16.2	15.0	14.6	13.65
年新增装机增速/%	6.0	13.4	–0.4	7.7	11.9	7.26

图 1.23　全球累计和新增装机容量预测(2013—2016 年)

2013～2016 年，全球市场依然由亚洲、欧洲和美洲主导，其他新兴市场开始稳步发展(见图 1.24)。2012 年全球新增装机容量达到 46 GW，这一数字到 2016 年将有望达到59 GW。全球累计装机容量到 2020 年有望超过 493 GW。

二、我国风力发电的现状及发展

中国属于发展中国家，经济、能源与环境的协调发展是实现中国现代化目标的重要前提。

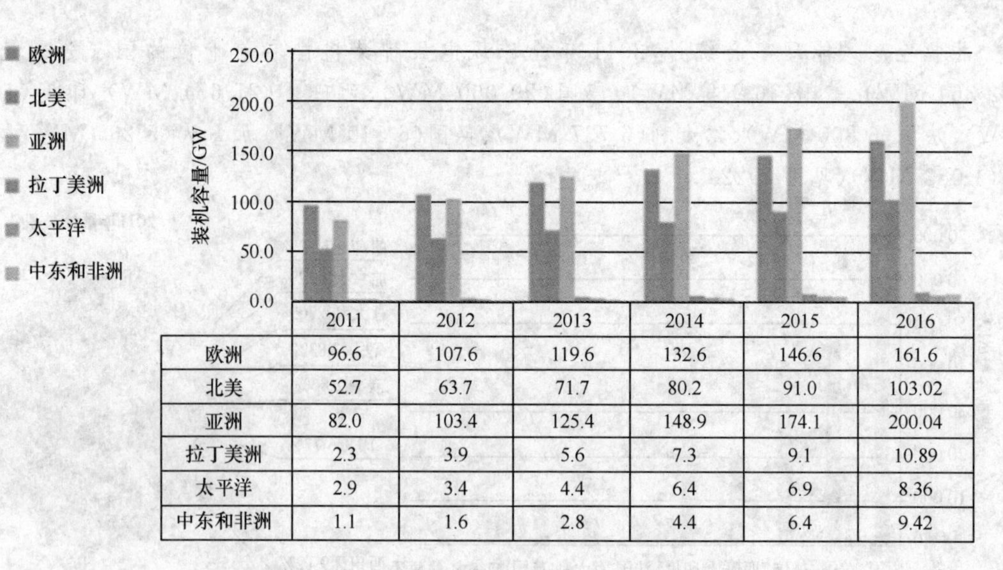

	2011	2012	2013	2014	2015	2016
欧洲	96.6	107.6	119.6	132.6	146.6	161.6
北美	52.7	63.7	71.7	80.2	91.0	103.02
亚洲	82.0	103.4	125.4	148.9	174.1	200.04
拉丁美洲	2.3	3.9	5.6	7.3	9.1	10.89
太平洋	2.9	3.4	4.4	6.4	6.9	8.36
中东和非洲	1.1	1.6	2.8	4.4	6.4	9.42

图 1.24　分区域风电累计装机预测(2013—2016 年)

中国是个能源大国,也是个能源消费大国,当前中国能源的发展面临着人均能耗水平低,环境污染严重,能源利用率低以及可再生能源比例少等问题。

1. 我国风力发电场装机基本情况

我国风能资源丰富,风能储量和可开发量都居世界首位,其中 10 m 高陆地可开发风能储量 2.5 亿千瓦,海上风能储量 7.5 亿千瓦,总计 10 亿千瓦。据中国可再生能源学会风能专业委员会(CWEA)的统计数据,2011 年中国(未统计港、澳、台)新增安装风电机组 11 409 台,全年新增风电装机容量为 17.63 GW,与前一年的 18.94 GW 相比,2011 年新增装机减少 6.9%。中国风电市场在历经多年的快速增长期后正开始步入稳健发展期。截至 2011 年年底,中国累计安装风电机组 45 894 台,累计装机容量 62.36 GW,继续保持全球第一大风电市场的地位。2001 年以来全国各年风电装机数据如图 1.25 所示。

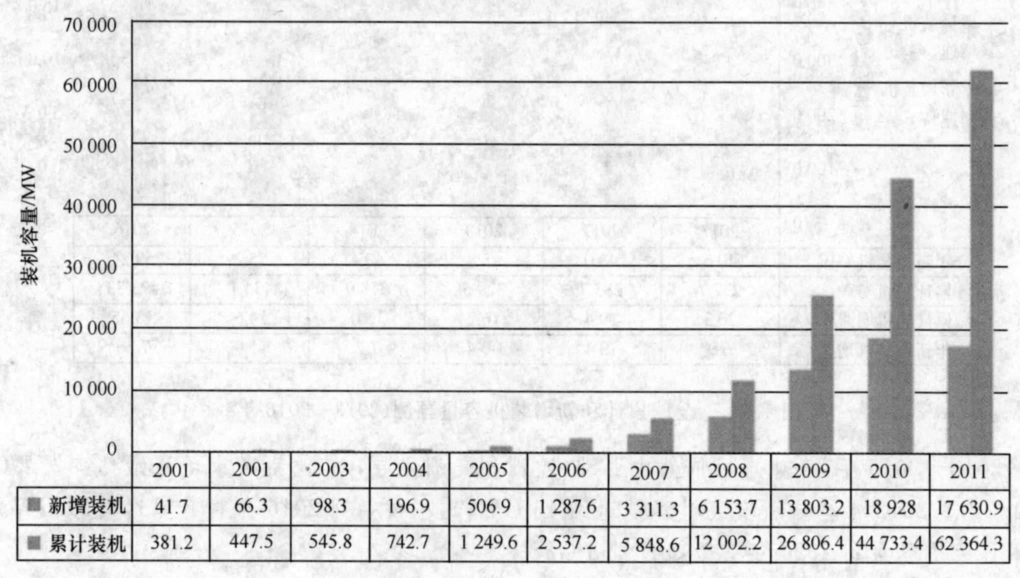

	2001	2001	2003	2004	2005	2006	2007	2008	2009	2010	2011
新增装机	41.7	66.3	98.3	196.9	506.9	1 287.6	3 311.3	6 153.7	13 803.2	18 928	17 630.9
累计装机	381.2	447.5	545.8	742.7	1 249.6	2 537.2	5 848.6	12 002.2	26 806.4	44 733.4	62 364.3

图 1.25　中国新增及累计风电装机容量(2001—2011 年)

2011年，全国风电上网电量达715kW·h，占全国发电量的1.5%。风电所产生的环境效益显现：按每度电替代320 g标煤计算，可替代标煤2 200多万吨，减少二氧化硫排放量约36万吨，减少二氧化碳排放量约7 000万吨，节能减排效益显著。按照每户居民年用电量1 500 kW·h计算，中国2011年风电的上网电量可满足4 700多万户居民1年的用电量需求。截止到2011年12月31日，全国（未统计港、澳、台）有30个省（自治区、直辖市）有了自己的风力发电场，风电累计装机容量超过1 GW的省份超过10个，其中超过2 GW的省份9个。领跑中国风电发展的地区仍是内蒙古自治区，其2011年当年新增装机容量3 736 MW、累计装机容量17.59 GW，分别占全国市场的28%和21%。紧随其后的是河北、甘肃和辽宁，累计装机容量都超过了5 GW。

2. 我国风电发展趋势

国家发改委能源所与IEA共同发布的《中国风电发展路线图2050》报告中依据"统筹考虑风能资源、风电技术进步潜力、风电开发规模和成本下降潜力，结合国家能源和电力需求，以长期战略目标为导向，确定风电发展的阶段性目标和时空布局"的风电发展战略目标的思路，提出对未来风电布局的重点是：2020年前，以陆上风电为主，开展海上风电示范；2021～2030年，陆上、近海风电并重发展，并开展远海风电示范；2031～2050年，实现在东中西部陆上风电和近远海风电的全面发展。并依不同情景设定我国风电发展目标：到2020年、2030年和2050年，风电装机容量将分别达到200 GW、400 GW和1 000 GW，成为中国的五大电源之一，到2050年满足17%的电力需求。

复习思考题

1. 自然界的风是如何形成的？
2. 简述"大气环流"模型。
3. 何为风能？风能可用什么来描述？
4. 风能具有哪些特点？
5. 简述海陆风的形成的原因及其特点。
6. 简述山谷风的形成的原因及其特点。
7. 通常以何种分布来描述平均风速的统计分布特征？
8. 什么是风向玫瑰图？
9. 什么是湍流强度？
10. 我国最大风能区是指哪些区域？
11. 风的两个基本特性是什么？如何测量？
12. 测风系统由哪几个部分组成？
13. 风速随高度变化的规律是什么？

项目二 风力发电机组的选型

在风力发电场建设过程中，风力发电机组的选型受到自然环境、交通运输、吊装等条件的制约。风力发电设备选型的好坏不仅影响到建设成本，还影响到产后的发电量和运营成本，最终影响上网电价。因此，风力发电机组的选型就显得很重要。在技术先进、运行可靠的前提下，要选择性价比高的风力发电机组，要根据风力发电场的风能资源状况和拟选的风力发电机组，计算风力发电场的年发电量，选择综合指标最佳的风力发电机组。

本项目包括三个学习性工作任务：

任务一　风力发电机组的认识

任务二　风力发电机组选型原则和容量选择

任务三　风力发电机组主要部件选择

任务一　风力发电机组的认识

学习目标

(1) 了解风力发电机组的发电原理。

(2) 了解风力发电机组的分类。

(3) 掌握风力发电机组结构组成及特点。

(4) 掌握小型风力发电机组的组装与检测。

任务描述

风力发电是利用风能来发电，风力发电机组（简称风电机组）是将风能转化为电能的装置。风轮是风电机组最主要的部件，由叶片和轮毂组成。叶片具有良好的空气动力外形，在气流作用下能产生空气动力使风力带动风电机组叶片旋转，再通过增速齿轮箱将旋转的速度提升，来促使发电机发电，将机械能转化为电能。通过本任务的学习，了解水平轴永磁同步风力发电机组构成及功能；掌握水平轴风力发电机组的安装以及正确使用常用工具和仪表。

相关知识

一、风力发电机组的分类

根据风力机采用不同的结构类型、不同的组合，可以有以下几种分类：

1. 根据风力机旋转主轴的布置方向(即主轴与水平面的相对位置)分类

根据风力机旋转主轴的布置方向可将风力发电机组分为水平轴风力发电机组和垂直轴风力发电机组。

1）水平轴风力发电机组

水平轴风力发电机组是目前国内外广泛采用的一种结构，其风轮围绕一个水平面旋转。风轮上叶片是径向安置的，与旋转轴相垂直，并与风轮的旋转平面成一角度 ϕ(安装角)，如图 2.1所示。

(a)三叶片风力发电机组

(b)多叶片水平轴风力发电机组

图 2.1　水平轴风力发电机组

2）垂直轴风力发电机组

垂直轴风力发电机组转动轴与地面垂直，又称竖轴风力发电机组，如图 2.2 所示。

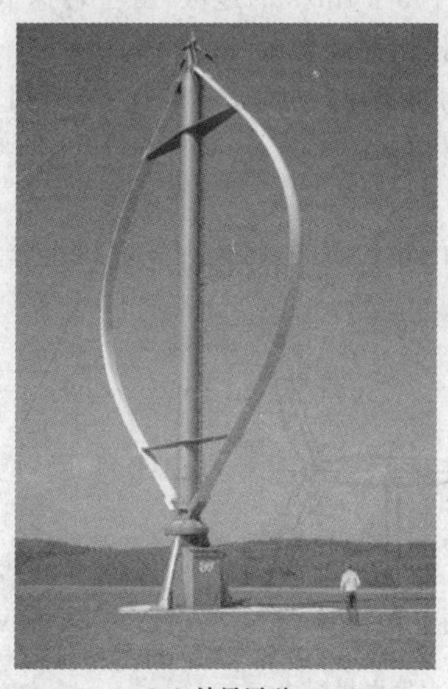
(a)达里厄型

(b)旋翼型

图 2.2　垂直轴风力发电机组

2. 根据桨叶受力方式分类

根据桨叶受力方式将风力发电机组分为升力型风力发电机组和阻力型风力发电机组：升力型风力发电机组主要是利用叶片上所受升力来转化风能，是目前的主要形式；阻力型风力发电机组主要是利用叶片上所受阻力来转化风能，这种形式较少利用。

升力型风力发电机组风轮所受的作用力是在叶片上与相对风速垂直的升力，阻力型风力发电机组的风轮所受的作用力是风的作用力中与叶面垂直的分量(阻力)。对于水平轴风力发电机组来说,叶片选用升力型设计方式,旋转速度快,阻力型叶片旋转速度慢。对于风力发电系统,多采用升力型水平轴风力发电机组的设计方案。

3. 根据叶片的数量分类

根据叶片的数量可将风力发电机组分为单叶片、双叶片、三叶片和多叶片型风力发电机组,如图 2.3 所示。

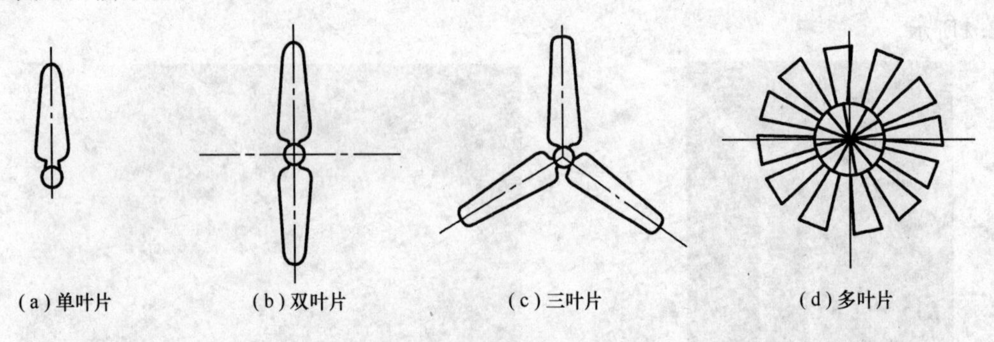

图 2.3　不同数目的风轮叶片

单叶片风轮转速最高,但动态不平衡,且产生的振动很大,由于叶片上的气流相对速度很高,会产生较大的噪声。

三叶片的风轮,转子的动平衡比较简单,不易造成对风轮运转的干扰,而且从美学角度看,看上去也较为美观,目前是主流。

多叶片一般有 5～24 个叶片,常用于年平均风速低于 3～4m/s 的地区,由于转速低,多用于直接驱动农牧业机械设备,而且他们之间也会因相互作用而降低系统的效率。

总之,叶片较少的风轮具有转速高,单位功率的平均质量小,结构紧凑的优点,适用于年平均风速较高的地区,是目前并网型风力发电机组的主流机型。

4. 根据风轮的迎风方式分类

根据风轮的迎风方式,即风—风轮—塔架三者相对位置的不同,将风力发电机组分为上风向风力发电机组和下风向风力发电机组,如图 2.4 所示。

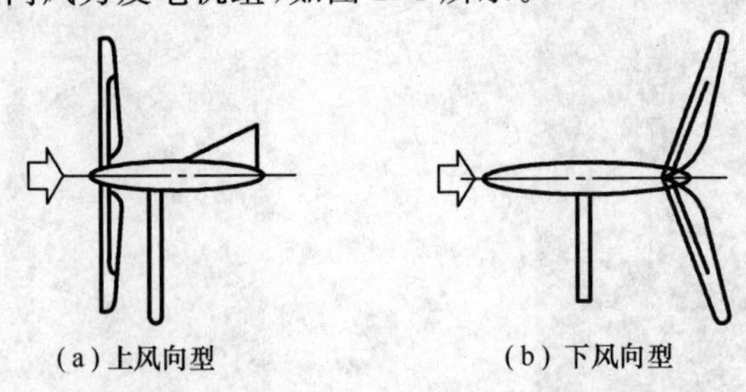

图 2.4　上风向型、下风向型风力发电机组

风力机的风轮在塔架前面,迎着风向旋转的风力发电机组称为上风向风力发电机组,大部分发电机组采用上风向;风轮在塔架的下风位置顺着风向旋转的风力发电机组称为下风向风力发电机组,一般用于小型风力发电机。

上风向风力发电机组,风先通过叶轮,然后再到塔架,因此气流在通过风轮时受到塔架的影响,要比下风向时受到的扰动小得多。上风向风轮在风向发生变化时,无法自动跟随风向的变化,机组必须装对风装置。对于小型风力发电机组,对风装置采用尾舵;对于大型风力发电机组，利用风向传感元件及伺服电动机组成的传动机构。下风向风轮，由于塔影效应，叶片受到周期性的载荷变化影响，又由于风轮被动对风产生的陀螺力矩，风轮轮毂的设计就变得复杂。另外，由于每个叶片通过塔架时产生气流扰动，会发出较大的噪声。

5. 根据机械传动方式分类

根据风力发电机组的结构设计中是否包括齿轮箱，可分为有齿轮箱的风力发电机组、无齿轮箱的风力发电机组(直驱型)和混合驱动型风力发电机组(又称半直驱型风力发电机组)。

由于叶尖速度的限制，风轮旋转速度一般都较慢，直径越大，转速越低，一般只有几百转。为了使发电机不太重，且极对数少，发电机的转速为 1 500～3 000 r/min，因此需要在风轮和发电机之间设置增速齿轮箱，把转速提高，达到发电机的转速。

有齿轮箱型风力发电机组桨叶通过齿轮及其高速轴及万能弹性联轴器将转矩传递到发电机的传动轴。

无齿轮箱型风力发电机组称为直驱型风力发电机组，采用多级同步电机与叶轮直接进行驱动的方式，免去齿轮箱，具有低噪声，极高机组寿命、降低运行成本，效率较高的优点。

混合驱动型风力发电机组采用一级齿轮进行传动，齿轮箱结构简单、可靠，效率高，即具有直驱发电机组的优势，又具有较小的尺寸和重量，适用于 3 MW 以上的大型机组设计开发。

6. 根据桨叶是否可以调节分类

根据桨叶能否调节将风力发电机组分为定桨距失速型风力发电机组和变桨距风力发电机组。

定桨距失速型风力发电机组的桨叶与轮毂连接是固定的，即机组在安装时根据当地风资源的情况，确定一个桨距角度(一般为－4°～4°)，按照这个角度去安装叶片，当风速变化时，桨叶的迎风角度不能随之变化。在风轮转速恒定的条件下，风速增加超过额定风速时，如果风轮与叶片分离，叶片将处于“失速”状态，风轮输出功率降低，发电机不会因超负荷而烧毁，因此具有结构简单、性能可靠的优点，但承受的载荷较大，在中小型风力发电机组中仍然采用这种定桨距失速型风力发电机组，图 2.5 所示为定桨距失速型风力发电机组的功率特性。

在这个过程中，必须要解决两个方面的问题：

(1) 当风速高于额定风速时，桨叶必须能够自动地将功率限制在额定值的附近，桨叶的这一特性称为自动失速性能。

(2) 运行中的风力发电机组在突然失电(突甩负载)的情况下，桨叶自身必须具有制动能力，使风力发电机组在大风的情况下安全停电。

变桨距风力发电机组的叶片可以绕叶片中心轴旋转，使得叶片攻角在一定范围内(0°～90°)调节变化，以便调节输出功率不超过设计容许值，在风力发电机组出现故障时，需要紧急停机，多用于大型风力发电机组上(兆瓦级)。变桨距的叶宽小，叶片轻，机头重量比失速风力发电机组小，不需要很大的制动力、启动性能良好，在额定风速之后，输出功率可保持相对的稳定，保证较高的发电，图 2.6 所示为变桨距风力发电机组的功率特性。

7. 根据风轮转速是否恒定分类

根据风轮转速是否恒定，将风力发电机组分为恒速风力发电机组和变速风力发电机组。

恒速风力发电机组设计简单可靠，造价低、维护量少，直接并网，但空气动力效率低，容易造成电网波动。

变速风力发电机组的气动效率高，机械应力小，功率波动小，成本效率高，但电气设备的价格高，维护量大，通常用于大容量的风力发电机组。

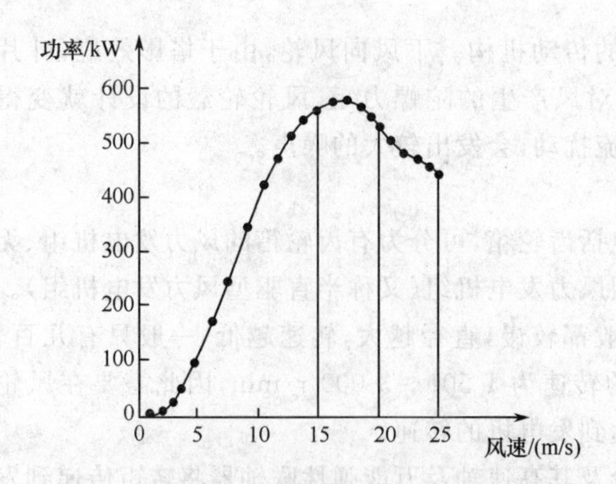

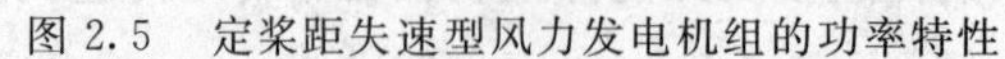
图 2.5　定桨距失速型风力发电机组的功率特性

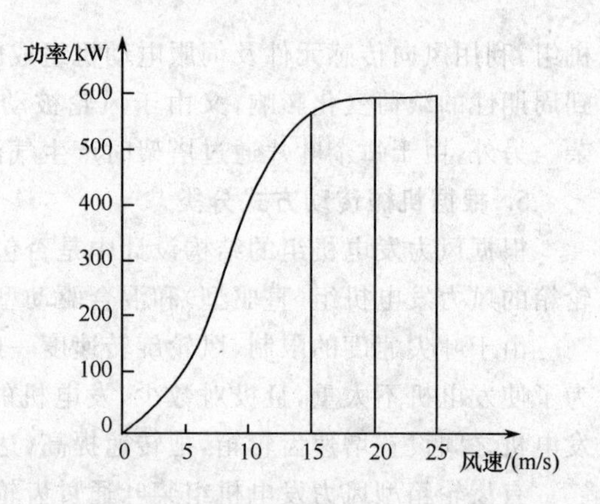

图 2.6　变桨距风力发电机组的功率特性

8. 根据发电机的类型分类

风力发电机组应用的发电机类型主要有直流发电机、同步发电机、异步发电机、永磁发电机等。因此风力发电机组可分为直流发电机式风力发电机组、同步发电机式风力发电机组、异步发电机式风力发电机组、永磁发电机式风力发电机组等。

9. 根据风力发电机组的输出端电压高低分类

根据风力发电机组输出端的电压可分为高压风力发电机组和低压风力发电机组。

高压风力发电机组输出端电压为 10～20 kV，有的甚至达到 40 kV，可以直接并网。它与直驱型永磁体结构一起组成的同步发电机组总体方案，是目前风力发电机组中一种很有发展前途的机型。

低压风力发电机组输出端电压一般为 1 kV 以下。

10. 根据风力发电机组的额定功率分类

根据风力发电机组的额定功率可分为巨型、大型、中型、小型、微型风力发电机组。一般认为功率 1 kW 以下为微型风力发电机组，功率在 1～10 kW 为小型风力发电机组、功率在 10～100 kW 为中型风力发电机组，功率在 100～1 000 kW 为大型风力发电机组，功率超过 1 000 kW 以上为巨型风力发电机组。

二、风力发电机组的基本构成

水平轴式风力发电机组是目前世界各国应用最广泛、技术也最成熟的一种形式，而垂直轴式风力发电机组因其效率低，需要启动设备，发展技术并不成熟、完善。因而并未得到广泛的应用。本节主要介绍水平轴式风力发电机组的构成。

典型的水平轴式风力发电机组一般由风轮、主传动系统、制动系统、发电机、控制系统、塔架和基础及附属部件等组成，如图 2.7、图 2.8 所示。

1. 风轮

风轮是风力机区别于其他机械的最主要的特征。风轮一般由 2～3 个叶片和轮毂组成。其功能是将风能转换成机械能。从审美的角度看，3 叶片叶轮上受力更平衡，轮毂可以更简单些。

叶片是风力机主要构成部分，是风力发电机组上具有空气动力学形状的构件，是风轮绕其轴转动，将风能转化为机械能的主要构件。叶片也是决定风力发电机的风能转换效率、安全可靠运行、生产成本和环境保护的关键构件。当今 95％以上的叶片都采用玻璃钢复合材料，重

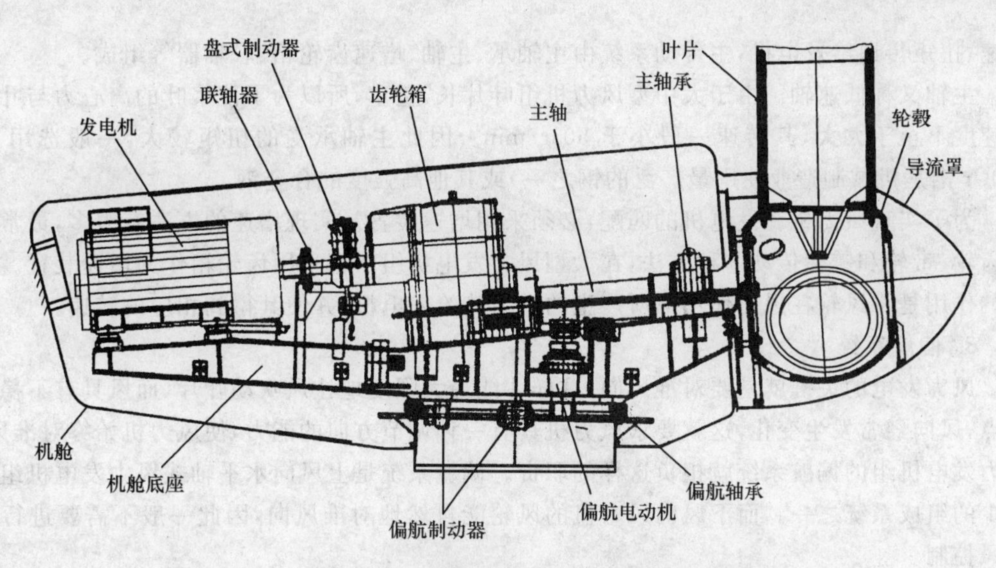

图 2.7 典型的水平轴定桨距定速风力发电机组的基本结构

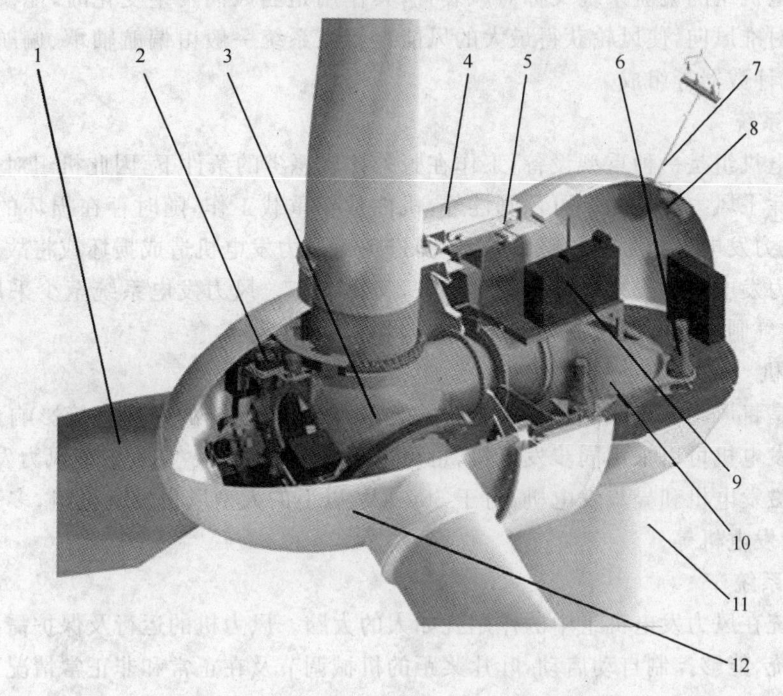

图 2.8 典型的水平轴直驱式变桨距变速风力发电机组的基本结构

1—叶片；2—变桨距机构；3—轮毂；4—发电机转子；5—发电机定子；6—偏航驱动；
7—测风系统；8—辅助提升机；9—机舱控制柜；10—机舱底座；11—塔架；12—导流罩

量轻、耐腐蚀、抗疲劳。叶片的技术含量高，属于风力机的关键部件，大型风力机的叶片往往由专业厂家制造。

风轮轮毂是连接叶片与风轮转轴的部件，用于传递风轮的力和力矩到后面的机构。轮毂通常由球墨铸铁制成。使用球墨铸铁的主要原因是轮毂的复杂形状，要求使用浇铸工艺，以方便其成形与加工。此外，球墨铸铁有较好的抗疲劳性能。

2. 主传动系统

主传动系统将风轮的各种载荷传递到机舱，并将风轮的转速、扭矩转换为发电机相匹配的转速、扭矩传递给发电机，主传动系统由主轴承、主轴、增速齿轮箱、联轴器等组成。

主轴又称低速轴。由于大中型风力机组叶片长，量重，所以为了使桨叶的离心力与叶尖的线速度不至于太大，其转速一般小于 50 r/min。因此主轴承受的扭矩较大，一般选用 40Cr（40Cr 钢是机械制造业使用最广泛的钢之一）或其他高强度的合金钢。

为了实现风力机和发电机的匹配，必须采用增速装置。实现增速的方法有很多，最常用的有齿轮、带轮和链轮传动 3 种方法，在大型风力发电机组中都采用齿轮箱作为增速装置。齿轮箱的作用是将风轮在风力作用下所产生的动力传给发电机，并使其得到相应的转速。

3. 偏航系统

风力发电的关键就是要对准风向，这样才能最大限度地让风吹动叶片，而风具有不稳定的特点，风向经常发生变化，这就要求风力机具有一种调节方向的能力，使风力机始终对准风向。风力发电机组的偏航系统就担负这样的职责。偏航系统是上风向水平轴式风力发电机组必不可少的组成系统之一。而下风向风力机的风轮能自然地对准风向，因此一般不需要进行调向对风控制。

风力发电机组的偏航系统又称对风装置，其作用是当风向发生变化时，能及时做出反应，快速平稳地对准风向，使风轮获得最大的风能。偏航系统一般由偏航轴承、偏航电动机、偏航制动器、偏航计数器等组成。

4. 制动系统

风力发电机组是一种重型设备，工作在野外比较恶劣的条件下，因此机组对安全性有着极高的要求。除了风力变化的不可预测性外，机件常年重载工作，随时存在损坏的可能性，在这些情况下，风力发电机组必须能够紧急制动，避免对风力发电机造成损坏或将故障扩大。制动器系统是风力发电机组安全控制的关键环节，又称刹车。风力发电系统至少采用两种独立的制动器，即空气制动器和机械制动器。

5. 发电机

发电机是将风轮的机械能转化为电能的装置，发电机性能的好坏直接影响到整机的效率和可靠性。发电机可以采用同步发电机，也可采用异步发电机。在大中型风力发电机组中，都采用同步励磁发电机和异步发电机，对于 600 kW 以上的大型风力发电机组，多采用变极发电机、异步双馈发电机等。

6. 控制系统

控制系统在风力发电机组中的作用犹如人的大脑。风力机的运行及保护需要有一个全自动地控制系统，能够控制自动启动，叶片桨距的机械调节及在正常和非正常情况下停机。除了控制功能，系统也能监测及提供运行状态、风速、风向等信息。

7. 塔架和基础

塔架和基础是风力发电机组的主要承载部件，起到支撑风机组的作用，将机组支撑安装到一定的高度，以便风轮能更好地利用风能。塔架的刚度和风力发电机组的振动特性有着密切关系，特别是对大、中型风力发电机组的影响很大。大型风力发电机组的塔架基本上是锥形圆柱钢塔架，这种塔架上下相邻两节的连接多采用法兰，有的利用本身的锥底进行套装。

8. 附属部件

附属部件包括机舱、机舱底座、回转体等

1）机舱

风力发电机组常年在野外运转，不但要经受狂风暴雨的袭击，还要时刻面临沙尘磨损和盐雾侵蚀等。为了使塔架上方的主要设备及附属部件免受侵害，往往用罩壳把他们密封起来，这个罩壳就是机舱。要求机舱底盘有足够的机械强度和刚度，并且重量轻，有足够的抗震能力。机舱一般采用强度高、耐腐蚀的玻璃钢制作，也可直接在金属机舱的面板上敷以玻璃钢与环氧树脂保护层。

2）机舱底座

机舱底座是用来支撑塔架上方风力发电机组的所有设备和附属部件，它的牢固与否直接关系到整机的安全和使用寿命。机舱底座的设计要与整机布置统一考虑，在满足强度和刚度的前提下，应力求耐用、紧凑、轻巧。大、中型风力发电机组的机座通常以纵梁、横梁为主，再辅以台板、腹板、肋板等焊接而成。焊接时必须根据焊接工艺施焊，并采取必要的技术措施以减小变形。

3）回转体

回转体实际上是机舱底座与塔架之间的连接件，通常由固定套、回转圈以及位于他们之间的轴承组成。固定套锁定在塔架上方，而回转圈则与机座相连，当风向变化时，风力机组就能绕其回转而自动迎风。

三、风力发电机组的铭牌数据

风力发电机组的铭牌数据以最简单明了的方式，向用户介绍风力发电机组的选型、订货、运行、维护和检修所必需的数据。熟悉风力发电机组铭牌数据对每个风电从业者来说都很重要。根据《风力发电机组的安全要求》(GB 18451.1—2001)，产品铭牌上必须突出明显地标示下列内容：

(1) 风力发电机组的制造厂和国家；

(2) 形式和产品编号；

(3) 产品生产日期；

(4) 参考风速(即额定风速)；

(5) 轮毂高度、工作风速范围、切入风速和切出风速；

(6) 工作环境的允许温度范围；

(7) 风力发电机组输出额定电压；

(8) 风力发电机组的等级；

(9) 风力发电机组输出端频率或频率范围，频率允许变化范围应在额定频率±2%以内。

阅读材料 2.1

风力发电机组的主要参数

风力发电机组的性能和技术规格可以通过一些主要参数反映，见表 2.1。表中以某型号 1.5 MW 风力发电机组为例列出了其主要的技术参数。

表 2.1　某型号 1.5MW 风力发电机组的主要技术参数

参数	数值	参数	数值
额定功率/kW	1 500	齿轮箱结构形式	一级行星轮＋两级平行轴斜齿圆柱齿轮
转子直径/m	77	变桨距控制方式	独立电动变桨距控制
塔架高度/m	65	制动方式	独立叶片变桨距控制＋盘制动

续表

参数	数值	参数	数值
切入风速/(m/s)	3	偏航控制系统	四个电动齿轮电机
额定风速/(m/s)	12	发电机类型	感应式带集电环发电机
切出风速/(m/s)	20	发电机极对数	4
转子	上风向、顺时针转动	额定功率/kW	1 500
叶片数	3	功率因数	0.9～1.0
偏角/(°)	4	电网连接	通过变流器
转速范围/(r/ min)	11～20	塔架	锥形钢筒塔架

四、风力机的基本原理和基本理论

1. 风力发电的工作过程

风力发电机组的工作原理比较简单，最简单的风力发电机组可由风轮和发电机构成，风轮在风力的作用下旋转，把风的动能转变为风轮轴的机械能，如果将风轮的转轴与发电机的转轴相连，发电机在风轮轴的带动下旋转发电。现代风力发电的原理是空气流动的动能作用在风力机风轮上，推动风轮旋转，将空气的动能转变成风轮旋转的机械能，风轮的轮毂固定在风力机轴上，通过传动系统驱动风力发电机轴及转子旋转，风力发电机将机械能转变成电能送给负荷或者电力系统，这就是风力发电的工作过程，如图 2.9 所示。

图 2.9　风力发电的工作过程

2. 风力机设计基础

1) 风力机空气动力学的几何定义

风力机空气动力学主要研究空气流过风力机时的运动规律。

(1) 风轮的几何参数。有关风轮的几何参数定义如图 2.10 所示。

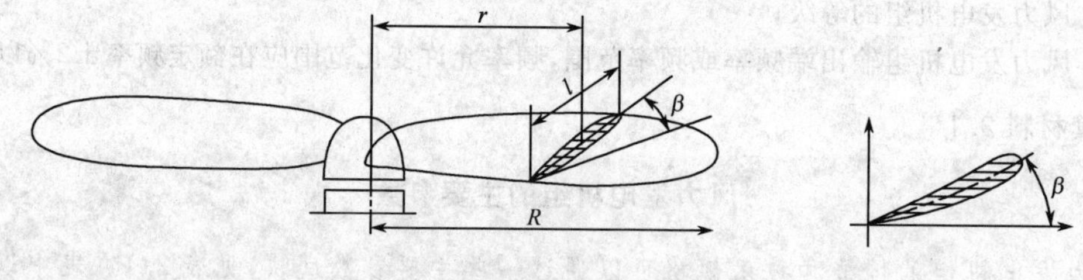

图 2.10　风轮的几何参数

① 风轮轴线：风轮旋转运动的轴线。

② 旋转平面：与风轮轴垂直，叶片在旋转时的平面。

③ 风轮直径：风轮在旋转平面上的投影圆的垂直距离，如图 2.11 所示。

④ 风轮中心高：风轮旋转中心到基础平面的垂直距离，如图 2.11 所示。

⑤ 风轮扫掠面积：风轮在旋转平面上的投影圆面积。

⑥ 风轮锥角：叶片相对于和旋转轴垂直平面的倾斜角，如图 2.12 所示。

⑦ 风轮仰角：风轮的旋转轴线和水平面的夹角，如图 2.12 所示。

⑧ 叶片轴线：叶片纵向轴线，绕其可以改变叶片相对于旋转平面的偏转角(安装角)。

⑨ 风轮翼型(在半径 r 处的叶片截面)：叶片与半径为 r 并以风轮轴为轴线的圆柱相交的截面。

⑩ 安装角(桨距角)：在叶片径向位置叶片翼型弦线与风轮旋转间的夹角，记作 β。

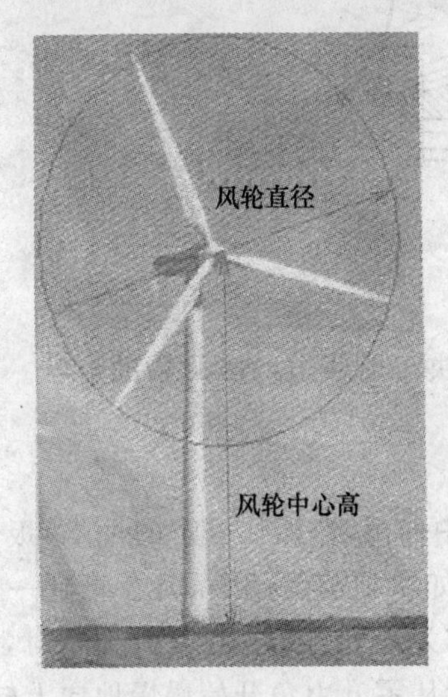

图 2.11　风轮直径和中心高

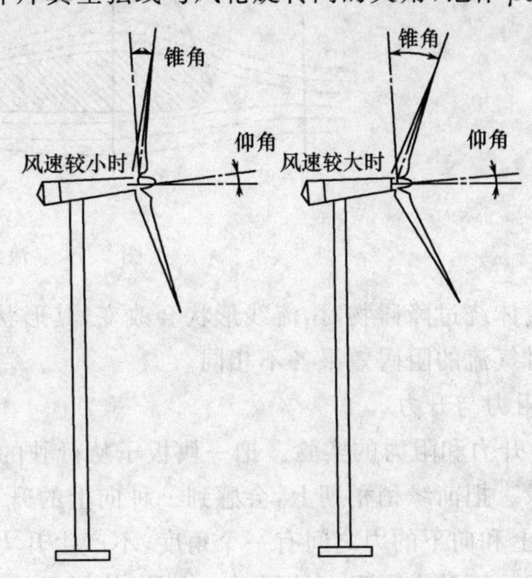

图 2.12　风轮的仰角锥角

(2) 叶片翼型的几何参数(见图 2.13)

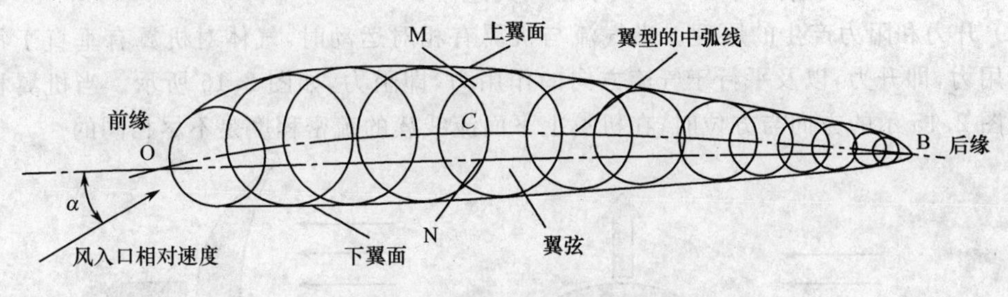

图 2.13　叶片翼型的几何参数

① 前缘与后缘：翼型的尖尾点 B 称为后缘，圆头上的点 O 称为前缘。

② 翼弦：连接前后缘的直线 OB 称为翼弦。OB 的长度称为弦长，记为 C。

③ 翼型上表面(上翼面)：凸出的翼型表面 OMB。

④ 翼型下表面(下翼面)：平缓的翼型表面 ONB。

⑤ 翼型的中弧线：翼型内切圆圆心的连线，对称翼型的中弧线与翼弦重合。

⑥ 厚度：翼弦垂直方向上下翼面间的距离。

⑦ 弯度：翼型中弧线与翼弦间的距离。

⑧ 攻角：气流相对速度与翼弦间所夹的角度，记作 α。又称迎角、冲角。

2) 流线的概念

(1) 气体质点：体积无限小的具有质量和速度的流体微团。

(2) 流线：在某一瞬间沿着流场中各气体质点的速度方向连成的平滑曲线。流线描述了该时刻各气体质点的运动方向，一般情况下，各个流线彼此不会相交。

(3) 流线簇:流场中众多流线的集合称为流线簇,如图 2.14 所示。

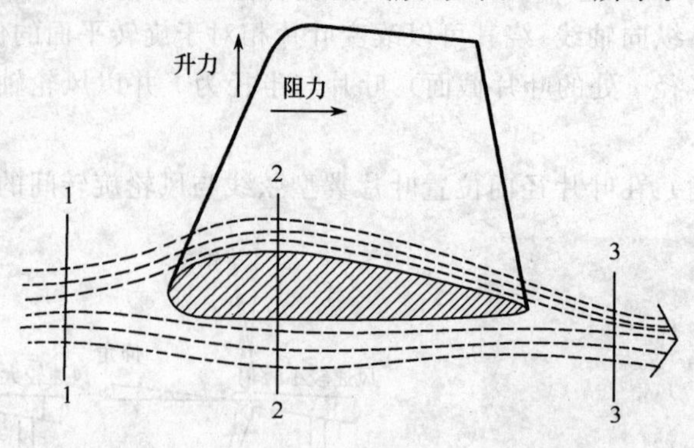

图 2.14　流线簇

当流体绕过障碍物时,流线形状会改变,其形状取决于所绕过的障碍物的形状。不同形状的物体对气流的阻碍效果各不相同。

3) 阻力与升力

(1) 升力和阻力的实验。把一块板子从行驶的车中伸出,只抓住板子的一端,板子迎风边称为前缘。把前缘稍稍朝上,会感到一种向上的升力,如果把前缘朝下,就会感到一个向下的力,在向上和向下的力之间有一个角度,不产生升力,称为零升力角。在零升力角时,会产生很小的阻力。而升力和阻力是同时产生的,将板子的前缘从零升力角开始慢慢地向上转动,开始时升力增加,阻力也增加,但升力比阻力增加的快得多,到某一个角度后,升力突然下降、但阻力继续增加,这时的攻角大约为 20°,板子已经失速。

(2) 升力和阻力产生的原理。当气流与机翼有相对运动时,气体对机翼有垂直于气流方向的作用力,即升力,以及平行于气流方向的作用力,即阻力,如图 2.15 所示。当机翼相对气流保持图 2.15 示的方向与方位时,在机翼上下面流线簇的疏密程度是不尽相同的。

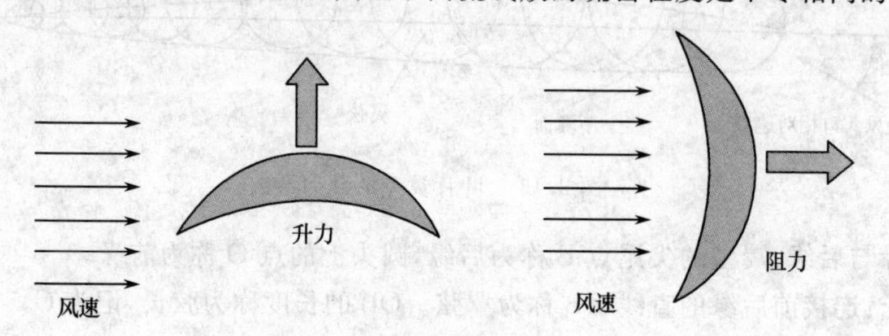

图 2.15　升力和阻力试验

① 根据流体运动的质量守恒定律,有连续性方程:

$$A_1 v_1 = A_2 v_2 + A_3 v_3 \tag{2.1}$$

式中,A,v 分别表示机翼的截面积和气流的速度。下角标 1,2,3 分别代表远前方或远后方,上表面和下表面处。如图 2.14 所示。

② 根据流体运动的伯努利方程,有

$$P_0 = P + \frac{1}{2}\rho v^2 = 常数 \tag{2.2}$$

式中　P_0——气体总压力;

P——气体静压力。

下翼面处流场横截面面积 A_3 变化较小，空气流速 $v_3 \approx v_1$，因此，静压力 $P_3 \approx P_1$。

上翼面突出，流场横截面面积减小，空气流速增大，$v_2 > v_1$，使得 $P_2 < P_1$，即压力减小。

机翼运动时，机翼表面气流方向有所变化，在其上表面形成低压区，下表面形成高压区，合力向上并垂直于气流方向。

在产生升力的同时也产生阻力，风速因此有所下降。

4）翼型的空气动力特性

(1) 作用在机翼上的气动力。风力机的风轮一般由 2～3 个叶片组成。下面先考虑一个不动的翼型受到风吹的情况。

设风的速度为矢量 v，风吹过叶片时在翼型面上产生压力如图 2.16 所示。上翼面压力为负，下翼面压力为正。他们的差实际上指向上翼面的合力，记为 F，F 在翼弦上的投影称为阻力，记为 F_D，而在垂直于翼弦方向上投影称为升力，记为 F_L，合力 F 对其他点的力矩，记为气动力矩 M，又称扭转力矩。

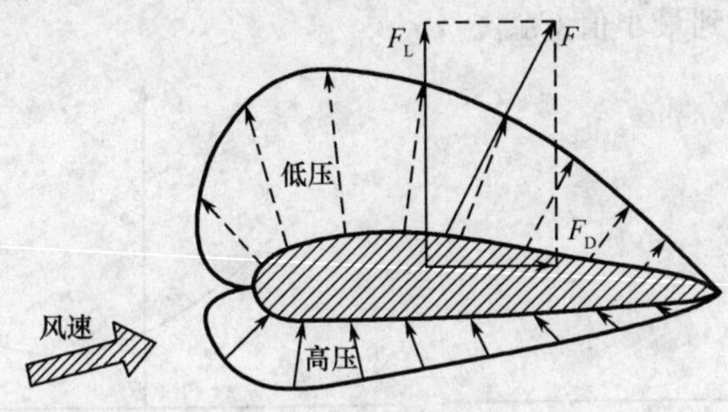

图 2.16　翼型压力分布与受力

合力 F 的表达式为

$$F = \frac{1}{2}\rho C S v^2 \tag{2.3}$$

式中　ρ——空气密度；

S——叶片面积；

C——总的气动力系数。

升力 F_L 的表达式为为

$$F_L = \frac{1}{2}\rho C_L S v^2 \tag{2.4}$$

阻力 F_D 的表达式为为

$$F_D = \frac{1}{2}\rho C_D S v^2 \tag{2.5}$$

$$F^2 = F_L^2 + F_D^2 \tag{2.6}$$

(2) 翼型剖面的升力和阻力特性。为方便使用，通常用无量纲量表示翼剖面的气动特性，故需定义几个气动力系数。

升力系数的表达式为

$$C_L = \frac{2F_L}{\rho S v^2} \tag{2.7}$$

阻力系数的表达式为

$$C_D = \frac{2F_D}{\rho S v^2} \tag{2.8}$$

翼型剖面的升力特性用升力系数 C_L 随攻角 α 变化的曲线(升力特性曲线)来描述,如图 2.17(a)所示。

当 $\alpha=0°$时,$C_L>0$,气流为层流。

在 $\alpha_0=\alpha_{CT}(15°)$左右,$C_L$ 与 α 呈近似的线性关系,即随着 α 的增加,升力 F_L 逐渐加大,气流仍为层流。

在 $\alpha=\alpha_{CT}$,C_L 达到最大值 C_{Lmax},α_{CT}称为临界攻角或失速攻角。

$\alpha>\alpha_{CT}$时,C_L 将下降,气流变为紊流。

当 $\alpha=\alpha_0(<0°)$时,$C_L=0$,表明无升力。α_0称为零升力角,对应零升力线。

翼型剖面的阻力特性用阻力系数 C_D 随攻角 α 变化的曲线(阻力特性曲线)来描述,如图 2.17(b)所示。

在 $\alpha>\alpha_{CDmin}$时,C_D 随攻角 α 的增加而逐渐增大。

在 $\alpha=\alpha_{CDmin}$时,C_D 达到最小值 C_{Dmin}。

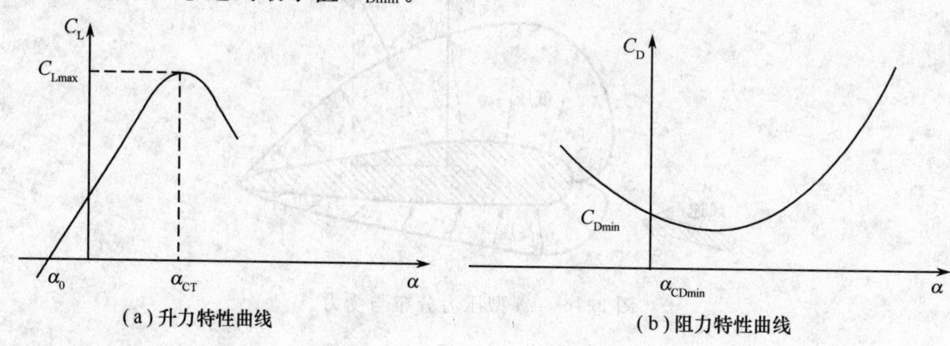

(a)升力特性曲线　　(b)阻力特性曲线

图 2.17　升力和阻力特性曲线

3. 风力机基本理论

1) 贝兹理论

(1) 贝兹理论的假设。贝兹理论是世界上第一个关于风力机风轮叶片接受风能的完整理论,也是第一个关于风能利用效率的一个基本理论。它是 1919 年由贝兹(Betz)建立的。贝兹理论的建立,首先假定风轮是"理想"的。"理想风轮"具体条件如下:

① 风轮没有锥角、倾角和偏角,风轮叶片全部接受风能,叶片无限多,对空气流没有阻力。

② 空气流是连续的,不可压缩的,气流在整个叶轮扫掠面上是均匀的;

③ 叶轮处在单元流管模型中,气流速度的方向不论在叶片前或流经叶片后都是垂直叶片扫掠面的。

假设风轮前方的风速为 v_1,是实际通过风轮的风速,v_2是叶片扫掠后的风速,通过风轮叶片前风速面积为 S_1,叶片扫掠面的风速面积为 S,扫掠后风速面积为 S_2。风吹到叶片上所做的功等于将风的动能转化为叶片转动的机械能,则必有 $v_1>v_2$,$S_2>S_1$,如图 2.18所示。

由流体连续性条件可得

$$S_1 v_1 = S v = S_2 v_2 \tag{2.9}$$

(2) 风轮受力及风轮吸收功率。应用气流动量定理,风轮所受到的轴向推力为

$$F = m(v_1 - v_2) \tag{2.10}$$

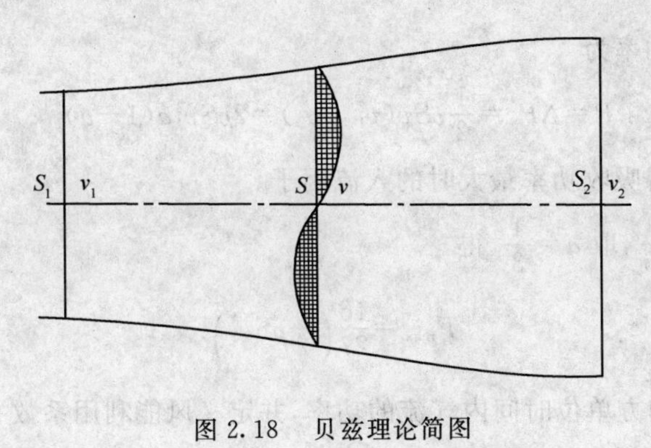

图 2.18　贝兹理论简图

式中，$m=\rho Sv$ 为单位时间内通过风轮的气流质量，ρ 为空气密度，取决于温度、气压、湿度，一般可取 1.225 kg/m³。

风轮吸收的功率为

$$P=Fv=\rho Sv^2(v_1-v_2) \tag{2.11}$$

(3) 动能定理的应用。应用动能定理，可得气流所具有的动能为

$$E=\frac{1}{2}mv^2 \tag{2.12}$$

则风功率(单位时间内气流所做的功)为

$$P'=\frac{1}{2}mv^2=\frac{1}{2}\rho Sv^3 \tag{2.13}$$

在风轮前后，单位时间内气流动能的改变量为

$$\Delta P'=\frac{1}{2}\rho Sv(v_1^2-v_2^2) \tag{2.14}$$

即气流穿越风轮时，被风轮吸收的功率。

因此

$$\rho Sv^2(v_1-v_2)=\frac{1}{2}\rho Sv(v_1^2-v_2^2) \tag{2.15}$$

整理得

$$v=\frac{(v_1+v_2)}{2} \tag{2.16}$$

即穿越风轮扫风面的风速等于风轮远前方与远后方风速和的一半(平均值)。

(4) 贝兹极限。下面引入轴向干扰因子进一步进行讨论。

令

$$v=v_1(1-a)=v_1-U$$

则有

$$v_2=v_1(1-2a) \tag{2.17}$$

式中　a——轴向干扰因子，又称入流因子；

U——轴向诱导速度，$U=v_1a$。

讨论 a 的范围：

当 $a=\frac{1}{2}$ 时，$v_2=0$，因此 $a<\frac{1}{2}$。

又 $v<v_1$，有 $1>a>0$。

所以，a 的范围为 $\frac{1}{2}>a>0$

由于风轮吸收的功率为

$$P=\Delta P'=\frac{1}{2}\rho Sv(v_1^2-v_2^2)=2\rho Sv_1^3a(1-a)^2 \tag{2.18}$$

令 $\mathrm{d}P/\mathrm{d}a=0$,可得吸收功率最大时的入流因子。

解得 $a=1$ 和 $a=\frac{1}{3}$,取 $a=\frac{1}{3}$,得

$$P_{\max}=\frac{16}{27}\left(\frac{1}{2}\rho Sv_1^3\right) \tag{2.19}$$

这里$\frac{1}{2}\rho Sv_1^3$是远前方单位时间内气流的功率,并定义风能利用系数 C_P 为

$$C_P=\frac{P}{\left(\frac{1}{2}\rho Sv_1^3\right)} \tag{2.20}$$

于是最大风能利用系数 C_{Pmax} 为

$$C_{\mathrm{Pmax}}=\frac{P_{\max}}{\left(\frac{1}{2}\rho Sv_1^3\right)}=\frac{16}{27}\approx 0.593 \tag{2.21}$$

此乃贝兹极限,它表示理想风力机的风能利用系数 C_P 的最大值为 0.593。对于实际使用的风力机来说,二叶片高性能风力机效率可达 0.47,达里厄风力机效率可达 0.35. C_P 值越大,则风力机能够从自然风中获得的百分比也越大,风力机效率也越高,即风力机对风能利用率也越高。

2)叶素理论

(1)叶素理论的基本思想:

① 将叶片沿展向分成若干微段叶片元素,即叶素。

② 把叶素视为二元翼型,即不考虑叶素在展向的变化。

③ 假设作用在每个叶素上的力互不干扰。

④ 将作用在叶素上的气动力元沿展向积分,求得作用在叶轮上的气动扭矩与轴向推力。

(2)叶素模型:

① 叶素模型的端面:在桨叶的径向距离 r 处取微段,展向长度 $\mathrm{d}r$,在旋转平面上的线速度为 $U=r\omega$。

② 叶素模型的翼型剖面:翼型剖面的弦长 C,安装角 θ。

假设 v 为来流的风速,由于 U 的影响,气流相对于桨叶的速度应是旋转平面内的线速度 U 与来流的风速 v 的合成,记为 W。

W 与风轮旋转平面的夹角为入流角,记为 ϕ,则有叶片翼型的攻角为

$$\alpha=\phi-\theta$$

③ 叶素上的受力分析,如图 2.19 所示。在 W 的作用下,叶素受到一个气动合力 $\mathrm{d}R$,可分解为平行于 W 的阻力元 $\mathrm{d}D$ 和垂直于 W 的升力元 $\mathrm{d}L$。

另一方面,$\mathrm{d}R$ 又可以分解为轴向推力元 $\mathrm{d}F_n$ 和旋转切向力元 $\mathrm{d}F_t$,由几何关系可得:

$$\mathrm{d}F_n=\mathrm{d}L\cos\phi+\mathrm{d}D\sin\phi \tag{2.22}$$

$$\mathrm{d}F_t=\mathrm{d}L\sin\phi+\mathrm{d}D\cos\phi \tag{2.23}$$

扭矩元 $\mathrm{d}T$ 为

$$\mathrm{d}T=r\mathrm{d}F_t=r(\mathrm{d}L\sin\phi-\mathrm{d}D\cos\phi) \tag{2.24}$$

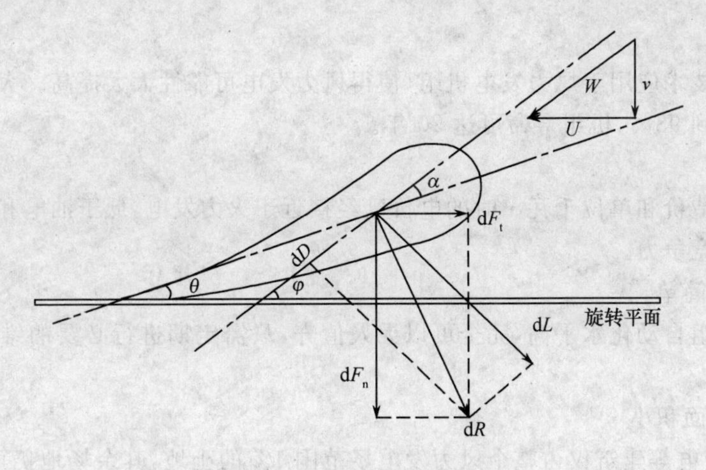

图 2.19　叶素理论分析简图

可利用阻力系数 C_D 和升力系数 C_L 分别求得 dD 和 dL 为

$$dL=\frac{1}{2}\rho C_L W^2 C dr \tag{2.25}$$

$$dD=\frac{1}{2}\rho C_D W^2 C dr \tag{2.26}$$

故 dR 和 dT 可求。

将叶素上的力元沿展向积分，得

作用在风轮上的推力为

$$R=\int dR$$

作用在风轮上的扭矩为

$$T=\int dT$$

风轮上的输出功率为

$$P=\int d\omega T=\omega T$$

五、风力发电的优越性

风力发电具有其他能源不可取代的优势和竞争力。风力发电的优越性可归纳为以下几点：

1. 风力发电是可再生的洁净能源

风力发电是一种可再生的洁净能源，不消耗资源，不污染环境，这是其他常规能源（如煤电、油电）与核电所无法比拟的。

2. 建设周期短

风力发电场建设周期短，单台机组安装仅需几周，从土建、安装到投产，1 万千瓦级的风力发电场建设周期只需半年至一年的时间，是煤电和核电无法比拟的。

3. 装机规模灵活

投资规模灵活，可根据资金情况，决定一次装机规模，有了一台资金就可加装一台，投产一台。

4. 可靠性高

现代高科技技术应用于风力发电机组，使得风力发电可靠性大大提高。大、中型风力发电机组可靠性已达到98%，机组寿命可达20年。

5. 造价低

单位千瓦的造价和单位千瓦·时的电价已经接近于火力发电，低于油电和核电，和常规能源发电相比具有竞争力。

6. 运行维护简单

风力发电机组自动化水平高，完全可以无人值守，只需定期进行必要的维护、不存在火力发电大修的问题。

7. 实际占地面积小

机组监控、变电等建筑仅占整个风力发电场范围1%的土地，其余场地仍可以供农、牧、渔业使用。

8. 发电方式多样化

风力发电既可并网运行，也可和其他能源（如柴油发电、太阳能发电、水力发电）组成互补系统，还可独立运行，如建在孤岛、海滩或边远沙漠等荒凉不毛之地，对于解决远离电网的老、少、边地区用电，脱贫致富将发挥重大作用。

任务实施

1. 常用工具的使用

风力发电机组在装配与调试过程中需要使用的工具有活扳手、内六方扳手、梅花扳手、扭力扳手、试电笔、胶锤、钳工锤、盘尺、万用表、绝缘电阻测试仪等。下面介绍其中一些工具的使用方法及注意事项。

1）活扳手

活扳手曾称活络扳手，如图2.20所示，是一种旋紧或拧松有角螺钉或螺母的工具。电工常用的有200 mm、250 mm、300 mm 3种，使用时应根据螺母的大小选配。

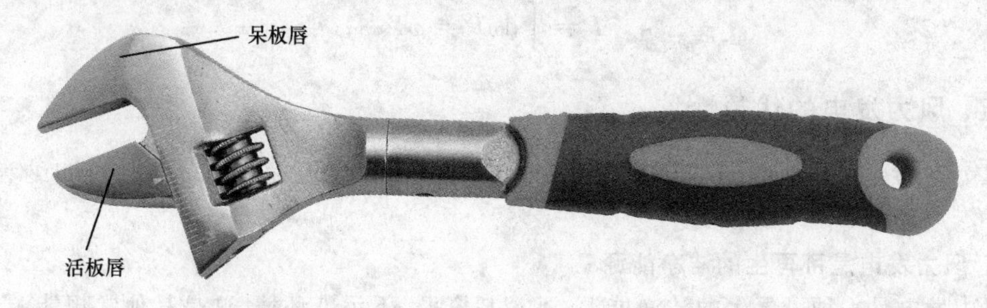

图2.20　活扳手

使用时，右手握手柄。手越靠后，扳动起来越省力。在扳动小螺母时，因需要不断地转动蜗轮，调节扳口的大小，所以手应握在靠近呆扳唇，并用大拇指调制蜗轮，以适应螺母的大小。

使用注意事项：

（1）活扳手的扳口夹持螺母时，呆扳唇在上，活扳唇在下。活扳手切不可反过来使用。

（2）在扳动生锈的螺母时，可在螺母上滴几滴煤油或机油，这样就好拧动了。

（3）在拧不动时，切不可采用钢管套在活扳手的手柄上来增加扭力，因为这样极易损伤活扳唇。

(4) 不得把活扳手当锤子用。

2) 扭力扳手

扭力扳手为旋转螺栓或螺帽的工具,如图 2.21 所示。扭力扳手的特点:

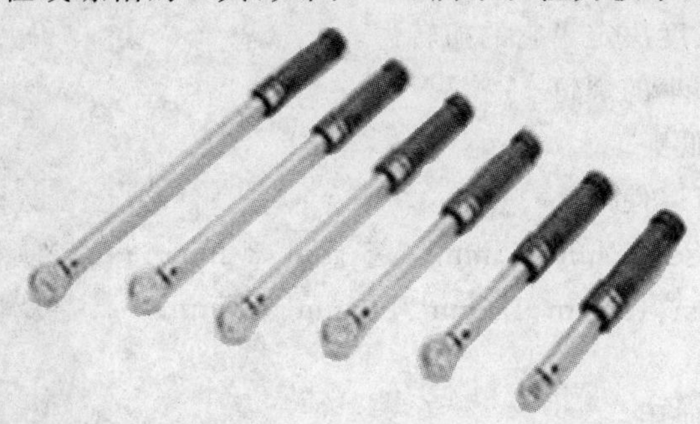

图 2.21 扭力扳手

(1) 具有预设扭矩数值和声响装置。当紧固件的拧紧扭矩达到预设数值时,能自动发出“卡嗒”的声响,同时伴有明显的手感振动,提示工作完成。解除作用力后,扳手各相关零件能自动复位。

(2) 可切换两种方向。拨转棘轮转向开关,扳手可逆时针加力。

(3) 米、英制双刻度线;手柄微分刻度线,读数清晰、准确。

(4) 合金钢材料锻制,坚固耐用,寿命长。校准追溯至美国国家技术标准学会(NBS)。

(5) 精确度符合 ISO6789:1992. ASME B107.14 GGG－W－686. ± 4%。

扭力扳手的使用方法:

(1) 根据工件所需扭矩值要求,确定预设扭矩值。

(2) 预设扭矩值时,将扳手手柄上的锁定环下拉,同时转动手柄,调节标尺主刻度线和微分刻度线数值至所需扭矩值。调节好后,松开锁定环,手柄自动锁定。

(3) 在扳手方榫上装上相应规格套筒,并套住紧固件,再在手柄上缓慢用力。施加外力时必须按标明的箭头方向。当拧紧到发出“咔嗒”的声响(已达到预设扭矩值)时,停止加力。一次作业完毕。

(4) 大规格扭矩扳手使用时,可外加接长套杆以便操作省力。

(5) 如长期不用,调节标尺刻线退至扭矩最小数值处,以保持测量精度。

3) 内六角扳手

内六角扳手又称艾伦扳手,如图 2.22 所示。它通过扭矩施加对螺钉的作用力,大大降低了使用者的用力强度,并成为工业制造业中不可或缺的得力工具。

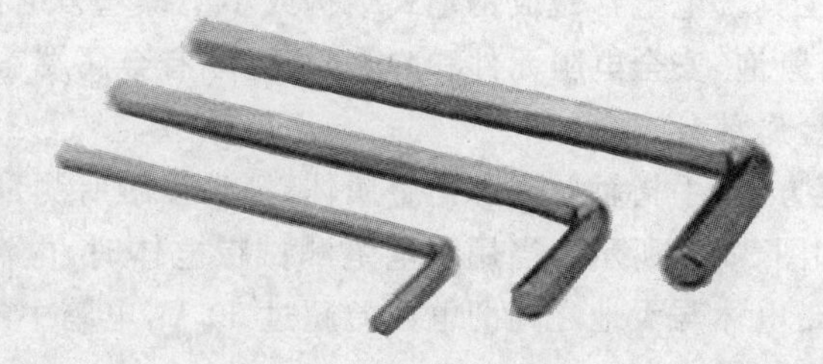

图 2.22 内六角扳手

内六角扳手具有的独特之处和诸多优点：

(1) 简单轻巧。

(2) 内六角螺钉与扳手之间有六个接触面，受力充分且不容易损坏。

(3) 可以用来拧深孔中螺钉。

(4) 扳手的直径和长度决定了它的扭转力。

(5) 可以用来拧非常小的螺钉。

(6) 容易制造，成本低廉。

(7) 扳手的两端都可以使用。

目前常用的规格有：1.5 mm、2 mm、2.5 mm、3 mm、4 mm、5 mm、6 mm、8 mm、10 mm、12 mm、14 mm、17 mm、19 mm、22 mm、27 mm。

4) 数字式万用表的使用

数字式万用表，如图 2.23 所示。是常用的测量仪表。具有灵敏度高、准确度高、显示清晰、过载能力强、便于携带和使用简单的优点，用于测量电阻、电压、电流、二极管、三极管等。

图 2.23　数字式万用表

数字式万用表在使用时要注意以下事项：

(1) 如果无法预先估计被测电压或电流的大小，则应先拨至最高量程挡测量一次，再视情况逐渐把量程减小到合适位置。测量完毕，应将量程开关拨到最高电压挡，并关闭电源。

(2) 满量程时，仪表仅在最高位显示数字“1”，其他位均消失，这时应选择更高的量程。

(3) 测量电压时，应将数字式万用表与被测电路并联；测电流时，应将其与被测电路串联；测直流量时不必考虑正、负极性。

(4) 当误用交流电压挡去测量直流电压，或者误用直流电压挡去测量交流电压时，显示屏将显示“000”，或低位上的数字出现跳动。

(5) 禁止在测量高电压(220 V 以上)或大电流(0.5 A 以上)时换量程，以防止产生电弧，烧毁开关触点。

(6) 当显示 LOW BAT 时，表示电池电压低于工作电压。

5) 低压验电器(试电笔)的使用

试电笔(低压验电器)简称电笔，如图 2.24 所示，是用来检查测量低压导体和电气设备外壳是否带电的一种常用工具。电笔常做成钢笔式结构或小型螺丝刀结构。它的前端是金属探头，后部塑料外壳内装有氖泡，安全电阻元件和弹簧，笔尾端有金属端盖或钢笔型金属挂鼻，作为使用时手必须触及的金属部分。

使用时，正确的握笔方法：手指触及尾部的金属体，笔尖接触所测量的低压导体或导线，氖管小窗背光朝向自己，如图 2.25 所示。当用测电笔测试带电体时，电流经带电体、电笔、人体到大地形成回路。只要带电体与大地之间的电位差超过 60 V，电笔中的氖管就发光。电笔测试范围为 60～500 V。

电笔还可用来区分相线和中性线，测试时氖管发光的是相线，不发光的是中性线。另外，

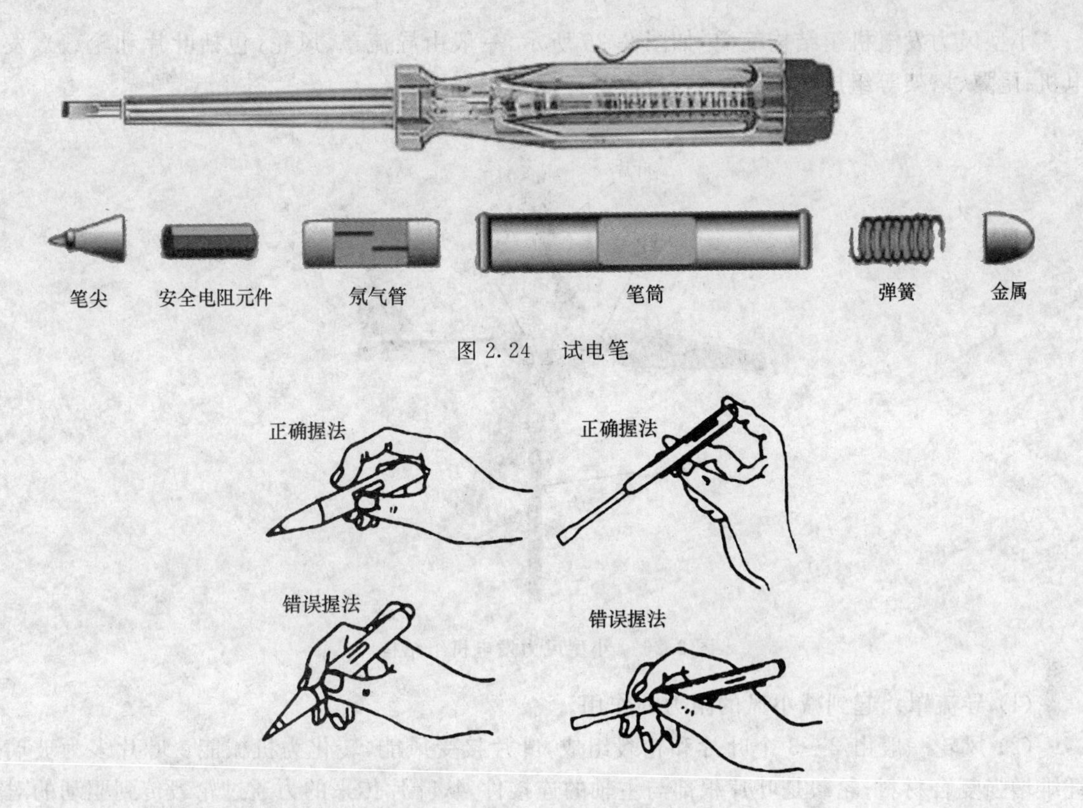

图 2.24　试电笔

图 2.25　电笔的正确握法

可根据氖管发光的强弱来判断电压的高低。

使用试电笔时，应注意以下事项：

① 使用试电笔之前，首先要检查试电笔的适用电压是否高于欲测试的带电体的电压，试电笔里有无安全电阻元件，再直观检查试电笔是否有损坏，有无受潮或进水，是否有破裂，检查合格后才能使用。

② 使用试电笔时，绝不能用手触及试电笔前端的金属探头，否则，会造成人身触电事故。

③ 使用试电笔时，一定要用手触及试电笔尾端的金属部分。否则，因带电体、试电笔、人体与大地没有形成回路，试电笔中的氖泡不会发光。这会造成误判，以为带电体不带电，这是十分危险的。

④ 在测量电器设备是否带电之前，先要找一个已知电源试测，检查试电笔的氖泡是否正常发光。能正常发光，才能使用。

⑤ 在明亮的光线下测试带电体时，应特别注意氖泡是否真的发光(或不发光)，必要时，可用另一只手遮挡光线仔细判别。千万不要造成误判，将氖泡发光判为不发光，将有电，误判为无电。

⑥ 一手接地，一手接触试电笔尾端的金属部分，若氖泡靠手的上半部分亮，则被验部分带正电，下半部分亮则被验部分带负电，上下都亮是交流电，上下都不亮是没电。

2. 观察小型风力发电机组的结构

风力发电机组是一种将风能转换为电能的能量转换装置，由风力机和发电机两个部分组成。空气流动的动能作用在风力机风轮叶片上，推动风轮转速，将空气流动的动能转变为风轮旋转的机械能，再通过传动机构驱动发电机轴及转子的旋转，发电机将机械能转变为电能。

小型风力发电机组结构简单，如图 2.26 所示，一般由导流罩、风轮(包括叶片和轮毂)、发电机、尾翼、塔架等组成。

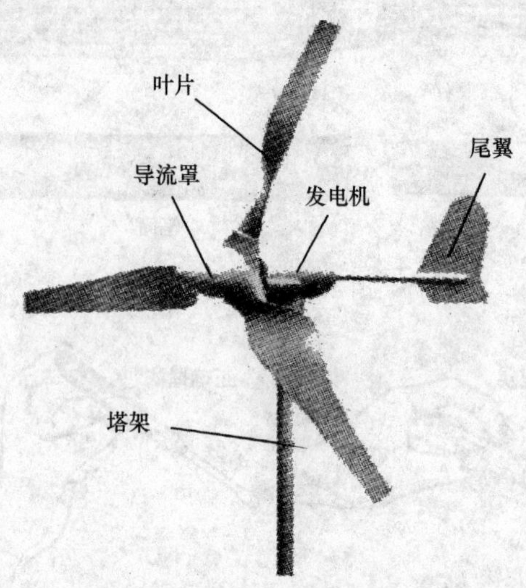

图 2.26　小型风力发电机组结构

(1) 导流罩。起到减小风的阻力的作用。

(2) 风轮一般由 2～3 个叶片和轮毂组成，叶片接受风能，转化为机械能。叶片多为玻璃纤维增强复合材料；轮毂是叶片根部与主轴的连接件，从叶片传来的力通过轮毂传到驱动的对象。轮毂有刚性轮毂和铰链式轮毂，刚性轮毂制造成本低，维护少，没有磨损，三叶片风轮一般采用刚性轮毂，是使用广泛的一种形式。

(3) 发电机主要由定子和转子组成，通过切割磁感线将机械能转化为电能。在小型风力发电机组中，风轮和发电机之间多采用直接连接，省去了增速装置，从而降低制造成本。发电机一般采用永磁发电机、交流发电机和直流发电机。

(4) 尾翼的作用使风轮能随风向的变化而做相应的转动，以保持风轮始终和风向垂直。在小型风力发电机组中多采用尾翼达到对风的目的，因为尾翼结构简单、调向可靠。

(5) 塔架是用来支撑风力发电机的重量，并使风轮回转中心据地面有一定的高度，以便风轮更好地捕捉风能。

3. 组装小型风力发电机组

组装前要清理组装现场；熟悉风力发电机组的结构及组装技术要求；准备好组装工具和设备。

将风轮叶片、轮毂、发电机、尾舵、尾舵梁、测风偏航机构、塔架和基础组装成水平轴式永磁同步风力发电机组。

操作步骤：

(1) 将发电机安装在机舱内。

(2) 安装轮毂和风轮叶片。在安装叶片时要注意风叶平衡，首先不要把螺栓拧得过紧，待全部拧上后调整两两叶尖距离相等(允许误差为±5 mm)，调整后，再按顺序依次拧紧螺栓。

(3) 将基本成形的风力发电机安装在塔架上。

(4) 将测风偏航机构装在尾舵梁上，尾舵梁上另一端固定在机舱上并装上尾舵。

4. 检测

检查组装好的风力发电机组，检验各个螺栓的力矩是否相等，3 个叶片两两叶尖是否相等，并将检验结果记录下来。运行风力发电机组，测试三相输出电压以及输出电流，并记录有关数据。若发现有异常的响声及较剧烈振动要及时调整检修。

5. 分组讨论

（1）风轮在现场应如何摆放？

（2）简要阐述小型风力发电机组的结构及其功能。

任务二 风力发电机组选型原则和容量选择

学习目标

（1）了解风力发电场年发电量的计算方法。

（2）了解风力发电机组选型的原则。

（3）掌握风力发电机组容量选择的方法。

任务描述

在风力发电场建设过程中，风力发电机组的选型受到自然环境、交通运输、吊装等条件的制约。根据风力发电场的风能资源状况和所选的风力发电机组，计算风力风力发电场的年发电量，选择综合指标最佳的风力发电机组。通过本任务的学习，掌握风力发电场中风力发电机组选型的方法。

相关知识

一、风力发电机组选型的理论基础

1. 理论年上网发电量估算

1）直接测风估算法

估算风力发电场发电量最可行的方法是在预计要安装风力发电机组的地点建立测风塔，其塔高应达到风力发电机组的轮毂高度，在塔顶端安装测风仪传感器，连续测风一年。然后按照风能资源评估方法对测风数据验证，订正，得出代表年风速的资料，再按照风力发电机组的功率曲线估算其理论年上网发电量。

风力发电场年上网发电量的计算公式如下：

$$P_n = \sum_{i=1}^{8\,760} v_i F(v_i) \tag{2.27}$$

式中 v_i——风速；

$F(v_i)$——v_i 风速时风力发电机组的输出功率。

用这种方法估算年上网发电量时，在复杂地形情况下应每 3 台风力发电机组安装一套测风系统，甚至在每台风力发电机组的位置安装一套测风系统，地形相对简单的场址可以适当放宽。在测风时,应把风速仪安装在塔顶,避免塔影影响。如果风速仪安装在塔架的侧面,应该考虑盛行风向和仪器与塔架的距离,以降低塔影影响。

2) 计算机模型估算法

利用 WAsP 软件,用户按照它的格式要求,输入风力发电场某测风点经过验证和订正后的测风资料,测风点周围的数字化地形图,地标粗糙度及障碍物资料,就可以估算风力发电场各台风力发电机组的理论年发电量。这种方法的优点是要求的测风资料少,成本低,在简单地形场址条件下此法比较可行,是一个重要的估算方法。

2. 实际年上网发电量估算

风力发电场理论年上网发电量需要做以下几个方面修正,才能估算出风力发电场实际的年上网电量。

1) 空气密度修正

由于风功率密度与空气密度成正比,在相同的风速条件下空气密度不同,则风力发电机组的出力也不一样,风力发电场年上网发电量估算应进行空气密度修正。严格来讲,进行空气密度修正时,应要求厂家根据当地空气密度提供功率曲线,然后按照这条功率曲线进行发电量估算。

在生产厂家不能提供当地空气密度的功率曲线时,可根据风功率密度与空气密度成正比的特点,将标准空气密度对应下的功率曲线估算的结果乘以空气密度修正系数进行空气密度修正。其中空气密度修正系数的计算公式为

空气密度修正系数=平均空气密度(风力发电场所在地)/标准空气密度(1.225 kg/m^3)　(2.28)

2) 尾流修正

可以利用 Park 等专业软件进行尾流影响估算,从而对风力发电场发电量进行尾流影响修正。一般情况下,按照风力发电机组布置指导原则进行风力发电场机组布置,风力发电场尾流影响折减系数约为 5%。

3) 控制滞后和湍流影响修正

控制过程指的是风电机组的控制系统随风速、风向的变化控制机组状态,实际情况下运行中的机组控制总是落后于风的变化,造成发电量损失。

每小时的湍流强度系数计算公式为

湍流强度系数=标准偏差值/平均风速值

风力发电场控制和湍流强度系数大,相应的控制和湍流折减系数也大。一般情况下,控制和湍流折减系数为 5%。

4) 叶片污染折减

叶片表层污染使叶片表面粗糙度提高,翼型的气动特性下降,从而使得发电量下降。发电量估算时应根据风力发电场的实际情况估计风力发电场叶片的污染系数,一般为 3%左右。

5) 发电机组可利用率

风电机组因故障、检修以及电网停电等因素不能发电,考虑目前风力发电机组的制造水平、风力发电场运行、管理及维修经验,风力发电机组的可利用率为 95%。

6) 场用电、线损等能量损耗

风力发电场估算上网发电量时还应考虑风力发电场箱式变电所、电缆、升压变压器和输出线路的损耗以及风力发电场用电。根据已建风力发电场的经验,该部分折减系数为 3%

～5%。

7）气候影响停机

地处高纬度寒冷地区的风力发电场，在冬季，有时气温低于或等于－30 ℃。虽然风速高，但由于低温，风力发电机组必须要停机。因此应统计那些低于或等于－30 ℃情况下各风速段发生的时间，求出对应的发电量，根据其占全年总理论发电量的比率，在估算上网电量时进行折减。沿海地区夏季台风登陆时，局部风速太高也必须停机。这部分折减应根据当地实际情况进行。

综上所述，风力发电场理论发电量按照各种因素折减后，可以估算出风力发电场上网电量，同时得出本风力发电场年可利用小时数和容量系数。

$$风力发电场年可利用小时数=\frac{风力发电场年上网电量}{风力发电场装机容量} \tag{2.29}$$

$$风力发电场容量系数=\frac{风力发电场年可利用小时数}{8\ 760(全年小时数)} \tag{2.30}$$

一般来说，风力发电场年可利用小时数超过 3 000 h(容量系数为 0.34)为优秀场址，年可利用小时数 2 500～3 000 h(容量系数为 0.27～0.34)为良好场址，年可利用小时数 2 000～2 500h(容量系数为 0.23～0.27)为合格场址，年可利用小时数低于 2 000 h，不具备开发价值。

3. 单机发电量的估算

目前，单机发电量的计算用风频曲线法来计算，这种方法计算的精度较高，应用广泛。具体方法是将实测得到的每天 24 h，共一年的风速资料，按照其风速的大小进行分段统计，可求出分频曲线。在初选风力发电机型后，依据其功率曲线和轮毂高度的风频曲线即可求出该台风力发电机的年发电量。

下面以 2 MW 级风力发电机作为计算机型，以它的功率曲线(见图 2.27)为计算曲线，进行单机发电量的计算。以实测的某年(月)的风速直方图作为风频曲线(见图 2.28)，对任意一台风力发电机，其全年的平均总发电量为

$$Q = 8\ 760\int_{v_s}^{v_c} f(v)p(v)\mathrm{d}v \tag{2.31}$$

式中　$f(v)$——风频曲线对应的函数；

$p(v)$——风力发电机组功率特性曲线对应的函数；

v_c——切入风速，m/s；

v_s——切出风速，m/s。

如果函数式未知或者尽管函数式已知，但由于函数式很复杂，难以直接积分，可采用图 2.29所示的方法作初步选型的设计计算。

将“风力发电机功率曲线”纵坐标转换成以相对功率的形式表示，与“风频曲线”画到同一张图中，如图 2.29 所示。在横坐标轴 v_c和 v_s区间内，分画若干点，从每个点垂直向上引线与曲线 $f(v)$和 $p(v)$相交，由曲线交点分别得到 $f(i)$和 $p(i)$值，即可求得风力发电机组的年平均总发电量，即

$$Q = 8\ 760\sum_{i=1}^{n} f_i p_i \tag{2.32}$$

$$8\ 760\sum_{i=1}^{n} f_i = t \tag{2.33}$$

式中　t——v_c和 v_s区间内的年平均风速总小时数。

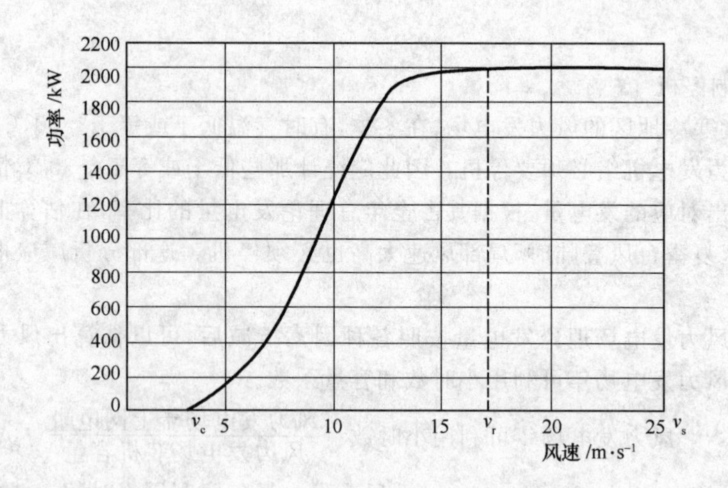

图 2.27 风力发电机功率曲线

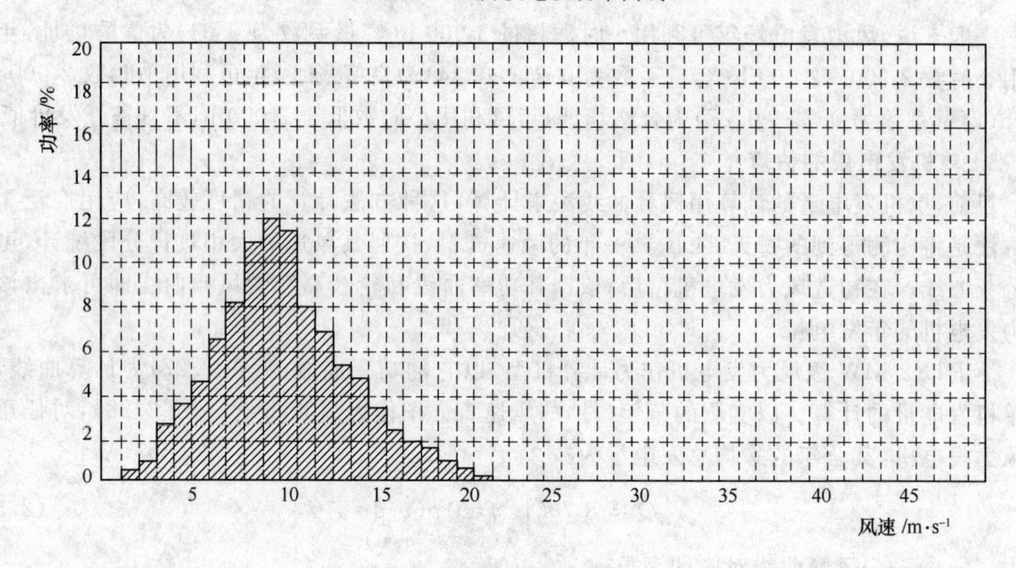

图 2.28 风频曲线

这样经过计算，这个月单机的总发电量为 735 696 kW·h。由于风速是地理位置的三维函数，为了简化计算是以风力机轮毂中心的风速来代表整个扫风面积上风速。这个风速是 70 m高的轮毂高度的概率分布，更复杂的计算还要依靠软件的计算功能。

二、风力发电机组选型的原则

在同一个风力发电场中，尽管风能资源大体相同，但对不同运行特性的风力发电机组，其可能获得的开发利用效应则大有区别。在风力发电场的优化设计中，风力发电机组机型选择的关键是提高风力发电机的容量系数。

1. 风力发电设备认证体系

风力发电机组中最重要的一个方面是质量认证，这是保证风力发电机组正常运行及维护最根本的保障体系。风力发电机组制造都必须具备 ISO9000 系列的质量保证体系的认证。

国际上开展认证的部门有 DNV、Lloyd 等，参与或得到授权进行审批和认证的试验机构有丹麦的 Riso 国家实验室、德国风能研究所 DEWI、德国 Wind Test、荷兰 EDN 等。目前国内

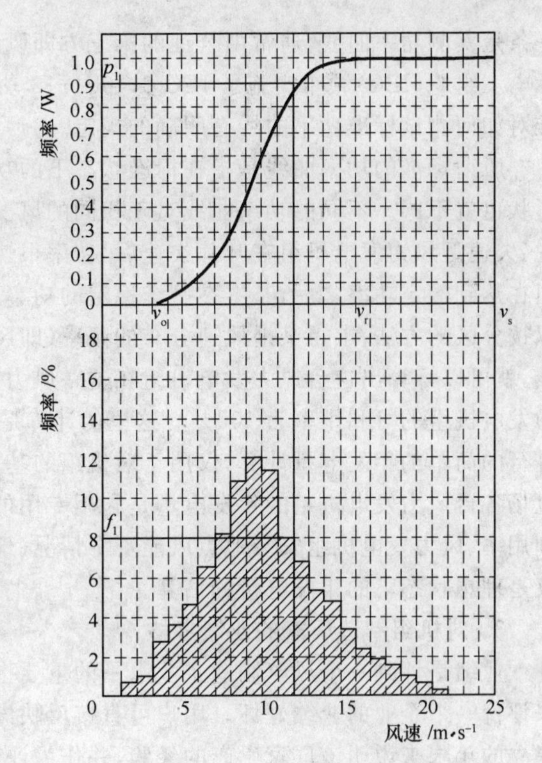

图2.29　单机发电量的计算

正由中国船级社(CCS)组织建立中国风电质量认证体系。

风力发电机组的认证体系包括号认证和形式认证。

1）型号认证

对批量生产的风力发电机组进行型号认证中包括3个等级。

(1) A级。A级认证所有部件的负载、强度和使用寿命的计算说明书或测试文件必须齐备,不允许缺少,不允许采用非标准件。认证有效期为一年,由基于ISO9001标准的总体认证组成。

(2) B级。B级认证基于ISO9002标准,安全和维护方面的要求与A级认证相同,不影响基本安全的文件可以列表并可以使用非标准件。

(3) C级。C级认证是专门用于实验和示范样机的,只认证安全性,不对质量和发电量进行认证。

2）形式认证

形式认证包括以下5项内容:

(1) 设计评估。设计评估资料包括提供控制及保护系统的文件,并说明如何保证安全以及模拟实验和相关图纸;载荷效验文件,包括极端载荷、疲劳载荷、结构动态模型机实验数据、结构和机电部件设计资料、安全运行维护手册及人员安全手册等。

(2) 形式实验。形式实验包括安全性能实验、动态性能实验和载荷实验。

(3) 制造质量。在风力发电机组的制造过程中应提供制造质量保证计划,包括设计文件、部件检验、组装机最终检验等,都要按ISO9000系列标准要求进行。

(4) 安装验收认证。在风力发电机组运抵现场后,应进行现场的设备验收认证。在安装高度和运行过程中,应按照ISO9000系列标准进行验收。风力发电机组通过一段时间的运行应进行保修期结束的认证,认证内容包括技术服务是否按合同执行,损坏零件是否按合同规定赔偿等。

(5) 风力发电机组测试:

① 功率曲线:按照IEC 61400－12－1:2005发电风轮机功率性能测量的要求进行。

② 噪声实验:按照IEC 61400－11:2002噪声测量技术的要求进行。

③ 电能品质:按照IEC 61400－21:2001风力发电机组电能质量测量和评估的要求进行。

④ 动态载荷:按照IEC 61400－13:2001机械负载的测量的要求进行。

⑤ 安全性能实验:按照IEC 61400－1:1999风力发电机组安全要求的要求进行。

2. 对机组功率曲线的要求

功率曲线是风力发电机组发电功率输出与风速的关系曲线,是反映风力发电机组发电输出性能好坏的最主要曲线之一。厂家一般向用户提供两条功率曲线,一条是理论功率曲线,另一条是实测功率曲线，通常由公证的第三方即风电测试机构测得。如 Lloyd、Riso 等机构。国际电工组织(IEC)颁布实施了 IEC 61400－12 功率性能实验的功率曲线的测试标准，这个标准对如何测试标准功率曲线有明确的规定。

所谓标准的功率曲线是指在标准状态下的功率曲线。不同的功率调节方式，其功率曲线形状也就不同。不同的功率曲线对于相同的风况条件下，年发电量(AEP)就会不同。一般来说，失速型风力发电机组在叶片失速后，功率很快下降之后还会再上升，而变距型风力发电机组在达到额定功率之后，基本在一个稳定的功率上波动。对于某一风力发电场的测风数据，可以按分区的方法，求得某地风速分布的频率(即风频)，根据风频曲线和风力发电机组的功率曲线，就可以计算出这台风力发电机组在这一风力发电场中的理论发电量。当然这里是假设风力发电机组的可利用率为 100%。这里的计算是根据单台风力发电机组功率曲线和风频曲线进行的简单的年发电量计算，仅用于对机组的基本计算，不是针对风力发电场的。实际风力发电场各台风力发电机组的年发电量是利用专用的软件(如 WAsP)来计算，年发电量将受到可利用率、风力发电机组安装地点风能资源情况、地形、障碍物、尾流等多种因素影响，理论计算仅是理想状态下的年发电量的估算。

3. 对机组制造厂家的业绩考核

业绩是评判一个风电制造企业水平的重要指标之一，主要以其销售的风力发电机组数量来评价一个企业的业绩好坏。用户可直接反映该厂家的业绩，此外，还常常以风电制造公司所建立的年限来说明该厂家生产的经验，并作为评判该企业业绩的重要指标之一。

4. 对特定条件的要求

1) 低温要求

中国北方地区冬季寒冷，然而在此期间风速很大，是一年四季中风速最高的时候，一般最寒冷的季节是 1 月份，－20 ℃以下气温的累计时间长达 1～3 个月，－30 ℃以下气温累计日数可达几天甚至几十天，一些风力发电场极端最低气温低于－40 ℃，而风力发电机组设计最低运行气温在－20 ℃以上，个别低温型风力发电机组最低可达－30 ℃。如果长时间在低温下运行，将损坏风力发电机组中的部件，如叶片等。其他部件如齿轮箱和发电机以及机舱、传感器都应采取加热措施。所以在中国北方冬季寒冷地区，风力发电机组运行应考虑以下几个方面：

(1) 应对齿轮箱油加热。

(2) 应对机舱内部加热。

(3) 传感器，如风速计应采取加热措施。

(4) 叶片应采用低温型的。

(5) 控制柜内应加热。

(6) 所有润滑油、脂应考虑其低温性。

2) 风力发电机组的防雷

由于风力发电机组安装在野外，安装的高度高，因此对雷电应采取防范措施，以便对风力发电机组加以保护。我国风力发电场特别是东南沿海风力发电场，经常受到暴风雨及台风袭击，雷电日从几天到几十天不等。雷电放电电压高达几百千伏甚至到上亿伏，产生的电流从几十千安到几百千安。雷电主要划分为直击雷和感应雷。雷电直击会造成叶片开裂，通信和控制系统芯片烧损。目前，国内外各风力发电机组厂家及部件生产厂，都在其产品上增加了雷电保护系统。通过机舱上高出测风仪的铜棒，起到避雷针的作用，保护测风仪不受雷击；

通过机舱塔架良好的导电性，雷电从叶片、轮毂到机舱塔架导入大地，避免其他机械设备如齿轮箱、轴承等损坏。电源也应采用隔离性，并在变压器周围同样采取防雷接地网及过电压保护。

3）电网条件的要求

中国风力发电场多数处于大电网的末端，接入到 35 kV 或 110 kV 线路。若三相电压不平衡、电压过高或过低都会影响到风力发电机组运行。风力发电机组厂家一般都要求电网的三相不平衡误差不大于 5%，电压上限不超过＋10%，下限不超过－15%，否则经过一定时间后机组将停止运行。

4）防腐

中国东南沿海风力发电场大多位于海滨或海岛上，海上的盐雾腐蚀相当严重，因此防腐十分重要。腐蚀主要由电化学反应造成，涉及法兰、螺栓、塔筒等部位。这些部件应采用热镀锌或喷锌等办法保证金属表面不被腐蚀。

5）对技术服务与技术保障的要求

风力发电设备商除了向客户提供设备外，还应提供技术服务、技术培训和技术保障。如设备供应商应提供两年 5 次的免费维护，如果部件或整机在保修期内损坏（由于厂家质量问题），应由厂家免费提供新的部件（或整机）。

三、风力发电机组的容量选择

1. 风力发电机组单机容量选择的原则

1）性能价格比原则

“性能价格比最优”永远是项目设备选择决策的重要原则。

（1）风力发电机组单机容量大小的影响。从单机容量为 0.25 MW 到 2.5 MW 的各种机型中，单位千瓦造价随单机容量的变化呈 U 形趋势。目前 600 kW 风力发电机组的单位千瓦造价正处于 U 形曲线的最低点。随着单机容量的增加或减少，单位千瓦的造价都会有一定程度上的增加。如 600 kW 以上，风轮直径、塔架的高度、设备的重量都会增加。风轮直径和塔架高度的增加会引起风力发电机组疲劳载荷和极限载荷的增加，要有专门加强型的设计，在风力发电机组的控制方式上也要做相应的调整，从而引起单位千瓦造价上升。

（2）考虑运输与吊装的条件和维修成本。1.3 MW 风力发电机组需使用 3MN 标称负荷的吊车，叶片长度达到 29 m，运输成本相当高。相关资料见表 2.2。由于运输转弯半径要求较大，对项目现场的道路宽度、周围的障碍物均有较高要求。起吊重量越大的吊车本身移动时对桥梁道路要求也越高，租金也越贵。

表 2.2　单机容量选择需要考虑的因素

风力发电机组容量/kW	单价/（元/kW）	塔筒重量/kN	基础体积/m³	起重机标称负荷/MN
600	4 000	340	135	1.35
750	4 500	570	210	1.85
1 300	5 000	930	344	3

兆瓦级风机维修成本高，一旦发生部件损坏，需要较强的专业安装队伍及吊装设备，更换部件、联系吊车，会造成较长的停电时间。单机容量越大，机组停电所造成的影响也就越大。目前情况下选择兆瓦级风力发电机组所需要的运行维护人员的技术条件及装备都较高，有一

定的难度。

2）发电成本因素

单位发电成本是建设投资成本 C_1 与运行维修费用 C_2 之和，即

$$C_1+C_2=\frac{r(1+r)^t}{(1+r)^t-1}+\frac{mQ}{87.6F} \tag{2.34}$$

式中 F——风机容量系数；

Q——单位投资；

t——投资回收时间；

r——贷款年利率；

m——年运行维修费与风力发电场投资比。

风力发电机组的工作受到自然条件制约，不可能实现全运转，即容量系数小于 1。所以在选型过程中力求选择在同样风能资源情况下，发电最多的机型。风力发电的一次能源费用可视为零，因此得出结论，发电成本就是建场投资（含维护费用）与发电量之比。节省建场投资又多发电，无疑是降低上网电价的有利手段之一。

因此，在风力发电机组容量选型时，在已知风能资源数据和风力发电机组技术资料条件下，选择使风力发电场的单位电能发电成本最小的风力发电机组，因为它考虑了风力发电的投入和效益。综上所述，业主在投资发展风力发电项目时，考虑风力发电场的设计，对风力发电机的选型有非常重要的意义，以上这些因素影响到整个项目投资收益、运行成本和运行风险，因为风力发电机设备同时决定了建场投资和发电量。良好的风力发电机组选型就是要在这两者之间选择一个最佳配合，这也是风力发电机组与风力发电场的优化匹配。

3）财务预测结果

针对国内各风力发电场资源状况的不同，可选择的风力发电机组性能、工程造价及经营成本也不同。按我国风力发电发展的现状统计数据，电价一直是制约中国风力发电发展的最关键因素。要鼓励风力发电发展，应保证风力发电项目投资的合理利润，依据国家现行规范，风力发电项目利润水平的主要标准包括投资利润率、财务内部收益率、财务净现值。

2. 单机容量选择

风力发电场工程经验表明，对于平坦地形、技术可行、价格合理的条件下，单机容量越大，越有利于充分利用土地、也就越经济。表 2.3 列举了某风力发电场单机容量经济性比较。

表 2.3 某风力发电场单机容量经济性比较

序号	项目	方案一	方案二
1	单机容量/kW	300	600
2	风力发电机台数/台	18	9
3	装机容量/kW	5 400	5 400
4	设计年供电量/$\times 10^4$ kW·h	1 302	1 330
5	工程静态投资/万元	7 125	6 028
6	机电设备安及安装工程/万元	6 255	5 240
7	建筑工程/万元	297	256
8	临时工程/万元	43	34
9	其他费用/万元	390	371
10	基本预备费/万元	140	118
11	单位度电静态投资/[元/(kW·h)]	5.47	4.53

从表中可以看到:在相同的装机容量条件下,单机容量越大,机组安装的轮毂高度越高,发电量越大,分项投资和总投资降低,效益越好,并且在高处的风速稳定,紊流干扰小。

并网运行的风力发电场,应选用适合本风力发电场风况、运输、吊装等条件,商业运行一年以上,技术上成熟、单机容量和生产批量较大,质优价廉的风力发电机组。目前,1.5～2 MW级风电机组已成为国内风电市场的主流机型。

3. 机型的选择

在单机容量为800～2 000 kW的风力机中,具有代表性的为水平轴、上风向、三叶片、计算机自动控制,达到无人值守水平的机型。

功率调节方式分为定桨距失速调节和变桨距调节两类。定桨距风力机组有的机型采用可变极异步发电机(4/6极),其转速可根据风速大小自动切换。因其切入风速小,低风速时效率较高,故对平均风速较小,风频曲线靠左的风力发电场有较好的适用性。

变桨距风力机组能主动以全桨方式来减少转轮所承受的风的压力,具有结构轻巧和良好上网高风速性能等优点,是兆瓦级风力机组发展的方向。

一个风力发电场按49.5MW的装机规模考虑,结合目前国产、合资、外资本土化等风力发电机设备制造情况,从技术经济的角度来分析提出如下几种可供选择的方案。各个方案的具体参数详见表2.4。

表2.4 某49.5 MW规模风电项目的设备可供选择方案

序号	方案	设备造价/万元	基准率/%	设备投资浮动率/%	工程总投资浮动率/%	设备单价/(元/kW)	说明	备注
1	用750 kW机	19 800	62.50	−37.5%	−23.38	4 000	按66台国产750 kW单机	国产
2	用750 kW机和1 500 kW机混合	25 920	81.82	−18.18%	−11.33	4 000 6 400	按32台国产750 kW单机和17台国产1 500 kW单机的组合方式	国产
3	用1 500 kW机	31 680	100.00			6 400	按33台国产1 500 kW单机	国产
4	用1 500 kW机	38 610	121.88	21.88	15.02	7 800	按33台合资或独资达到国产化率70%要求的1 500 kW单机	合资
5	用2 000 kW机	50 000	157.83	57.83	38.63	10 000	按25台合资或独资达到国产化率70%要求的2 000 kW单机	进口机型

根据表2.4所列参数,在不同的组合方案下,工程总投资的变动量非常大,每一级组合情况下都有超过10%的差距,而采用各种组合方式计算的上网电量差要小于10%。这说明,在相同的上网电价的情况下,功率较小的一些组合方案,如方案2,上网电量的降低相对投资的降低对计算回报来说,影响较小,也就是说,方案2的投资回报要好于方案3的投资回报;反之,在规模一定、上网电价还没有明确的情况下,方案2将比方案3有一个更有竞争力的上网电价。

任务实施

现以装机容量为49.5 MW的风力发电项目为例，分析并选择机型。

1. **初选机型**

某一风力发电场工程装机容量约为49.5 MW。根据风能资源评估结果，该风力发电场主风向和主风能方向一致，以西(W)和东东北(ENE)风的风速、风能最大，频次最高，盛行风向稳定。风速冬、春季大，夏季较小；白天大，晚上小。65 m高度风速频率主要集中在3.0～11.0 m/s，3.0 m/s以下和20.0 m/s以上的无效风速和破坏性风速比较小。

1) 风功率密度分布图

从该风力发电场风功率密度分布图(见图2.30)上可以看出，该风力发电场场址比较开阔，地形起伏小，相对比较平坦，风能指标基本一致。

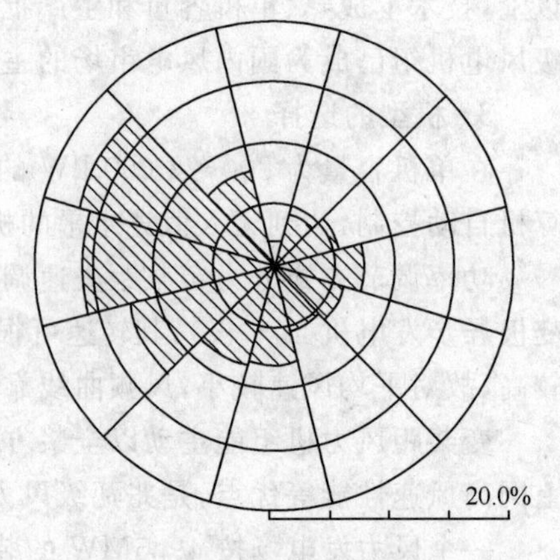

图2.30　风功率密度图

2)风能评价

根据风能资源评估，该风力发电场主风向和主风能方向一致，以东东北(ENE)风和西(W)风的风速、风能最大、频次最高。用WAsP软件计算风力发电机组各个轮毂高度的年平均风速、平均风功率密度见表2.5。

表2.5　不同高度的年平均风速、平均风功率密度表

轮毂高度/m	60	61.5	65
年平均风速/(m/s)	7.27	7.31	7.32
平均风功率密度/(W/m²)	372	372	372
50年一遇极大风速/(m/s)	47.4	47.4	47.4

该风力发电场风功率等级为3级，风能资源丰富，年有效风速(3.0～20.0 m/s)小时数为7 893 h，占全年的90.1%，其中11～20 m/s小时数为1 663 h，占全年的18.65%，小于3 m/s的时段占全年的8.80%，大于20 m/s的时段占全年的0.086%。该风力发电场有效风速时段长，无效风速时段较短，全年均可发电，无破坏性风速。

该风力发电场50年一遇极大风速小于52.5 m/s。60～70 m高度15 m/s风速湍流强度为0.07左右，小于0.1，湍流强度小。根据国际电工协会IEC61400－1:2005标准判定该风力发电场属于IECⅢ类风力发电场。

3) 温度评价

根据该地区冬季低温统计，历年最低气温为－28 ℃，近5年低于－15 ℃的平均小时数为390～475 h，低于－20 ℃的平均小时数为240～310 h，低于－20 ℃的时间占全年的2.7 %～3.5%。所以该地区风力发电场应选用低温型风力发电机。

根据市场成熟的商品化风力发电机组技术规格，结合风力发电机组本地化率的要求，对单机容量为850 kW以上的风力发电机组进行初选。初选的机型有Vestas公司的V52/850 kW、华锐风电科技公司的SL/1 500 kW、东方电气的FD77A/1 500 kW、湘潭电机的

Z72/2 000 kW风力发电机组。机型特征参数如下：

(1) 叶片数：3 片。

(2) 额定功率：850 kW、1 500 kW、2 000 kW。

(3) 风轮直径：52～77 m。

(4) 切入风速：3～4 m/s。

(5) 切出风速：20～25 m/s。

(6) 额定风速：11～16 m/s。

(7) 安全风速：50.1～70 m/s。

(8) 轮毂高度：61.5～65 m。

根据该场区风能资源特点，按照行距 9D(D 表示风轮直径)、列距 5D 的原则分别布置不同类型的风力发电机组，按风力发电机厂提供的标准状态下的(即空气密度 1.225 kg/m³)功率曲线，采用 WAsP 软件分别计算各风力发电机组理论发电量，并参照市场大致价格，对初选的风力发电机组分别进行投资估算和财务分析。

2. 年上网电量计算

1) 理论年发电量计算

根据测风塔实测资料及风力发电机组布置方案，推荐机型 SL/1 500 kW，利用 WAsP 软件进行发电量计算，得到风力发电机组的理论年发电量和风力发电机组尾流影响后的发电量。

2) 空气密度修正

考虑到风力发电场场址和该地区气象站距离较近，高度相差不大，本阶段参考该地气象站的资料，风力发电场场址空气密度取 1.059 kg/m³，空气密度修正系数取 0.864。

3) 风力发电机组利用率

根据目前不同的风力发电机组的制造水平和风力发电场的实际条件，该风力发电机可利用率取 95%，修正系数取 0.95。

4) 风力发电机组功率曲线的保证率一般为 95%，本次在计算发电量时风力发电机组功率曲线保证率修正系数取 0.95。

5) 控制与湍流影响折减

当风向发生转变时，风力发电机组的叶片与机舱也逐渐随着转变，但实际运行中的风力发电机组控制总是落后于发电的变化，因此在计算电量时要考虑此项折减。该风力发电场湍流强度为 0.05～0.07，湍流强度较小。控制与湍流影响折减系数取 4%，修正系数取 0.96。

6) 叶片污染折减

叶片表层污染使叶片表面粗糙度提高，翼型的气动性下降。考虑该风力发电场风力发电机组受到当地工业污染影响为主，叶片污染折减系数取 1%，修正系数取 0.99。

7) 气候影响停机

根据该地区冬季低温统计，历年最低气温为－28 ℃，近 5 年低于－15 ℃的平均小时数为 390～475 h，低于－20 ℃的平均小时数为 240～310 h，低于－20 ℃的小时数占全年的2.7%～3.5%，因此发电量气候影响折减系数只取 1%，修正系数取 0.99。

8) 厂用电、线损等能量损耗

初步估算厂用电和输电线路，箱式变电站损耗占总发电量的 4%，修正系数取 0.96。

经过以上综合折减后，该风力发电场推荐方案发电量成果见表 2.6。

表 2.6　风力发电场推荐方案发电量成果表

机型	华锐 SL/1 500 kW
单机容量/kW	1500
本期工程机组合台数/台	33
风机高度/m	65
本期工程总装机容量/MW	49.5
理论发电量/10^4 kW·h	16 728.8
年上网电量/10^4 kW·h	10 661.3
年利用小时数/h	2 154
容量系数	0.25

由表 2.5 可以看出,推荐方案华锐 SL/1 500 kW 年上网电量为 10 661.3,年利用小时数为 2 154 h,容量系数为 0.25。

3. 方案比较

通过比较发现,华锐 SL/1 500 kW 的单位电能投资最小,风力发电机组性能最优。在选型过程中力求在同样的风能资源情况下,发电最多的机型为最佳。节省建厂投资又可多发电,无疑是降低上网电价的有利手段之一。各个方案比较见表 2.7。

表 2.7　各个方案比较表

序号	项目	单位	方案 1	方案 2	方案 3	方案 4
			V5/2 850 kW	华锐 SL/1 500 kW	FD77A/1 500 kW	Z72/2 000 kW
1	装机容量	MW	49.3	49.5	49.5	50
2	单机容量	KW	850	1 500	1 500	2 000
3	台数	台	58	33	33	50
4	年利用小时数	h	1 914	2 154	2 172	1 793
5	理论发电量		15 042.0	16 728.8	16 788.9	13 950.3
6	尾流影响后发电量	10^4 kW·h	13 645.5	15 415.6	15 548.1	12 959.5
7	年上网电量		9 437.1	10 661.3	10 752.9	8 962.7
8	容量系数	—	0.22	0.25	0.25	0.20
9	工程静态投资	万元	48 754.47	45 212.02	46 100.29	44 669.69
10	工程动态投资	万元	50 269.60	46 377.45	47 532.93	46 057.88
11	主机综合造价		6 300	5 880	6 500	6 700
12	单位千瓦投资（动态/静态）	元/kW	9 889/10 197	9 134/9 369	9 319/9 603	8 934/9 216
13	单位电度投资（静态）		5.17	4.24	4.29	4.98
14	经济性排序		4	1	2	3

备选机型的主要技术参数:

(1) 机型:变桨距、上风向、三叶片。

(2) 额定功率:1 500 kW。

(3) 风轮直径:77 m。

(4) 轮毂中心高:65 m。
(5) 切入风速:3.0 m/s。
(6) 额定风速:11.5 m/s。
(7) 切出风速:20 m/s。
(8) 最大抗风:52.5 m/s。
(9) 控制系统:计算机控制,可远程监控。
(10) 工作寿命:≥20 年。

4. 分组讨论

总结风力发电场风力发电机组选型的原则和方法。

任务三　风力发电机组主要部件选择

学习目标

(1) 了解风力发电机组部件选择的经济指标。
(2) 熟悉风力发电机组主要部件的结构和类型。
(3) 掌握风力发电机组各个部件的选择原则。

任务描述

评估一个风力发电场风能资源开发利用价值的高低,主要依据该风力发电场风的统计特性和风力发电机组设备选型的最优匹配。已有的经验表明,在同一发电场中,尽管风能资源大体相同,但对不同运行特性的风力发电机组,其可能获得的开发利用效益则大有区别。在选择机组部件时,应充分考虑部件生产厂家、产地、质量等级、售后服务等要求,否则如果出现部件损坏,维修将会变得很麻烦。通过本任务的学习,掌握风力发电机组主要部件选择的原则和方法。

相关知识

一、风力发电部件选型的技术分析

中国幅员辽阔、南北风能资源差别很大,按目前引进的欧美风力发电机技术及其标准制造的发电设备,还需要有一个对本土化风能资源适应性研究的过程。按照现行变桨距风力发电机的最大功率捕获原理,风力发电机从切入风速到额定风速这一过程中,通过变桨距技术可以实现风力发电机工况下的最优化,从实际风速分布统计情况来看,风力发电机运行得最多的时段也基本上集中在这一工况下,且这一工况下的出力为最多。随着风速 v 的增加,通过控制叶片变桨,即改变叶片的迎风攻角,可以使风力发电机在各个风速最大时出力最大化。而在实际工作中,一般将测得的逐时风速按风频数来统计,一个典型的风力发电场的风速分布为一个威布尔分布。

在一个风力发电场区的风能资源参数已定的情况下,为了达到最优出力,风力发电设备选择的一个重要技术指标就是确定其额定风速。通过不同风力发电场，多台风力发电机组的出力对比研究发现，额定风速的取值为 c 和 k 的乘积，即额定风速等于 ck 是一个最简单而有效的计算公式。陆上风力发电场区风力发电机组应选额定风速为 12～13 m/s，而海上风力发电场区风力发电机组应选取额定风速为 15～16 m/s。基于这一点的理解，风力发电机组安装在海上时可以越来越大型化。因为其要求的额定风速相对比较高，而安装在陆上的风力发电机组却不能一味求大，单机功率过大的风力发电机组即使采用了很多的先进技术，如加大其低风速的捕风性能，但由于其额定风速较高，因而牺牲了整机性能，得不偿失。

二、风力发电部件选择的主要经济指标分析

在实际工作中，对风力发电部件进行选择时，既要满足风力发电场的技术要求，也要考虑部件价格波动对风电投资所产生的影响。现阶段，有些风电项目，不管拟建场址区的风能资源情况如何，风电设备都以兆瓦级风力发电机组为目标，以 1.5 MW 级风力发电机组选型为最多。而 1.5 MW 级单机的额定风速多以 14 m/s 左右为主，一个二级风能资源的风力发电场，其 70 m 轮毂高度的实测平均风速还达不到 6.6 m/s，选用这样的设备就不合理。

在风电项目固定资产投资中，发电机组部件的选择对投资影响最大，风电设备的选型及其组合方案与风电项目规模的关联是最主要的因素。现阶段，风力发电机组部件根据单机功率的划分，遵循的是一个由小到大的发展路线。在一个系列中，单机功率小的比那些大的风力发电机组研发得要早，产品更成熟。所以，一些单机功率稍小但国产化多年且逐步成熟的风力发电机组，如 75 kW 机，尽管风能利用效率理论上比不上同系列的兆瓦级风力发电机组，但由于其已经成熟，运行相对稳定，其可利用率反而更高，而且其价格更有竞争力，具有较高的性价比。采用不同的组合方案，对风电设备投资的控制、风电设备的可利用率等主要经济指标都能实现优化。

三、风力发电机组主要部件的选择

1. 叶片

叶片是决定风力发电机组的风能转换效率、安全可靠运行、生产成本和环境保护的关键部件。其良好的设计、可靠的质量和优越的性能是保证机组正常稳定运行的决定因素。

1）叶片应满足的基本要求

（1）有高效的接受风能的翼型，如 NACA 系列翼型等。要有合理的安装角，科学的升阻比，叶尖速比以提高风力机接受风能的效率。

（2）叶片有合理的结构，密度轻且具有最佳的结构强度，疲劳强度和力学性能，能可靠地承担风力、叶片自重、离心力等给予叶片的各种弯矩、拉力，不得折断，能经受暴风等极端恶劣的条件和随机负载的考验。

（3）叶片的弹性、旋转时惯性及其振动频率都要正常，传递给整个发电系统的负载稳定好，不得在失控（飞车）的情况下，在离心力的作用下拉断并飞出。

（4）叶片的材料必须要保证表面光滑以减少叶片转动时与空气的摩擦力，从而提高传动性能，而粗糙的表面可能会被风“撕裂”。

（5）不允许产生过大的噪声，不得产生强烈的电磁波干扰和光反射，以防给通信领域和途径的飞行物等带来干扰。

（6）耐腐蚀、耐紫外线照射性能好，还应有雷击保护，将雷电从轮毂上引导下来，以避免由

于叶片结构中很高的阻抗而出现破坏。

(7) 制造容易,安装及维护方便,制造成本和使用成本低。

2) 叶片的材料

用于制造叶片的材料必须强度高、重量轻,在恶劣的气象条件下物理、化学性能稳定。实际中,叶片用铝合金、不锈钢、玻璃纤维树脂基复合材料、碳纤维树脂基复合材料、木材等制成。

(1) 实心木质叶片。木材用作叶片材料,常用多层合成板与树脂黏结而成,在表面上覆上一层玻璃钢。优点是易于加工成形,但容易吸潮,因此要在表面上覆上一层玻璃钢,多用于小型风力机,如图 2.31 所示。

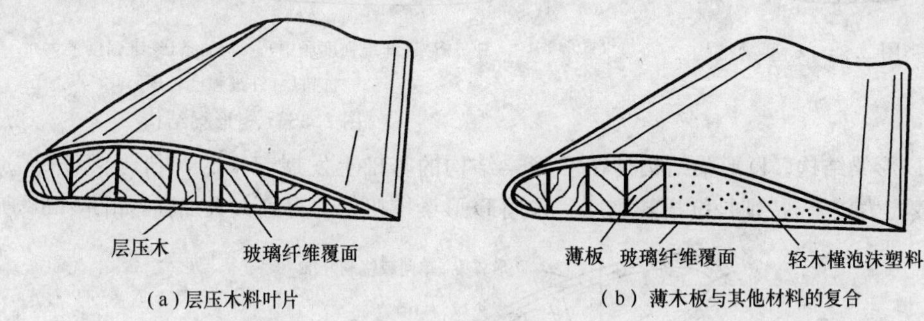

图 2.31　木质叶片的构造

(2) 金属材料叶片。由管梁、金属肋条和蒙皮组成。金属材料常见的有钢、铝、钛,拉伸强度比其他材料大,但容易腐蚀,难以承受损伤。

(3) 玻璃钢叶片。由梁和具有气动外形的玻璃钢蒙皮组成。玻璃钢常用的材料有碳纤维增强树脂与玻璃纤维增强树脂,由于重量轻,抗拉强度和疲劳强度高,是理想的叶片材料。玻璃钢叶片主要有以下几个优点:

① 可充分根据叶片的受力特点设计强度和刚度。

② 容易成形,可加工气动性能很高的翼型。

③ 优良的动力性能和较长的使用寿命。

④ 耐腐蚀,疲劳强度高。

⑤ 易于修补,维修方便。

3) 叶片的结构

(1) 空腹薄壁结构。该结构工艺简单,但承载能力相对较弱,抗失稳能力相对较差,如图 2.32所示。

(2) 空腹薄壁填充泡沫结构。工艺简单,抗失稳和局部变形能力相对较强,但由于填充了泡沫也提高了叶片的成本,如图 2.33 所示。

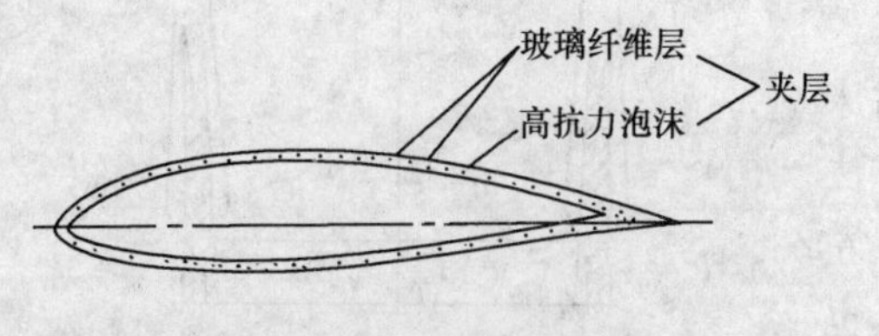

图 2.32　空腹薄壁结构

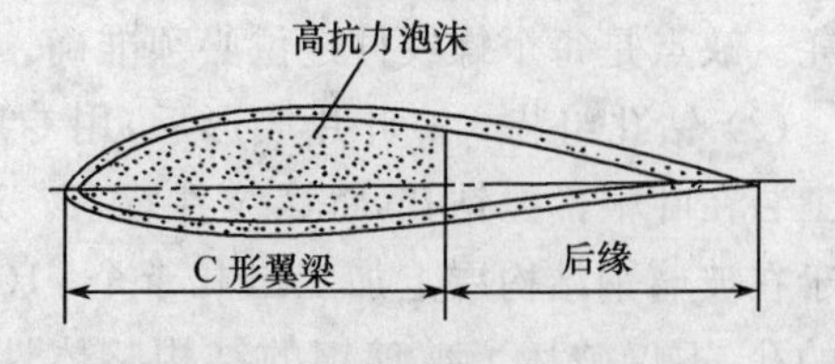

图 2.33　空腹薄壁填充泡沫结构

(3) C 形梁结构。通过局部加强而提高叶片整体的强度和刚度,使叶片在运行过程中更为稳定,不易产生由不良振动引起的叶片附加载荷,改善了叶片的动力性能,如图 2.34 所示。

(4) 矩形梁结构。主梁布置在叶片轴心位置,承力性能好,尤其适用于失速型叶片控制系统,如图 2.35 所示。

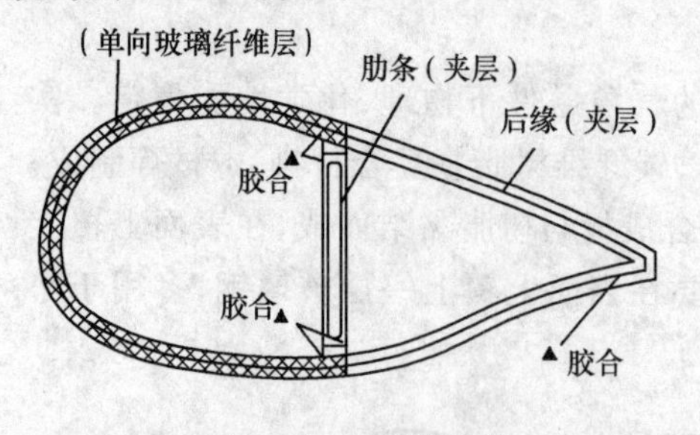

图 2.34 C 型梁结构

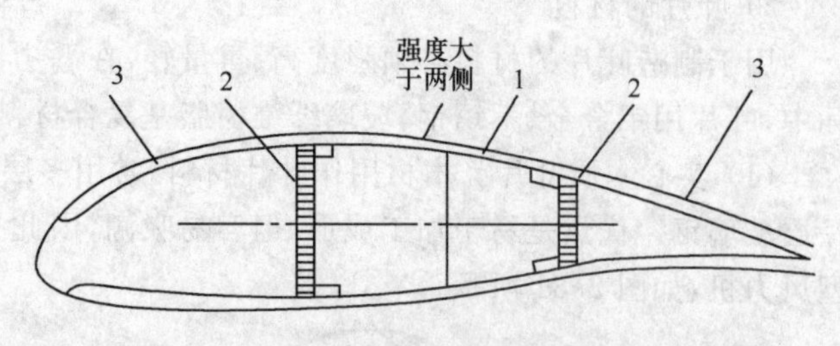

1—桁架(纤维强度居中);2—肋条(纤维强度最大);
3—抗扭层(纤维强度较弱)

图 2.35 矩形梁结构

(5) D 形梁结构。D 形梁结构是在 C 形梁结构的基础上发展起来的,C 形梁为开口薄壁加强梁,承载能力较差,特别是抗扭转刚度。采用 D 形梁抗扭能力得到大大加强,如图 2.36 所示。

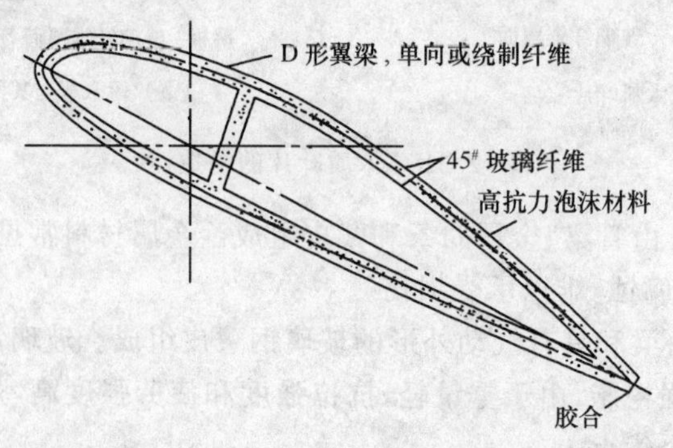

图 2.36 D 形梁结构

4) 叶根连接结构形式

叶片的接口处是叶片承受载荷最大的地方,而且主要是引起疲劳的循环载荷,所以将叶根固定到轮毂上是叶片设计中最关键的地方,叶片通过叶根用螺栓与轮毂连接。叶根的结构有螺纹件预埋式、钻孔组装式和法兰预埋式等几种结构,如图 2.37 所示。

(1) 螺纹件预埋式。在叶片成形过程中,直接将经过特殊表面处理的螺纹件预埋在玻璃钢中,这种连接方式最为可靠,避免对玻璃钢结构层的加工损耗。缺点是每个螺纹件定位必须准确。

(2) 钻孔组装式。叶片成形后,用专用的钻床和工装在叶根部位钻孔,将螺纹件装入。这种方法由于在玻璃钢结构层上加工出几十个 $\phi 100$ mm 左右的孔,不仅破坏了玻璃钢的结构整体性,而且也大大降低了叶片根部的结构强度,组装也比较困难。

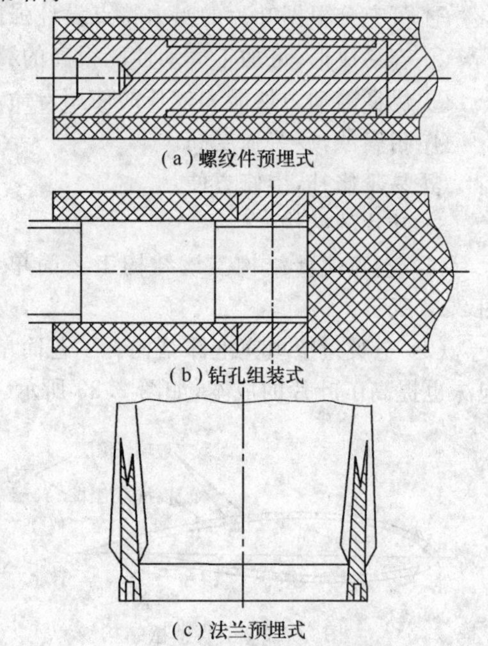

(a) 螺纹件预埋式

(b) 钻孔组装式

(c) 法兰预埋式

图 2.37 叶根连接形式

(3) 法兰预埋式。将预先加工并经钻孔攻螺纹的铝制或不锈钢制法兰预埋到玻璃钢结构层中。采用这种结构，由于法兰是预制的，易于保证安装螺栓孔的位置精度。

5) 风轮叶片的功率调节方式

叶片工作的条件十分恶劣，它要承受高温、暴风雪、雷电、盐雾、阵风、严寒、沙尘暴的侵袭。由于处于高空，在旋转过程中，叶片要受重力变化的影响以及由于地形变化引起的气流扰动影响，因此叶片的受力变化十分复杂。当风力达到风力发电机组的设计额定功率时，在风轮上就要采取措施以保证风力发电机组的输出功率不会超过允许值，风力发电机组在达到运行的条件时应并入电网运行，随着风速的增加和降低，发电功率将会发生变化；风力发电机组所有状态都被控制系统监视着，一旦某个状况超过计算机程序中的预先设定值，风力发电机组将停止运行或紧急停机。无论是变桨距还是定桨距，都是通过叶片上升阻力的变化以达到发电输出功率稳定而不超过设定功率的目的，从而保证风力发电机组不受损坏。两种功率调节方式比较见表 2.8。

表 2.8　两种功率调节方式比较

项目	定桨距		变桨距
	无气动刹车	有气动刹车	
功率调节	失速调节	失速调节	变桨距
刹车方式	盘式刹车	气动刹车	气动刹车
第一节	低速轴	可转动叶尖	全顺桨
第二节	高速轴	高速轴	高速轴
安全保障	失效安全	失效安全	失效安全
优点	结构简单、运行可靠性高、维护简单		结构受力小、塔架重量轻、吊装难度小、高风速时风力发电机组满出力
缺点	刹车时机构受力大、机械刹车盘庞大、机舱塔架重、运输及吊装难度大、成本高		变桨距液压系统结构复杂、故障率稍高、要求运行及管理人员素质高

当今 95%以上的叶片都采用玻璃钢复合材料，重量轻、耐腐蚀、抗疲劳。叶片的技术含量高，属于风力机的关键部件，大型风力机的叶片往往由专业厂家制造。

阅读材料 2.2

叶片的加工工艺

目前国外的高质量复合材料风力机叶片往往采用 RIM、RTM、缠绕及预浸料/热压工艺制造。RTM 工艺主要原理为：首先在模腔中铺放好按性能和结构要求设计好的增强材料预成形体，采用注射设备将专用低黏度注射树脂体系注入闭合模腔，模具周边密封和紧固，具有注射及排气系统，以保证树脂流动顺畅并排出模腔中的全部气体，彻底浸润纤维，并且模具有加热系统，可进行加热固化而成型复合材料构件。其特点是产品尺寸和外形精度高、制品表面光洁度好、成型效率高、环境污染小、初期投资少，适用于中小尺寸风力机叶片的中等批量生产。

2. 轮毂

风轮轮毂是连接叶片与风轮转轴的部件，用于传递风轮的力和力矩到后面的机构。轮毂通常由球墨铸铁制成。使用球墨铸铁的主要原因是可以使用浇铸工艺浇铸出轮毂的复杂形状，更方便其成型与加工。此外，球墨铸铁有较好的抗疲劳性能、减振性能，而且成本较低。比较典型的轮毂结构有以下几种：

1）刚性轮毂

具有制造成本低、维护少，没有磨损等特点。三叶片风轮大部分采用刚性轮毂，也是目前使用最为广泛的一种形式，结构上有球形和三通形两种。百千瓦级风力发电机组的轮毂多采用三通式，兆瓦级风力发电机组由于叶片连接法兰较大，多采用球形轮毂，如图 2.38 所示。

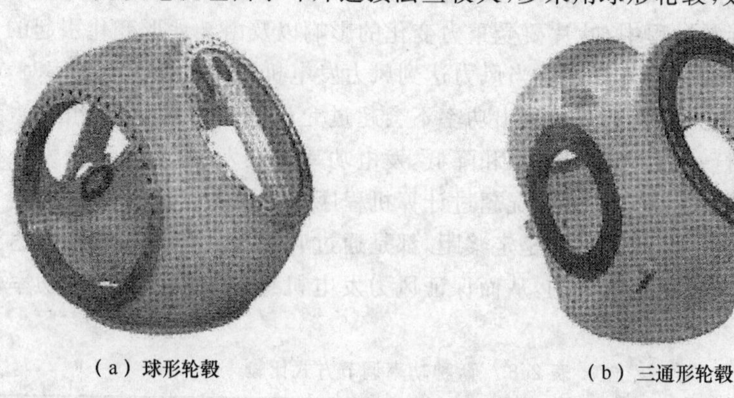

（a）球形轮毂　（b）三通形轮毂

图 2.38　轮毂结构

2）固定的铰链式轮毂

该类轮毂又称跷跷板，如图 2.39(b)所示。常用于两叶片风轮，铰链轴线通过叶轮的质心。这种铰链使两叶片之间固定连接，它们的轴向相对位置不变，但可绕铰链轴沿风轮俯仰方向(拍向)在设计位置作做(5°～10°)的摆动(类似跷跷板)。

由于铰链式轮毂具有活动部件，相对于刚性轮毂来说，制造成本高，所受力和力矩较小。对于两叶片风轮，两个叶片之间是刚性连接的，可绕连接轴转动。当气流有变化或阵风时，叶片上的载荷可以使叶片离开原风轮旋转平面。

3）自由的铰链式轮毂

每个叶片互不依赖，在外力作用下叶片可单独做调整运动，如图 2.39(c)所示。这种调整不但可做成仅具有拍向锥角改变的形式，还可做成拍向、挥向(风轮扫风面方向)角度均可以变化的形式，如图 2.39(d)所示。理论上说，采用这种铰链机构的风轮可保持恒速运行，但制造成本高、易磨损，可靠性相对较低，维护费用高。中小型风力机常采用自由的铰链式轮毂，兆瓦级风力机多采用固定的铰链式轮毂，刚性连接。

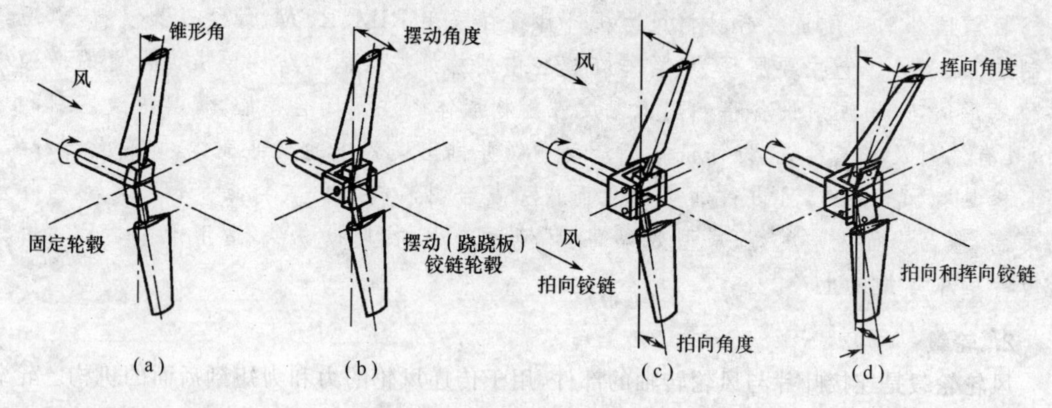

图 2.39　不同形式的铰链式轮毂

3. 齿轮箱

在有齿轮箱的风力发电机组中，齿轮箱是一个重要的机械部件。由于叶轮的转速很低，远远达不到发电机发电所要求的转速。例如一般大型风力机的转速只有 15 r/min，甚至更低，因此必须通过齿轮箱齿轮副的增速作用来实现，将叶轮在风力作用下所产生的动力传递给发电机并使其得到相应的转速，故又将齿轮箱称为增速箱。

风力发电机组齿轮箱的种类很多，按照传统类型可分为圆柱齿轮箱、行星齿轮箱以及它们互相组合起来的齿轮箱；按照传动的级数可分为单级和多级齿轮箱；按照传动系统的布置形式又可分为展开式、分流式、同轴式以及混合式。水平轴风力发电机组常采用单级或多级定轴线直齿齿轮增速器（见图 2.40）或行星齿轮增速器（见图 2.41）。采用定轴线直齿齿轮增速器，风轮轴相对于高速轴要平移一定距离，因而使机舱变宽。行星齿轮增速器的齿轮箱很紧凑，驱动轴与输出轴是同轴线的，因此，当叶片需要变距控制（叶片安装角变化调整）时，通过齿轮箱到轮毂，控制动作不容易实现。

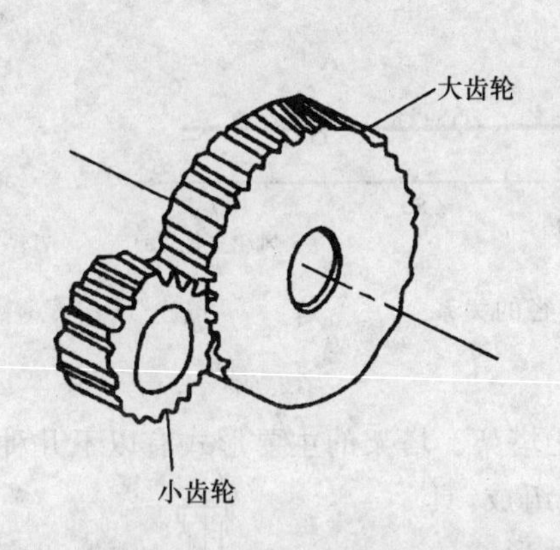

图 2.40　定轴线直齿齿轮增速器

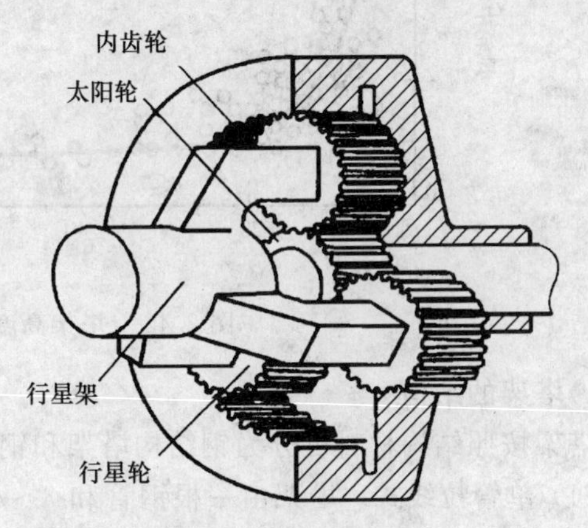

图 2.41　行星齿轮增速器

齿轮箱的正常工作条件：

（1）环境温度为－40～＋50 ℃，当环境温度低于 0 ℃时应加注防冻型润滑油。

（2）适应风力发电机组负荷范围。

（3）适用于单向或可逆向运转。

（4）高速轴最高转速不得超过 2 000 r/min。

（5）外啮合渐开线圆柱齿轮的圆周速度不得超过 20 m/s，内啮合渐开线圆柱齿轮的圆周速度不得超过 15 m/s。

（6）工作环境应为无腐蚀性环境。

风力发电机组的设计过程中，一般对齿轮箱、发电机都不做详细的设计，只是计算出所需的功率、工作转速及型号，向有关的厂家去选购。最好是确定为已有的定型产品，可取得最经济的效果，否则就需要自己设计或委托有关厂家设计，然后试制生产。小型风力发电机组的简单齿轮箱可自行设计。

4. 塔架

塔架是风力发电机组的主要承载部件，用来支撑整个风力发电机组的重量。由于常年在野外运行，环境恶劣，运行风险大，而且要求可靠使用寿命在 20 年以上，所以塔架在风力发电机组中扮演着重要的角色。

塔架高度主要依据风轮直径确定，但还要考虑安装地点附近的障碍物情况、风力机功率收益与塔架费用提高的比值（塔架增高，风速提高，风力机功率增加，但塔架费用也相应提高）以及安装运输问题。图 2.42 给出由 113 台风力机统计得到的塔架高度与风轮直径的关系。图中表明，风轮直径减小，塔架的相对高度增加。小风力机受周围环境的影响较大，塔架相对高一些，可使它在风速较稳定的高度上运行。直径 25 m 以上的风轮，其轮毂中心高与风轮直径的比应为 1∶1。

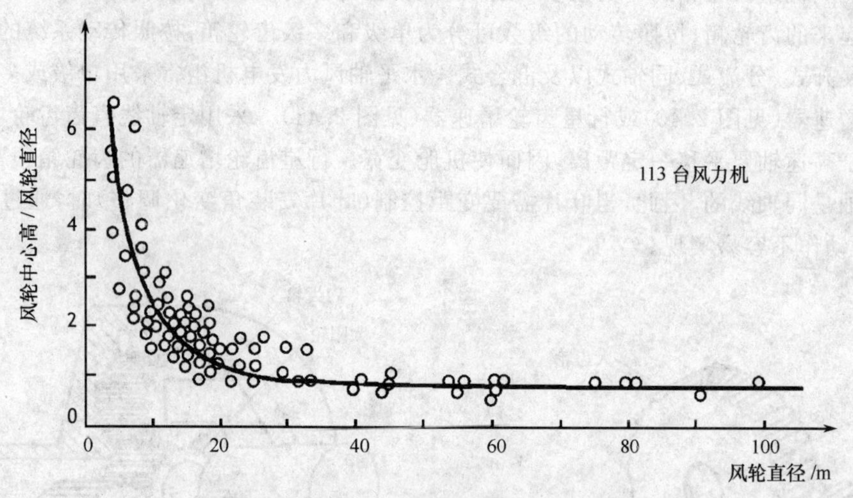

图 2.42　塔架高度与风轮直径的关系

1)塔架的结构

塔架按照结构材料可分为钢结构塔架和钢筋混凝土塔架。塔架的主要形式有以下几种：

(1) 单管拉线式。塔架由一根钢管和 3～4 根拉线组成，具有简单、轻便、稳定等优点，微型风力机几乎都采用这种形式的塔架，如图 2.43 所示。

(2) 桁架拉线式。它由钢管或角钢焊接而成的桁架，再辅以 3～4 根拉线组成，适合于中小型风力机，如图 2.44 所示。

(3) 桁架式。它是由钢管或角钢焊接而成的底大顶小的桁架，这种结构不带拉线，沿着桁架立柱的脚手架可爬往机舱，下风向布置的风力机多采用这种结构的塔架。桁架式的主要优点是制造简单、成本低、运输方便，但其缺点是不美观，通向塔顶的上下梯子不好安排，如图 2.45 所示。

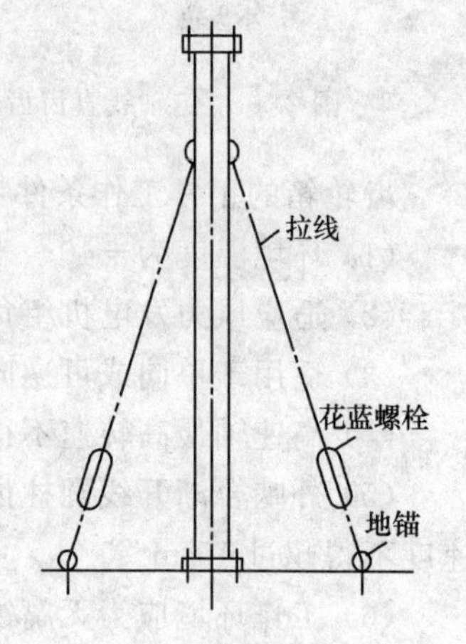

图 2.43　单管拉线式塔架

(4) 圆台式。它是由钢板卷制焊接而成的上小下大的圆台，塔内有直梯可通往机舱，外形美观，结构紧凑，近年来广泛使用在上风向布置的大型风力机上，如图 2.46 所示。

2) 塔架选择的原则

风力发电机组的塔架除了要支撑风力发电机组的重量，还要承受吹向风力发电机和塔架的风压以及风力发电机运行中的动载荷。它的刚度和风力发电机的振动有密切关系。小型风力发电机塔架为了增加抗弯矩的能力，可以用拉线来加强。中、大型风力发电机组塔架为了运输方便，可以将钢管分成几段。一般圆柱形塔架对风的阻力较小，特别是对于下风向风力发电机，产生紊流的影响要比桁架式塔架要小。桁架式塔架常用于中小型风力发电机组上，其优点是造价低，运输方便，但这种塔架会使下风向风力机的叶片产生很大的紊流。

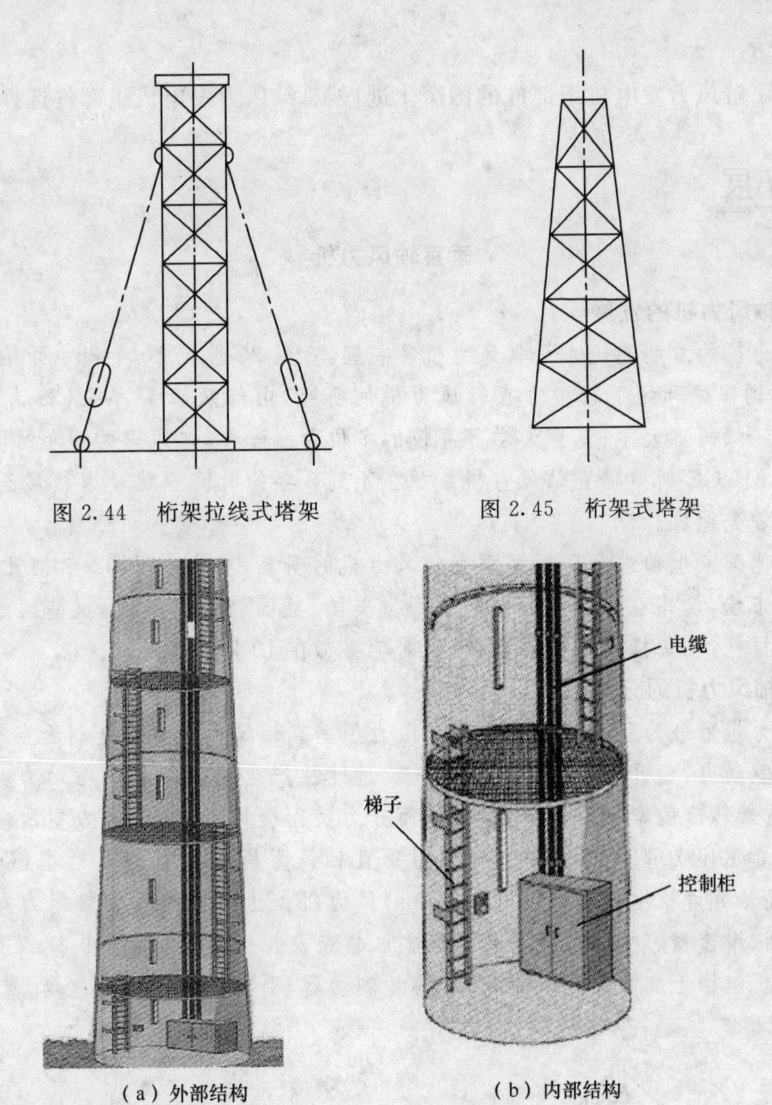

图 2.44　桁架拉线式塔架

图 2.45　桁架式塔架

(a) 外部结构

(b) 内部结构

图 2.46　圆台式塔架

任务实施

1. 到风力发电场观察风力发电机组主要部件的型号、参数

将观察到的数据记录在表 2.9 中。

表 2.9　风电机组部件的型号、参数

部件名称	型号	主要参数	选择依据
整机			
叶片			
轮毂			
发电机			
齿轮箱			
塔架			
控制系统			
风机监控系统			

2. 分组讨论

查阅资料了解风力发电机组部件的国产化进程，总结风力发电机组部件选择的方法。

知识拓展

垂直轴风力机

一、垂直轴风力机的发展

垂直轴风力机的发明要比水平轴风力机晚一些，直到20世纪20年代才开始出现。

2001年我国率先开始了新型垂直轴风力机的研究，由部队牵头，MUCE为研发主体，西安军电、西安交大、同济大学、复旦大学等高校的多位专家配合，在短短的一年时间里就生产出了世界上首台MUCE新型垂直轴风力机。并在不到5年的时间里将功率扩展至200 W～100 kW，处于世界领先地位。

世界上其他国家也都进行了新型垂直轴风力机的研制，日本在2002年初开始研究，2003年初产品投放市场，功率在0.5～30 kW之间。美国、英国、德国、奥地利、韩国等国家也都已在去年生产出样机，准备投入规模化生产，目前功率都在10 kW以内。

二、垂直轴风力机的分类

垂直轴风力机可分为阻力型和升力型。阻力型垂直轴风力机主要是利用空气流过叶片产生的阻力作为驱动力，而升力型则是利用空气流过叶片产生的升力作为驱动力。由于叶片在旋转过程中，随着转速的增加阻力急剧减小，而升力反而会增大，所以升力型的垂直轴风力发电机组的效率要比阻力型的高很多。升力型垂直轴风力机主要有达里厄型(Darrieus)风力机，阻力型垂直轴风力机主要有S型(Savonius)风力机。达里厄型垂直轴风力发电机组主要由叶片、垂直轴、增速器、联轴器、制动器、发电机、塔架及拉线等组成，如图2.47所示。S型垂直轴风力发电机组由上支撑、叶片、钢桁架、翼片制动器、下支撑、塔架、增速器、发电机等组成，如图2.48所示。

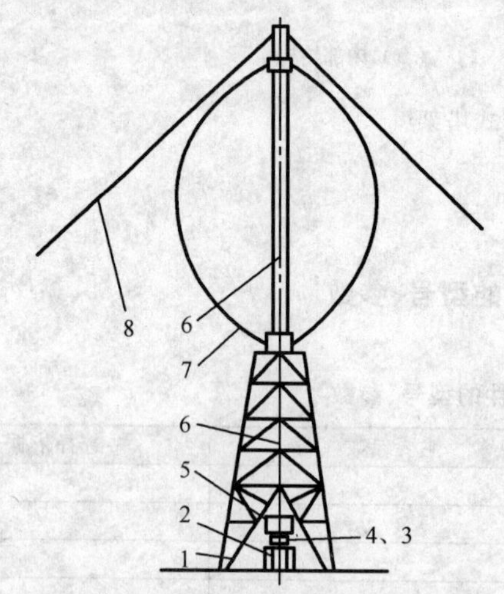

图2.47　达里厄型垂直轴风力发电机组

1—塔架；2—发电机；3—制动器；4—联轴器；5—增速器；6—垂直轴；7—叶片；8—拉线

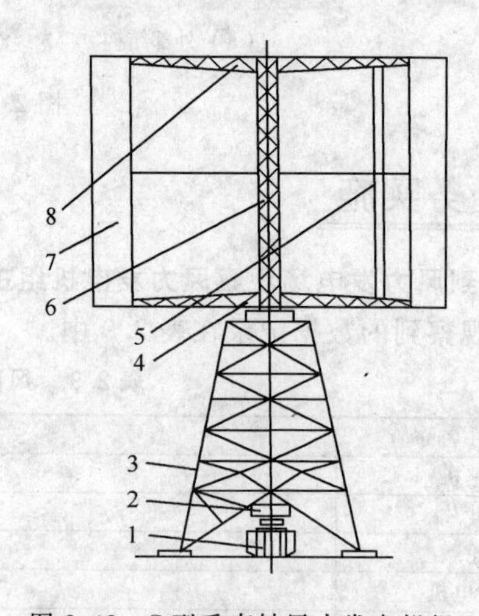

图2.48　S型垂直轴风力发电机组

1—发电机；2—增速器；3—塔架；4—下支撑；5—翼片制动器；6—钢桁架；7—叶片；8—上支撑

1）达里厄风力机

达里厄型垂直轴风力机是法国人达里厄(Darrieus G J M)在20世纪30年代初提出的，但是，一直未被重视。直到20世纪60年代后期，由加拿大NRC实验室和美国Sandia实验室进行了大量研究后才得到应用。在垂直轴风力机中，达里厄型的风轮功率系数最高，其范围是0.35～0.40。

与水平轴风力机相比，达里厄风力机的优点是：不依赖风向；垂直轴风轮在旋转时，旋转离心力在叶片上产生了纯拉力，可保持空气动力特性不变；风力发电机组的主要部件，如增速器、联轴器、制动器、发电机，安装在风轮的基础底上，易于放到地面，降低了运行维护费用。达里厄风力机的缺点是：低风速下不能自启动；由于风力发电机组主要部件接近地面，受地面边界层的影响，平均风速较低，发电量比较小；风力机使用风轮拉索时，会产生振动问题，减振成本比较高；对于弯曲而成的叶片，利用叶片角度进行功率调节的可能性很小；直接并网时，叶片的数量会影响功率输出的波动。

2) S型垂直轴风力机

S型垂直轴风力机是芬兰人萨三屋纽斯(S. Saronius)于20世纪20年代提出的。S型垂直轴风力机是一种阻力型的风力机，风力机风轮一般由两个半圆形或弧形的垂直叶片组成。其优点是启动转矩较大，启动性能良好，但是它的转速低，而且在运行中围绕着风轮会产生不对称气流，从而产生侧向推力。特别是对于较大型的风力发电机组，因为受偏转与安全极限应力的限制，采用这种结构形式是比较困难的。

三、垂直轴风力机的优点

1. 寿命长，易维护安装

垂直轴风力机的叶片在旋转过程中由于惯性力与重力的方向恒定，因此疲劳寿命要长于水平轴风力机。

2. 噪声低

采用了水平面旋转，叶片应用飞机机翼原理设计，使得噪声降低到在自然环境下测量不到的程度。

3. 无需偏航对风

垂直轴风力发电机组不需要迎风调节系统，可以接受360°方位中任何方向来风，吸收任意方向来的风能量，主轴永远向设计方向转动。这样使结构设计简化，构造紧凑，活动部件少于水平轴风力机，提高了可靠性，而且也减少了风轮对风时的陀螺力。

4. 叶片制造工艺简单

垂直轴风力机可以设计成低转速多叶片构造，这将大大地降低风力机对于叶片材质的要求。不单如此，垂直轴风力机的叶片是以简支梁或多跨连续梁的力学模型架设在风力机的转子上，这有利于降低对于风力机材质的要求。

5. 运行条件宽松

一般垂直轴风力机在50 m/s的风速下仍可运行，满负荷运行范围要宽得多，可以更有效地利用高风速风能。同时，由于垂直轴风力机的叶片可采用结构牢固的悬臂梁结构，抗台风能力要强得多。

四、垂直轴风力机的缺点

1. 风能利用率低

目前，大型水平轴风力发电机组的风能利用率一般在40%以上，而垂直轴二叶轮的S型垂直轴风力机，理想状态下的风能利用率为15%左右，达里厄风力机在理想状态下的风能利用率也不到40%。其他结构形式的垂直轴风力机的风能利用率也较低，这也是限制垂直轴风力发电机发展的一个原因。

2. 启动风速高

水平轴风力机的启动风速在4～5 m/s，而垂直轴风轮的启动性能差，特别对于达里厄型风轮，完全没有自启动能力，并且调速、限速困难，这也是限制垂直轴风力机应用的一个原因。但是，对于某些特殊结构的垂直轴风力机，例如H型风轮，只要翼型和安装角选择合适，这种风轮的启动风速只需2 m/s。

3. 机组品种少，产品质量不稳定

目前，企业生产的垂直轴风力发电机组大部分是1 kW以下的机组，1～20 kW的机组数量少，质量不稳定，没有批量，需要进一步完善和产业化。

4. 增速结构复杂

由于垂直轴风力机的叶尖速比较低，叶轮工作转速低于多数水平轴风力机，因此许多垂直轴风力发电机组增速器的增速比较大，增速器的结构也比水平轴风力发电机组的增速器结构复杂，增加了垂直轴风力机的制造成本，也增加了维护和保养增速器的成本。

复习思考题

1. 什么是风力发电机？
2. 风力发电机组有几种分类方法？
3. 水平轴风力发电机组和垂直轴风力发电机组有何优缺点？
4. 水平轴风力发电机组的基本组成是什么？各有什么功能？
5. 风力发电机的主要性能参数有哪些？
6. 什么是风轮锥角和风轮仰角？
7. 试阐述贝兹理论的内容和含义。
8. 简述风力发电的原理。
9. 风力发电机叶片有哪几种结构？
10. 简述齿轮箱的作用。
11. 风力发电机组塔架的作用及选择的原则是什么？
12. 风力发电设备选型的原则是什么？

项目三 离网型风力发电系统的设计

目前，大型风力发电机组一般应用于风力发电场，与电网连接为用户供电。不连接电网运行的风力发电机组称为离网型风力发电机组。由于机组不通过连接电网而直接向用户供电，因此其运行特性要求值取决于用户，而不必受到电网的严格要求，主要应用在地处偏僻、居民分散的山区、牧区、海岛及电网延伸不到的地方，解决当地照明等生活用电和部分生产用电。

本项目包括五个学习性工作任务：

任务一　认识离网型风力发电系统

任务二　发电机的选择

任务三　储能装置的选择

任务四　控制器、逆变器选型

任务五　离网型风力发电系统的设计

任务一　认识离网型风力发电系统

学习目标

(1) 熟悉离网型风力发电系统的基本结构。

(2) 掌握离网型风力发电系统工作原理。

(3) 了解离网型风力发电系统的优缺点。

(4) 熟悉被动偏航和主动偏航的工作原理。

(5) 掌握风力发电系统中被动偏航和侧风偏航装置的结构。

任务描述

离网型风力发电系统又称独立运行的风力发电系统，这是一种相对简单的运行方式。但由于风能的不稳定性，如果没有储能装置或其他控制装置配合，风力发电系统难以提供可靠而稳定的能源。离网运行的风力发电机组多为中、小型机组。小型机组的发电机多为低速永磁发电机，风轮直接与发电机轴连接，省去了升速的机构，结构简单，发电成本较低。通过本任务的学习，了解离网型风力发电系统的基本组成、供电方式，掌握测风偏航系统、被动偏航和主动偏航的工作原理，完成侧风偏航装置的安装与调试。

相关知识

一、离网型风力发电系统的组成

离网型风力发电系统又称独立运行的风力发电系统，主要应用在地处偏僻、居民分散的山区、牧区、海岛及电网延伸不到的地方，可以解决当地照明等生活用电和部分生产用电。由于风能的不稳定性，如果没有储能装置或其他控制装置配合，风力发电系统难以提供可靠而稳定的能源。为了保证风电系统独立地向全部负荷供电，必须根据负载的要求采取相应的措施，达到供需平衡。

离网型风力发电系统的结构如图 3.1 所示，主要由风力发电机组、蓄电池组、逆变装置、控制器及各种负载组成。

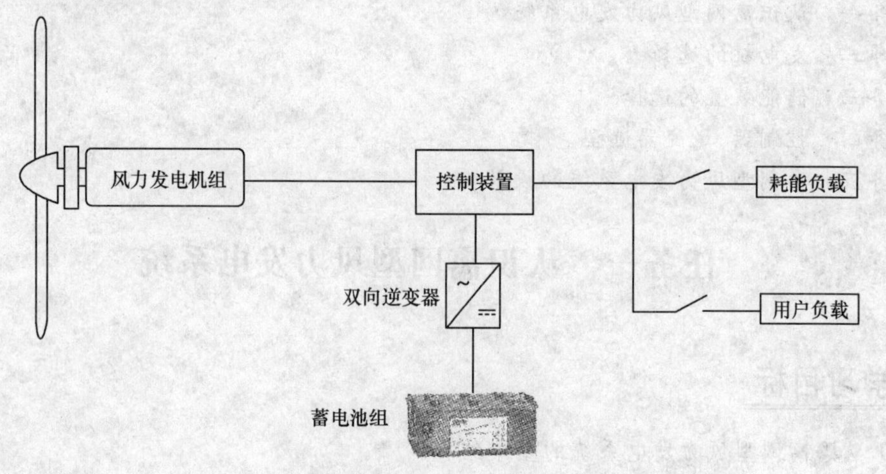

图 3.1　离网型风力发电系统的结构

1. 风力发电机组

风力发电机组主要由风轮及风轮轴、发电机、机航、调速装置、制动系统、偏航系统、塔架等组成。

1）风轮及风轮轴

风轮由叶片和轮毂构成，是获得风能并将风轮转化为机械能的关键部位。

风轮轴又称主轴，起固定风轮位置、支撑风轮重量、保证风轮旋转的作用并将风轮的力矩传递给齿轮箱或发电机。风轮安装在主轴上。

2）发电机

发电机将风力发电机组旋转力矩转换为电能。传统的发电机都是按输入稳定的转矩和转速设计的，因而无法适应风力发电输出的瞬时变化的转矩和转速，因此风力发电机组使用的是专门为风力发电而设计制造的发电机，常用的发电机有永磁同步发电机、异步发电机、异步双馈发电机。一般小型风力发电系统多采用永磁发电机，发电机的电压随转速成正比变化。

3）机舱

机舱由底盘和机舱罩组成。机舱罩后部的上方安装有风速和风向传感器，舱壁上有隔音和通风装置。底盘起到固定零部件，并承载其重量的作用。机舱罩的作用是保护底盘和底盘上安装的零部件不受外界的侵害，延长其使用寿命。

4）调速装置

调速装置的作用有 3 个：当风轮转速低于发电机额定转速时，通过调速装置将转速提高到发电机额定转速；当风轮转速高于发电机额定转速时，使风轮轴转速保持在发电机额定转速，以保证风力发电机组的安全、满负荷发电；当风轮转速超过其额定最高转速时，使风力发电机组安全停机，以保护风力发电机组不被破坏。

5）制动系统

制动系统的作用是在遇到超过风力发电机组设计风速的最大值时，或风力发电机组的零部件出现故障时，可以使得风力发电机组安全停机。因此制动系统可以保障风力发电机组的安全，避免故障的扩大和更多零部件的损坏，以及造成人员的伤亡。根据国家标准，风力发电机组一般至少有两个不同原理的能独立有效制动的制动系统，可以是空气制动、机械制动、液压制动、电气制动等。

6）偏航系统

风力发电机组的对风称为偏航，对风装置称为偏航系统。对风装置是针对风向瞬时变化的不稳定性，为保证风力发电机组的最大输出功率所专门设计的装置。其作用是使风轮的扫掠面始终与风向垂直，以保证风轮每一个瞬间都能捕捉到最大的风能。

7）塔架

塔架的作用是支撑风轮和整个机舱的重量，并使风轮和机舱保持在合理的高度，使风轮旋转部分与地面保持在合理的安全距离。

2. 蓄电池组

风力发电机组的输出功率随风力的变化而变化，所以不能直接与负载相连，可利用蓄电池的充放电功能来使电源电压稳定，使负载的利用变得更容易。

3. 控制装置

系统的控制装置，主要功能是对蓄电池进行充放电控制和过冲过放保护。同时对系统输入/输出功率起着调节与分配的作用，以及监控系统赋予的其他功能。

4. 双向逆变器

在日常的生产和生活中，能够使用电池等直流电压的负载不多，多数用电设备都需交流供电，逆变器就是将直流电转换为交流电的装置，以实现为交流负载供电。

5. 耗能负载

持续大风时，用于消耗风力发电机组发出的多余的电能。

6. 用户负载

以交流电为动力的装置或设备。

二、离网型风力发电系统的供电系统

1. 离网型直流风力发电系统

离网型的直流风力发电系统主要由永磁直流发电机、蓄电池组、电阻性负载、逆流继电器控制的动断触点(J 为动断触点)等组成，如图 3.2 所示。图中 L 为电阻性负载。

风力正常时，直流发电机一方面向蓄电池组充电，同时向直流负载供电。当风力减小、风力机转速降低，直流发电机电压低于蓄电池组电压时，发电机不能对蓄电池组充电，为了防止蓄电池组向发电机反向送电，在发电机电枢电路和蓄电池组之间装有逆流继电器控制的动断

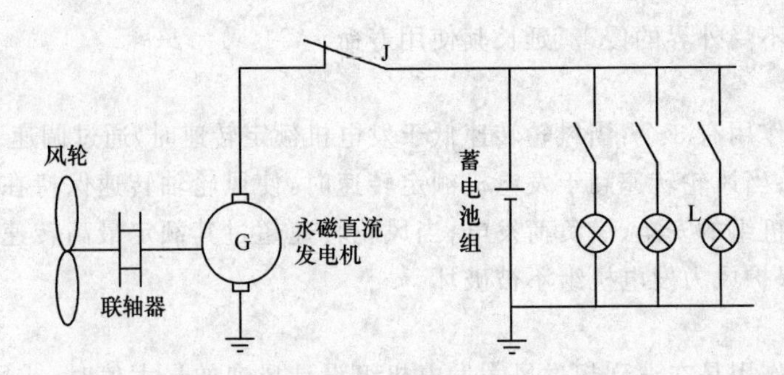

图 3.2　离网型的直流风力发电系统

触点，通过逆流继电器控制动断触点 J 动作，使蓄电池组不能向发电机反向供电。

在这个系统中蓄电池组容量的选择非常重要，与选定的风力发电机组的额定容量、额定电压、日负载（用电量）状况以及该风力发电机组安装地区的风况（无风期持续的时间）等有关，同时还应按 10 h 放电率电流值的规定来计算蓄电池组的充电和放电电流值，以保证合理使用蓄电池组，延长蓄电池组的使用寿命。

2. 离网型交流风力发电系统

离网型交流风力发电系统是通过交流发电机向负载供电，采用的交流发电机有永磁交流发电机、硅整流自励交流发电机，还可以采用无电刷励磁的硅整流自励交流发电机等。

1）离网型交流风力发电系统供电方式

根据负载不同，离网型交流风力发电系统供电方式主要有 2 种：

(1) 交流发电机直接向直流负载供电。这种供电方式是先将风力发电机组发出的交流电整流成直流电，再供给直流负载，这样就不存在稳频问题了。为了保证无风时也能用电，采用蓄电池组作为储能设备，使得电能的稳压问题也得到了解决。其结构框图如图 3.3 所示。

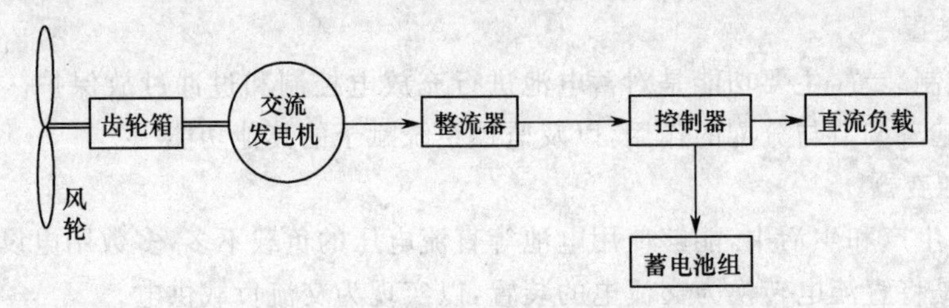

图 3.3　交流发电机向直流负载供电结构框图

(2) 交流发电机向交流负载供电。如果在蓄电池的正负极接上逆变器，则可以向交流负载供电。其结构框图如图 3.4 所示。图中的逆变器可以是单相逆变器，也可以是三相逆变器。一般照明及家用电器只需单相逆变器；对于动力负载（如电动机等），必须采用三相逆变器。

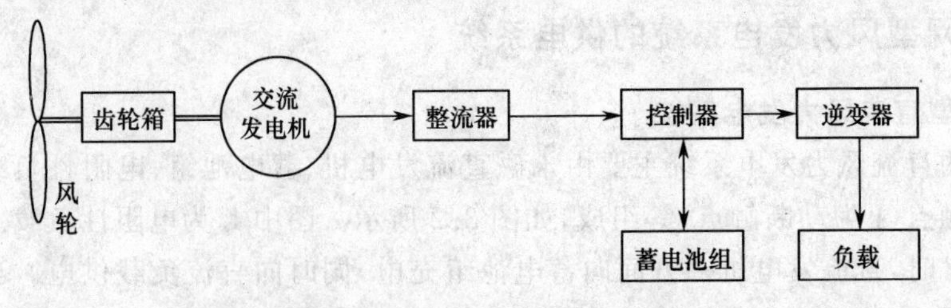

图 3.4　交流发电机向交流负载供电结构框图

2）配以蓄电池组储能的交流混合供电方式

这是一种最简单的独立运行方式。对于 10 kW 以下的小型风力发电系统，特别是 1 kW 以下的微型风力发电系统，普遍采用这种方式向用户供电。其结构框图如图 3.5 所示。

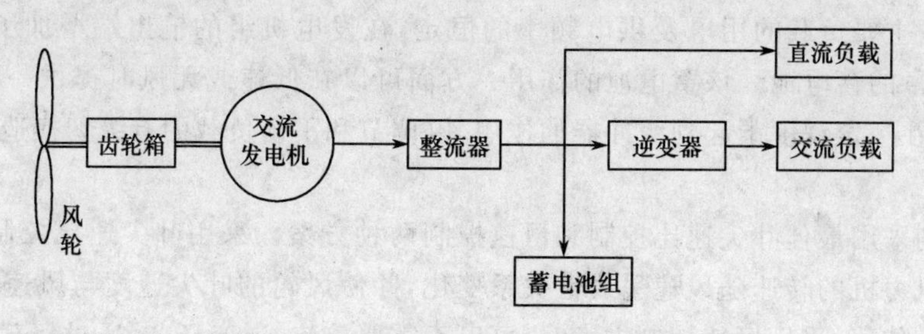

图 3.5　配以蓄电池组储能的交流混合供电结构框图

对于 1 kW 以下的微型风力发电系统一般不加增速器，直接由风力机带动发电机运转，发电机一般选用低速交流永磁发电机。1 kW 以上的微型风力发电系统大多装有增速器。发电机输出经整流后直接供给直流负载，并将多余的电能向蓄电池组充电。在需要交流电供电的情况下，用逆变器将直流电转换为交流电供给交流负载。发电机多采用交流永磁发电机、同步或者异步自励发电机。风力机在额定风速以下变速运行，超过额定风速后限速运行。

对于容量超过 20 kW 的系统，由于所需的蓄电池容量大，投资高，经济上不合算，所以较少采用这种运行方式。

3）采用负载自动调节法的交流混合供电系统

由于 $E=\frac{1}{2}mv^2=\frac{1}{2}\rho Av^3$，即风能与风速的三次方成正比，其输出功率为 $P_m=C_pP_w=\frac{1}{2}\rho Av^3C_p$，也将随风速的变化而大幅度变化。如何使风力发电机组的输出功率和负载吸收的功率相匹配是独立运行风力发电系统的关键问题，为了使风力发电机组在安全转速的情况下尽量多地获取风能，需要在不同的风速下改变负载的接入量，因此采用负载自动调节法的交流混合供电系统。其结构框图如图 3.6 所示。

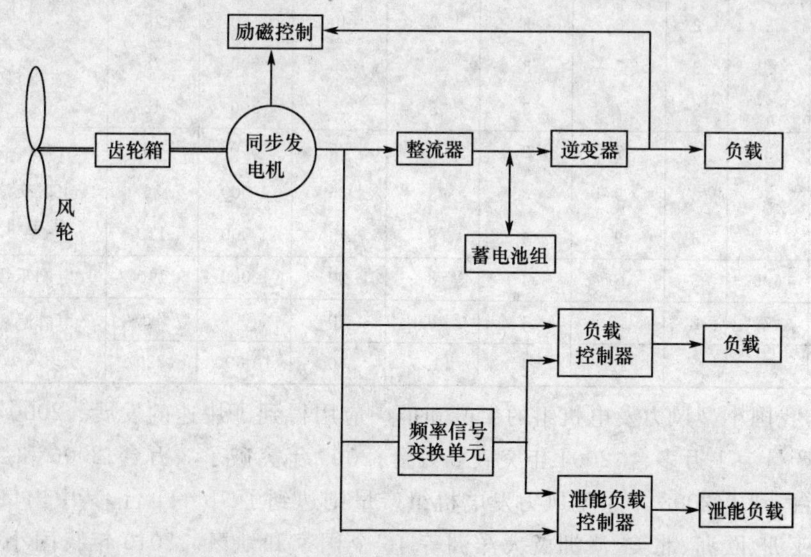

图 3.6　采用负载自动调节法的独立运行结构框图

系统中风力机驱动同步发电机，其输出电压可通过调节发电机的励磁进行控制，使风力发电机在达到某一最低运行转速后维持输出电压基本不变。风力机的转速可以通过同步发电机的输出频率来反映，因此可用频率的高低来决定可调负载的投入和切除。

为了保证主要负载的用电及供电频率的恒定，在发电机组的输出端增加了整流、逆变装置，并配有少量的蓄电池。该蓄电池的作用一方面可以在低速或无风时提供一定量的用电需求，另一方面在一定程度上起到缓冲器的作用，以调节和平衡负载的有级切换造成的不尽合理的负载匹配。

转速控制采用最佳叶尖速比控制和恒速控制两种方案。采用叶尖速比控制方案时，通过调节负载使风力机的转速随风速呈线性关系变化，并使风轮的叶尖速度与风速之比保持一个基本恒定的最佳值；采用恒速控制方案时，可以不需要整流、逆变环节，通过负载控制和风力机的桨距调节维持转速及发电机频率的基本恒定。采用恒速控制方案，整个系统投资较少，但风能的利用率较低以及对主要负载的供电质量和供电的稳定性不高。

三、离网型风力发电系统中的风力发电机组

目前，我国微小型风力发电机组按额定功率约分为 20 种，如 100 W、150 W、200 W、300 W、400 W、500 W、1 kW、1.5 kW、2 kW、3 kW、5 kW、10 kW、20 kW、30 kW、50 kW 和 100 kW 等。形式为 2～3 片，水平轴，上风向，多数为定桨距机组，叶片材料多样，发电机多为永磁低速发电机，设计寿命 15 年，风能利用系数大约为 0.4，发电机的效率约为 0.8。表 3.1 给出了几种型号风力发电机组的技术参数。

表 3.1　几种型号风力发电机组的技术参数

产品型号	风轮直径/m	叶片数	风轮中心/m	启动风速/(m/s)	额定风速/(m/s)	停机风速/(m/s)	额定功率/W	额定电压/V	配套发电机	质量/kg
FD2-100	2	2	5	3	6	18	100	28	铁氧体永磁交流发电机	80
FD24-150	2	2	6	3	7	40	150	28		100
FD2.1-200	2.1	3	7	3	8	25	200	28		150
FD2.5-300	2.5	3	7	3	8	25	300	42		175
FD3-500	3	3	7	3	8	25	500	42	钕铁硼永磁交流发电机	185
FD4-1K	4	3	9	3	8	25	1 000	56		285
FD5.4-2K	5.4	3	9	4	8	25	2 000	110		1 500
FD6.6-3K	6.6	3	10	4	8	20	3 000	110	电刷爪级	1 500
FD7-5K	7	2	12	4	9	40	5 000	220	电容励磁异步发电机	2 500
FD7-10K	7	2	12	4	11.5	60	10 000	220		3 000

近几年，我国小型风力发电机组的生产和推广应用得到了快速的发展。2000 年小型风力发电机组年产量为 1 万多台；2004 年突破 2 万台；2005 年突破了 3 万台；2006 和 2007 年更是超过了 5 万台，到了 2008 年小型风力发电机组产量则达到了 78 411 台，其中出口 39 387 台，出口到包括亚洲、欧洲、北美、澳洲及大洋洲等 46 个国家和地区。2010 年我国小型风力发电机组销售量超过 10 万台，我国在小型风力发电机组的保有量、年产量和生产能力均列世界之首。

四、离网型风力发电系统的优缺点

1. 离网型风力发电系统的优点

(1) 无需燃料费用。由于风力发电系统以风力为动力，不需要燃料，从而免去了购买、运输和储存燃料的费用。

(2) 初投资低，发电成本低。

(3) 耐用。目前绝大多数风力发电机组的生产技术、都是以保证 1 300 h 以上的首次无故障时间，3 年以内不需大修，运行寿命超过 15 年。

(4) 扩容灵活。由于离网型风力发电系统额定功率从几百瓦到数十千瓦不等，用户可根据自己需要，选择和调整系统发电容量大小，且机组安装方便。

(5) 安全。风力发电系统不需要燃料，只要风力发电系统设计合理和安装适当，系统就具有很高的安全性。

(6) 自主供电。离网型风力发电系统具有供电的自主性、灵活性。

(7) 非集中电网。小型分散的风力发电站，可减少公用电网故障给用户带来的不良影响和危害。

2. 离网型风力发电系统的缺点

(1) 需要储能装置。为了保证系统供电的连续性和稳定性，风力发电系统需使用蓄电池储能，蓄电池增加了系统的成本、规模和维护工作量。

(2) 需定期维护检修。风力发电系统旋转运动部件多，定期维护检修的工作量较大。

(3) 系统效率较低。风力机的风能利用率较低，蓄电池组充放电过程有能量损失，加之系统传输损耗等，使风力发电系统的总体效率不高。

(4) 要求技术培训。风力发电系统相对复杂，风力发电机组使用了很多的新技术，因此用户在使用风力发电机组前都必须经过技术培训。

任务实施

1. 认识偏航控制系统结构

偏航控制系统一般分为两类：被动迎风偏航系统和主动迎风偏航系统。被动迎风偏航系统多用于小型风力发电机组，当风向改变时，风力发电机组通过尾舵进行被动对风。主动迎风偏航系统多用于大型风力发电机组。由风向标发出的风向信号进行主动对风控制。由于风向经常变化，被动迎风偏航系统和主动迎风偏航系统都是通过不断转动风力发电机组的机舱，让风力机叶片始终正面受风，增大风能捕获率。

小型风力发电机组多采用尾舵达到对风的目的。自然界风速的大小和方向在不断地变化，因此，风力发电机组必须采取措施适应这些变化。尾舵的作用是使得风轮能随风向的变化而做相应的转动，以保持风轮始终和风向垂直。尾舵调向结构简单，调向可靠，至今还广泛应用于小型风力发电机组的调向。尾舵由尾舵梁固定，尾舵梁另一端固定在机舱上，尾舵板一直顺着风向，所以使得风轮也对准风向，达到对风的目的。风向偏航系统的控制原理如图 3.7 所示，偏航控制系统的流程图如图 3.8 所示。

2. 观察侧风偏航控制系统

定桨距风轮叶片在风轮转速恒定的条件下，风速增加超过额定风速时，如果风轮与叶片分

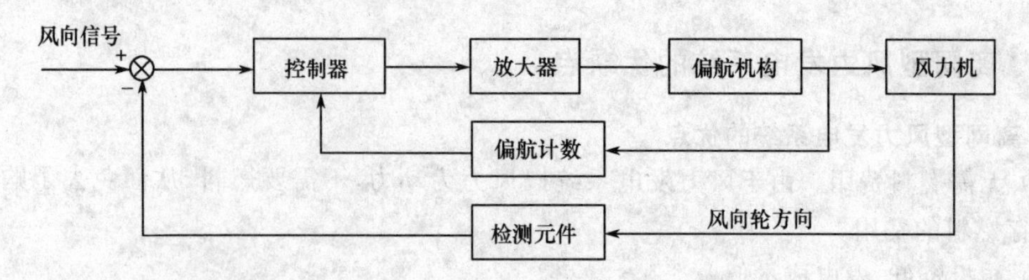

图 3.7　风向偏航控制系统

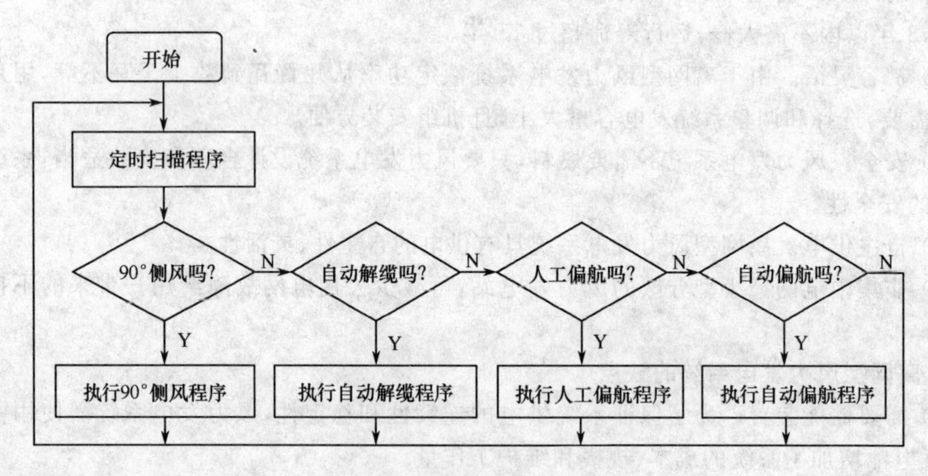

图 3.8　偏航控制系统流程图

离,叶片将处于“失速”状态,输出功率降低,发电机不会因超负荷而烧毁。变桨距风轮可根据风速的变化调整气流对叶片的攻角,当风速超过额定风速后,输出功率可稳定地保持在额定功率上,特别是在大风情况下,风力机处于顺桨状态,使桨叶和整机的受力状况大为改善。

小型风力发电机组多采用定桨距风轮,图 3.9 所示的风力发电系统安装了侧风偏航控制机构。该机构由直流电动机、接近开关、微动开关传动小齿轮(减速作用)等构成。当测速仪检测到风力发电场的风量超过安全值时,侧风偏航控制机构动作,使尾舵侧风,风力发电机风轮叶片将处于“失速”状态,风轮转速变慢,确保风力发电机输出稳定的功率,当风力发电场的风量过大时,尾舵侧风 90°,风轮转速极低,风力发电机将处于制动状态,保护发电机的安全。

3. 组装侧风偏航装置

(1) 将安装板固定在安装板支撑架上,然后将直流电动机安装在安装板下方,再将小齿轮安装在直流电动机的轴上,最后将安装板支撑架固定在尾舵梁上。安装时要求紧固件不松动。

(2) 将接近开关和微动开关安装在安装板上,要求紧固件不松动。

(3) 将传动齿轮中的大齿轮装在尾舵铰链底部,再将尾舵铰链安装在尾舵梁上。

(4) 焊接直流电动机、接近开关和微动开关的引出线,要求焊接光滑、可靠,焊接端口使用热缩管绝缘。

(5) 将电源线、信号线和控制线接在接插座中,侧风偏航装置组装完毕。

4. 观察风力发电机组的运行状态,并记录

(1) 手动偏航。当风向与风力发电机组的机头轴线有一定的角度时,通过偏航检侧装置可以检测到风力发电机组需要偏航。这时,按下控制面板上的“手动”按钮,偏航控制系统在接到信号后,手动偏航开始,当风向与风力发电机的机头在一条直线上或误差很小的时候松开

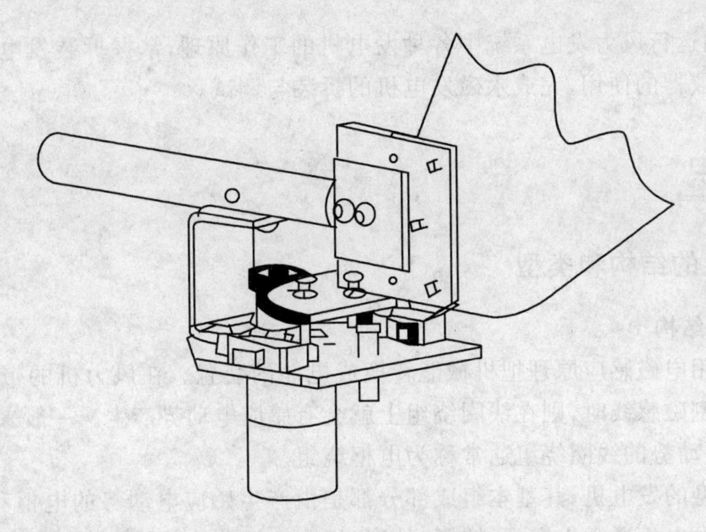

图 3.9　侧风偏航控制机构

“手动”按钮,手动偏航结束。

(2) 自动偏航。当风向与风力发电机组的机头轴线有一定的角度时候,通过偏航检侧装置可以检测到风力发电机组需要偏航。这时,按下控制面板上的“自动”按钮,偏航控制系统在接到信号后,自动偏航开始,控制器通过检测装置传出的信号可以判断出是否要停止偏航,当风向与风力发电机组的机头在一条直线上或误差很小时,自动偏航系统结束。

(3) 90°侧风偏航。加大风速,按下控制面板上“自动按钮”,偏航控制系统通过检测装置传出信号可以判断是否需要偏航。当风轮转速过快或超过风力机的最大转速时,偏航控制系统将自动进行 90°侧风偏航处理,以免风轮发电机受到破坏。

5. 分组讨论

当风速在额定风速以下和高于额定风速时,测风偏航系统各起什么作用?

任务二　发电机的选择

学习目标

(1) 了解风力发电机的结构和工作原理。

(2) 掌握风力发电对发电机的要求。

(3) 掌握离网型风力发电系统常用的发电机的种类。

(4) 掌握离网型风力发电系统发电机的选型。

(5) 掌握永磁发电机的拆装方法。

任务描述

风力发电机组的功能就是发电,因此发电机必然是风力发电机组的主要部件。离网运行风力发电系统一般是单台独立运行,因此风力发电机一般容量较小,专为家庭或村落等小的用电单位使用。离网运行风力发电系统中的发电机包括直流发电机和交流发电机。通过本任务的学习，了解离网运行风力发电系统中各种发电机的工作原理，掌握拆装发电机的程序、技术要求以及工具和仪器的使用，完成永磁发电机的拆装与调试。

相关知识

一、发电机的结构和类型

1. 发电机的结构

发电机是利用电磁感应原理把机械能转换成电能的装置。在风力机的带动下，当发电机中的线圈绕组切割磁感线时，则在线圈绕组上就会有感应电动势产生。一般来讲，相对于磁极而言，产生感应电动势的线圈绕组通常称为电枢绕组。

无论何种类型的发电机，其基本组成部分都是由产生感应电动势的电枢和产生磁场的磁极或线圈组成。发电机通常由定子、转子、外壳（机座）、端盖及轴承组成。

固定不动的部分称为定子，定子由定子铁心、定子绕组、机座、接线盒以及固定这些部件的其他部件组成。

转动的部分称为转子，转子由转子轴、转子铁心（或磁极、磁轭）、转子绕组、护环、中心环、集电环及电风扇（简称风扇）等部件组成。

轴承及端盖将发电机的定子、转子连接起来，使转子能在定子中旋转，做切割磁感线的运动，从而产生感应电动势，通过接线端子引出，接在回路中，便产生了电流。

2. 发电机的类型

发电机作为机械能转换成电能的装置，其种类、形式按分类依据不同，主要有：

1）按输出电流的形式划分

（1）直流发电机。发电机输出的能量为直流电能。

（2）交流发电机。发电机输出的能量为交流电能。同步发电机，异步发电机，双馈异步发电机，永磁直驱发电机都是输出交流电能。

2）按磁极产生的方式划分

（1）永磁式发电机。利用永久磁铁产生发电机内部的磁场，提供发电机需要的励磁磁通。图 3.10 为永磁式直流发电机的示意图。

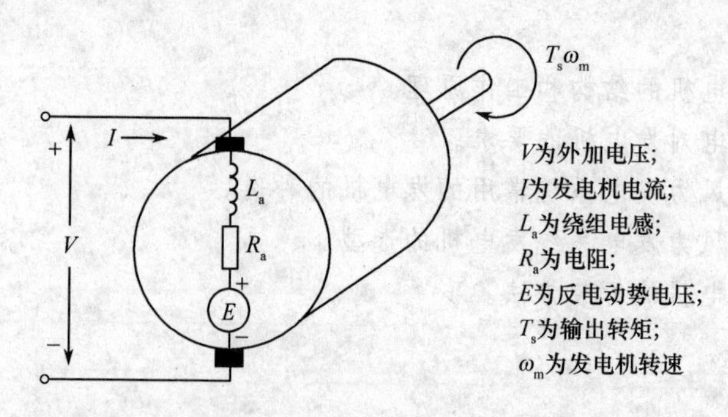

图 3.10　永磁式直流发电机

（2）电励磁式发电机。借助在励磁线圈内流过电流来产生磁场，以提供发电机所需要的励磁磁通。这种励磁方式可以通过改变励磁电流来调节励磁磁通。

3）根据电枢绕组和磁极相对运动关系的不同划分

（1）旋转磁极式（简称转场式或转磁式）发电机。电枢绕组在定子上不动，产生磁场的磁极或励磁绕组在转子上，由风力机带动旋转。利用旋转的磁极在电枢中做相对运动，从而在电枢绕组中感应出电动势。

（2）旋转电枢式（简称转枢式）发电机。磁极在定子上不动，发电机的电枢绕组随转子转动，切割磁感线并感应出电动势。

4）按发电机与电网连接方式不同划分

（1）离网运行的发电机。发电机单台运行，所发出的电能不接入电网，发电机通过一定的控制结构直接向负载供电。

（2）并网运行的发电机。发电机与电网连接运行，发电机发出的电能送入到电网，通过电网向负载供电。

3. 风力发电用发电机的特殊性

1）风的随机性

风力发电用发电机必须面对的首要问题就是风的随机性。这种特殊性体现在以下几个方面：

（1）普通发电机都必须稳定地运行在同步转速（同步发电机）或同步转速附近（异步发电机），以常规能源作为驱动力的水轮机和蒸汽轮机将转速调节到发电机要求的同步转速，现代技术很容易实现。但是风速是时刻变化的，因此风力发电机组的风轮转速也是瞬时变化的，要想使风轮的转速稳定在同步转速附近比较困难，除在发电机本身设计上采取一些措施外，还需要在发电机的运行控制上采取相应的措施。

（2）由于风力发电机组风轮的转速随风速瞬时变化，发电机的输出功率也随之波动，而且幅值较大，而普通发电机经常处于额定或相对稳定的状态下运行。当风速过大时，发电机将会过载，所以风力发电用发电机在设计时其过热、过载能力以及机械机构等方面与普通的发电机大不相同，其过载能力及时间应远大于普通的发电机，同时其导线要有足够的载流量和过电流能力，以免出现引出线熔断事故。

（3）由于风速具有不可控性，风力发电机组多数时间运行于额定功率以下，发电机经常在半载或轻载下运行。为保证定桨距失速调节发电机在额定功率以下运行时具有较高的效率并改善发电机的性能，应尽量使风力发电机的效率曲线比较平缓。但是，由于发电机的效率曲线一般在20%左右的额定负载下下降较大，因而异步风力发电机多采用变级结构，发电机出力在大发电机额定功率的20%左右时切换为小发电机运行，大大改善了20%额定负荷以下发电机的运行效率。这样不仅增大了风力发电机组年发电量，也有效地减少了发电机发热问题。

（4）由于风速的不确定性，当风速太低，或者机组发生故障时，发电机的输出必须脱离电网。而风力发电机组脱网相当于发电机甩负荷，发电机甩负荷后转速上升极易出现“飞车”现象，造成发电机机械和电气结构的损坏。因此，要求在设计时应保证风力发电机转子的飞逸转速应为1.8～2倍的额定转速，而一般异步发电机的飞逸转速仅为额定转速的1.2倍。

2）工作环境的特殊性

（1）风力发电机组位于室外高空，在较小且封闭的机舱内工作，由于通风条件差，机舱内产生和积聚的热量不易较快而通畅地散发出来。太阳直晒机舱，会使机舱内的空气温度更高，也使发电机工作环境变得更加恶劣。虽然发电机采用强制风冷却，但只能靠发电机的外壳散热，因此风力发电机组的散热条件比一般情况下使用的发电机条件差得多，这就要求发电机具有耐较高温度的绝缘等级，一般风力发电机选用F级的绝缘材料。

(2) 风力发电机组的发电机工作在高空不断运动的机舱之中，运转在具有较强振动环境下。

(3) 风力发电机组机舱内由于通风散热的需要不可能完全密封，潮湿和空气污染物(粉尘、灰尘、腐蚀性气体等)是引起发电机故障的常见因素。粉尘、灰尘和其他空气污染物的积累会引起绝缘层的性能变坏，不仅容易形成对地的导电通路，还会使得转子轴承部分因摩擦力增大而发热。各种湿气极易在发电机内形成对地的漏电通路，引起发电机故障。

4. 风力发电对发电机的要求

根据风力发电机组的特殊工作特点，我国对风力发电机组中的发电机的设计与制造制订了有针对性的风力发电机组专用发电机的国家标准，具体要求如下：

1) 风力发电机的工作环境要求

(1) 海拔不超过1 000 m。

(2) 环境空气温度不高于40 ℃，不低于−30 ℃。

(3) 如果发电机在海拔超过1 000 m或环境温度高于40 ℃的条件下使用时，应按GB/T 755—2008《旋转电机定额和性能》的规定。

(4) 最湿月月平均最高空气相对湿度不大于95%，同时该月月平均最低温度不高于25 ℃。

2) 风力发电机组发电机的主要技术要求

(1) 发电机应按照规定程序批准的图样及技术文件制造。

(2) 发电机外壳防护等级不低于GB/T 4942.1—2006《旋转电机整体结构的防护等级(IP代码)—分级》中的IP44等级。

(3) 发电机应有可靠的冷却方式，如果采用强制通风冷却方式，应保证引入的空气不得对发电机造成危害；如果采用水冷方式，应无渗水和漏水问题。

(4) 发电机的定额是以连续工作制(S1)为基准的连续定额。

(5) 在额定转速、额定功率因数下，当电压、频率与额定值的偏差符合GB/T 755—2008《旋转电机定额和性能》的规定时发电机应能正常运行。

(6) 在额定电压时，发电机最大转矩与额定转矩之比的保证值对同步转速1 500 r/min及以上时为2.0倍，其余为1.8倍。

(7) 在海拔和环境空气温度符合工作环境规定时，发电机绕组的温升极限和轴承的允许温度按GB/T 755—2008《旋转电机定额和性能》的规定。如试验地点或环境空气温度与工作环境的规定不同时，温升限值应按GB/T 755—2008《旋转电机定额和性能》的规定修正。

(8) 发电机在额定温升试验后，保持额定电压不变，应能承受1.15倍额定负载运行1 h，此时温升不做考核，但发电机不应发生损坏及有害变形。

(9) 发电机应能承受1.2倍额定转速，历时2 min而不应发生有害变形。

(10) 发电机定子绕组的绝缘电阻在热状态或温升试验后，应不低于U_N/1 000 MΩ。

注意：U_N——额定电压，V。

(11) 发电机定子绕组各相间及双绕组相互间应能承受历时1 min的耐压试验而不发生击穿，试验电压的频率为50 Hz，并尽可能为正弦波，电压的有效值为$2U_N+1\,000$ V，但不高于1 500 V。

(12) 发电机的定子绕组应能承受匝间耐冲击电压试验而不击穿；当发电机采用散嵌绕组

时，其试验冲击电压峰值和试验方法按 JB/T 9615.1—2000《交流低压电机散嵌绕组匝间绝缘试验方法》及 JB/T 9615.2—2000《交流低压电机散嵌绕组匝间绝缘试验限值》的规定。当发电机采用成型绕组时，其试验冲击电压峰值和试验方法按 JB/T 5811—2007《交流低压电机成型绕组匝间绝缘试验方法及限值》的规定进行。

(13) 发电机应进行短时升高电压试验：试验用空载电动机进行，外施电压为额定电压的 130%，时间为 3 min。在提高电压值至额定电压的 130%时，允许同时提高频率或转速，但转速应不超过额定值的 115%。

(14) 发电机的定子绕组在按 GB/T 12665—2008《电机在一般环境条件下使用的湿热试验要求》所规定的 40 ℃交变湿热试验方法进行 6 个周期的试验后，绝缘电阻应不低于(10)中的规定数值，并能承受(11)中所规定的耐电压试验而不发生击穿。

(15) 发电机做空载电动运行时，按 GB 10008—2008《轴中心高为 56 mm 及以上电机的机械振动－振动的测量、评定及限值》测定的振动速度有效值应不超过 2.8 mm/s。

(16) 发电机做空载电动运行时，按 GB/T 10069.1—2006《旋转电机噪声测定方法及限值 第 1 部分：旋转电机噪声测定方法》和 GB 10069.3—2008《旋转电机噪声测定方法及限值 第 3 部分：噪声限值》测得的 A 计权声功率级的噪声数值应不超过表 3.2 的规定。

表 3.2　发电机做空载电动运行时的噪声数值　(单位：dB(A))

额定功率		>110～220	>220～500	>500～1 100	>1 100～2 200
同步转速/(r/min)	1 500	106	108	111	113
	1 000	102	105	108	110

(17) 当并网三相电压平衡时，发电机空载三相电流中任何一相与三相平均值的偏差应不大于三相平均值的 10%。

(18) 发电机不允许在运行中反接电源制动或逆转。在出现端标识的字母顺序与三相电压顺序方向相同时，从轴伸端看过去，发电机应为顺时针方向旋转。

(19) 单绕组发电机可制成 3 个或 6 个出线端，双绕组发电机可制成 9 个或 12 个出线端，从轴伸端看过去，发电机接线盒置于机座右面。双方另有协议时，按技术协议的规定。发电机的接线盒内应有接地端子，同时机座上应另设一个接地端子，并应在接地端子的附近设置接地标识，此标识应保证在发电机整个使用期内不易磨损。

5. 风力发电机的基本参数

(1) 额定容量 S_N 和额定功率 P_N。额定容量 S_N 是指出线端的额定视在功率，单位为 kV・A或 MV・A。额定功率 P_N 是指在规定的额定情况下，发电机输出的有功功率，单位为 kW 或 MW。

(2) 额定电压 U_N。是指在额定运行时发电机定子的线电压，单位为 V 或 kV。

(3) 额定电流 I_N。是指在额定运行时流过定子的线电流，单位为 A。

(4) 额定功率因数 $\cos\varphi_N$。是指发电机在额定运行时的功率因数。

(5) 额定效率 η_N。是指发电机在额定运行时的效率。

上述额定值之间的关系为

$$P_N=\sqrt{3}U_N I_N\cos\varphi_N$$

每台发电机上都有一个铭牌，铭牌上标明了上述额定值。除额定值外，铭牌上还标有额定频率、额定转速等。

二、离网型风力发电系统中使用的发电机

1. 直流发电机

图 3.11 为直流发电机工作原理示意图。图中发电机转子(电枢)由风力机拖动,以恒定速度按逆时针方向旋转。当线圈 ab 边在 N 极范围内运动切割磁感线时,根据右手定则可知,感应电动势的方向是 d-c-b-a。此时,与线圈 a 端连接的换向片 1 和电刷 A 的电位为正,电刷 B 的电位为负。当线圈的 ab 边转到 S 极范围内,根据右手定则,此时感应电动势的方向 a-b-c-d。但由于电刷是不动的,d 端线圈连接的换向片 2 与电刷 A 接触,电刷 A 的电位仍然为正,电刷 B 的电位仍然为负。由此可知,在线圈不停地旋转过程中,由于电刷与换向片的作用,直流发电机对外电路负载上输出恒定方向的电压和电流。线圈旋转一周时,其线圈两端电动势脉动地变化两次,如图 3.12 所示。

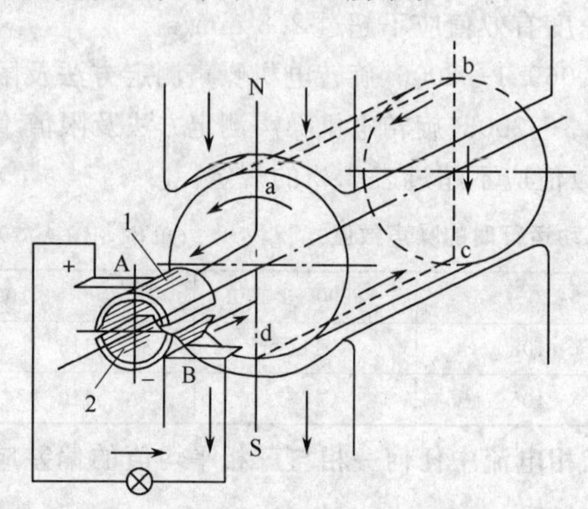

图 3.11　直流发电机工作原理示意图

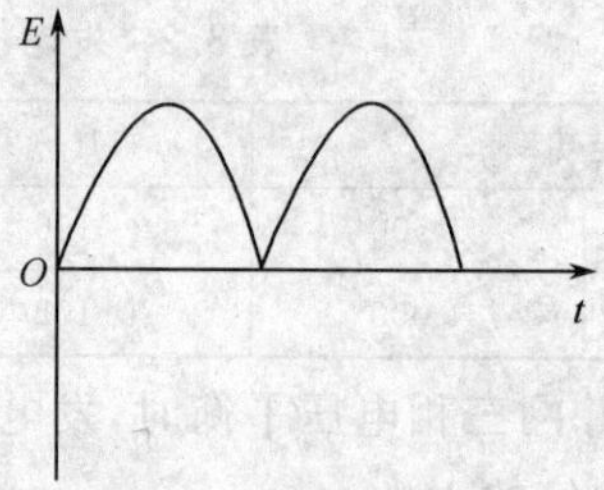

图 3.12　单个线圈直流发电机输出的电动势

为了减少电动势脉动现象,可在每个磁极范围内绕多个线圈,线圈越多,电动势的脉动就越小。图 3.13 所示为直流发电机有 8 个线圈绕在一个圆筒形的铁心上,换向器由 8 个相互绝缘的换向片组成。每个线圈分别接到相邻的换向片上,此时电刷 A,B 之间的电动势始终为处于 N 极(或 S 极)范围内所有线圈的电动势之和,如图 3.14 所示。其电动势的脉动要比单线圈发电机小很多。实践分析表明,当每个磁极范围的导体数目大于 8 时,电动势的脉动程度将小于 1%,可近似认为是恒定的直流电动势。

由上述原理可知,直流发电机可以直接输出直流电,不需要整流装置就能给蓄电池充电。但是直流发电机本身需要换向器和电刷,使制造成本增高,也增加了维护工作量。

2. 交流发电机

离网运行的风力发电系统中使用的交流发电机有永磁式和自励式等多种形式。对于 100 kW以下的风力发电机组一般不加增速器,直接由风力机带动发电机运转,一般采用低速交流永磁发电机;100 kW 以上的风力发电机组大多装有增速器,发电机则有交流永磁发电机、同步或异步自励发电机等,它们发出频率变化的交流电经整流后直接供给直流负载,并将多余的电能向蓄电池充电。在需要交流供电的情况下,通过逆变器将直流电转换为交流电供给交流负载。

离网运行的交流风力发电系统中,如果使用自励发电机可采用硅整流自励交流发电机和电容自励异步发电机。硅整流自励交流发电机是利用自身的剩磁励磁建立定子电压和电流,

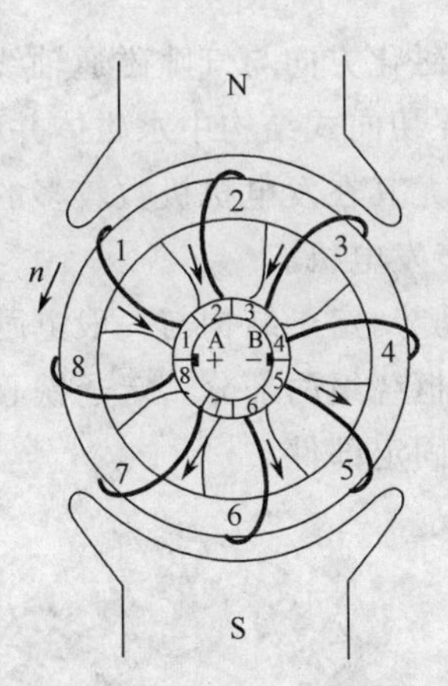

(a) 8个线圈接在8个换向片上

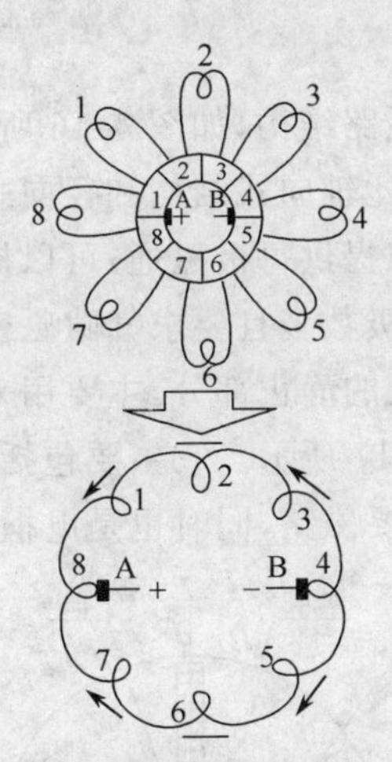

(b) 线圈经换向器连接形成闭合回路

图 3.13　由 8 线圈组成的直流发电机

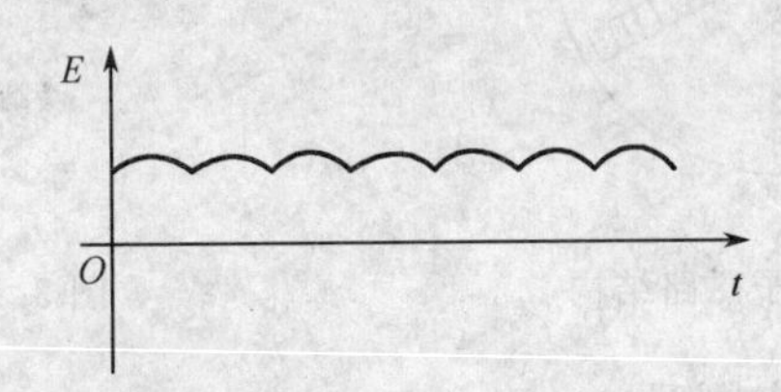

图 3.14　线圈和换向片数目增多后电刷两端电动势波形

然后通过整流装置将三相交流电整流成直流电，为转子提高励磁。电容自励异步发电机是通过在定子端接电容元件的方法，产生容性励磁电流，建立磁场并感应出电压。以上两种类型的自励式发电机的共同特点是发电机必须有剩磁。

下面就介绍永磁发电机的结构和原理。传统的励磁发电机通过励磁绕组产生磁场，由于励磁绕组发热而消耗了大量的电能，因而效率较低，而且励磁绕组易烧毁、断线、电刷易损等，导致发电机的工作可靠性不高，这些缺点使其不能满足现代节能、减排、低碳的更高要求。永磁发电机，如图 3.15 所示，采用新型稀土钕铁硼永磁材料，磁路发生了根本的变化，因而具有一系列不同于普通电励发电机的特点，具有体积小，损耗低，效率高等优点，在节约能源和环境保护日益受到重视的今天，得到广泛使用。

图 3.15　永磁发电机

1) 永磁发电机的结构

永磁发电机由转子和定子组成。

转子结构是永磁发电机区别于其他发电机的主要特征，采用稀土永磁材料，结构多为切向式结构。

切向式转子磁路结构，如图 3.16 所示。永磁体的磁化方向与气隙磁通轴线接近垂直且离气隙较远，其漏磁比轴向式结构和径向式结构要大。在切向式结构中永磁体并联作用，有两个永磁体截面对气隙提供每极磁通，可以提高气隙磁密，尤其在发电机极数较多的情况下更为突出，因此适合用于极数多且要求气隙磁密高的永磁同步发电机。

定子是发电机的静止部分，主要用来产生感应电动势，定子结构与一般电励磁式发电机的结构类似，如图 3.17 所示。它主要包括定子铁心和电枢绕组两部分。定子铁心由硅钢片叠压而成，是定子的主要磁路，同时也是电枢绕组的安装和固定部件。

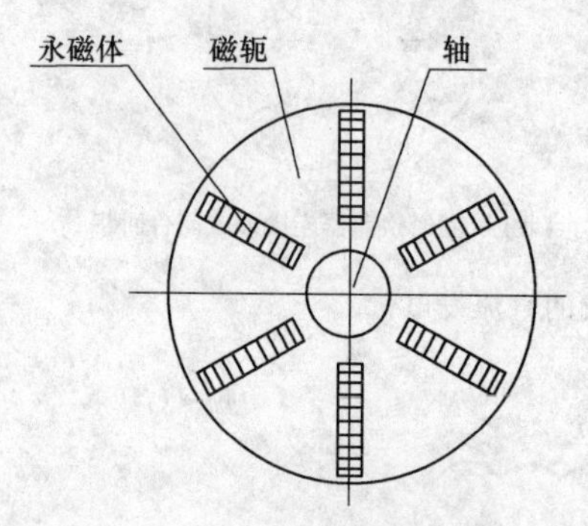

图 3.16　切向式转子磁路结构

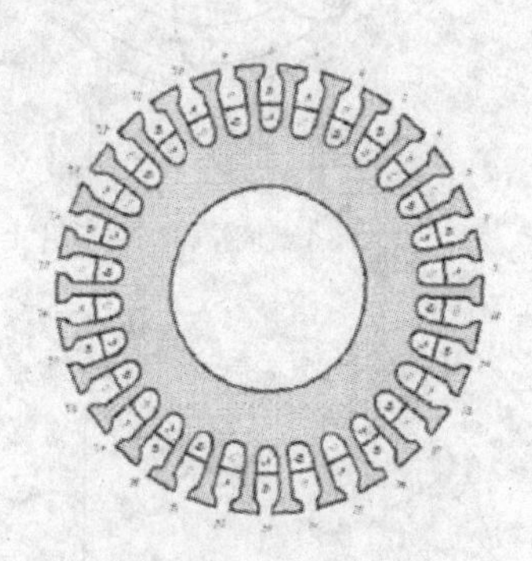

图 3.17　定子绕组排列

2）永磁同步发电机的工作原理

当外施机械转矩拖动转子旋转时，磁通交替地在定子绕组中变化，根据电磁感应原理可知，定子的三相绕组中便产生交变的感应电动势，这就是永磁同步发电机的工作原理。在交流发电机中，由于转子的磁场分布近似正弦规律，所以交流电动势的波形也近似正弦规律，如果发电机定子的三相绕组是对称绕制的，则产生的三相电动势也是对称的。

3）永磁发电机的优点

(1) 结构简单，运行可靠性高。永磁发电机采用了永磁转子，发电机磁场由永磁体产生，不再需要直流电产生磁场，因此，无需励磁绕组、直流励磁电源、电刷、滑环等结构，使得整体结构变得简单。因为去掉了励磁绕组，所以避免了电励磁式发电机的励磁绕组易断线、烧毁及电刷、滑环易磨损等问题，减少了维护工作量，提高了运行的可靠性。

(2) 发电效率高，电能消耗少。永磁发电机中没有励磁绕组，不存在励磁损耗，减少了耗电量，仅此一项即可提高发电机的效率 10%～15%。由于采用了永磁转子，不存在电刷与滑环之间的摩擦损耗，所以发电机效率又可提高 5%以上。在图 3.18 所示的发电机效率特性曲线中，上面一条为永磁发电机效率曲线，下面一条为硅整流发电机效率曲线。从图 3.18 中可以得出，永磁发电机比硅整流发电机效率高 15%～20%，节能效果明显。

(3) 低速供电性能好，输出电压调整率小。在电磁参数相同的情况下，硅整流发电机无电流输出时，永磁发电机可以对外输出 3～5 A 节省下来的励磁电流，改善了低速供电性能。转子采用径向励磁结构，漏磁小，直轴和交轴电枢反应电抗小，电枢反应弱，因而电压调整率小，外特性较硬。

(4) 环境适应性强。永磁发电机去掉了电刷、滑环，结构变得简单，更能适应潮湿或灰尘多的恶劣环境；同时消除了电刷与滑环之间因摩擦产生的电火花，提高了防爆性，可以在危险程度较高的环境中工作。

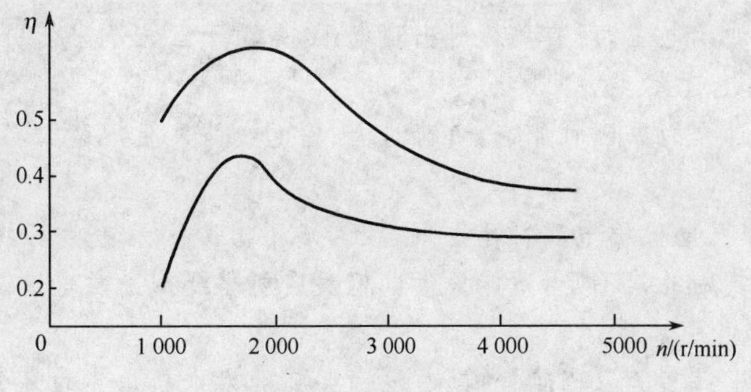

图 3.18　发电机效率特性曲线

(5) 延长蓄电池使用寿命。首先,永磁发电机具有良好的低速充电性能,使蓄电池经常处于充足电状态,能有效防止蓄电池的极板硫化。其次,不欠充电,也不过充电,在充电过程中始终保持微量出气状态,不会产生大量的气泡,这样既能不损耗大量的电解液和污染蓄电池表面,同时也能有效地避免因剧烈出气而造成的活性物质脱落,从而提高了蓄电池寿命。最后,因为采用了斩波式稳压电路,所以永磁发电机向蓄电池提供的是脉冲式充电电流。在开关器件导通瞬间,高幅值的脉冲充电电流,可使蓄电池极板上的活性物质进行充分的电化学反应,有较强的去硫化和激活作用,从而延长了蓄电池的使用寿命。

(6) 功率密度高。转子采用高剩磁感应强度、高矫顽力、高磁能积、去磁曲线为直线的钕铁硼稀土永磁材料,同时采用径向式励磁结构,使得发电机内部结构设计排列得很紧凑,体积小,重量轻,功率密度高。

4) 永磁发电机的缺点

(1) 存在不可逆退磁问题。如果设计和使用不当,或在剧烈的机械振动时有可能产生不可逆退磁,又称失磁,使发电机性能降低,甚至无法使用。

(2) 成本相对高。由于稀土永磁材料目前的价格还比较高,稀土永磁发电机的成本一般比电励发电机高,但这个成本会在发电机高性能运行中得到较好的补偿。

(3) 永磁发电机的输出电压随负载电流的增大而改变。永磁发电机的励磁磁场是永磁材料产生的,因此,永磁发电机的励磁磁通是不能调节的,而电枢磁通会随着负载的变化而变化,所以磁路中的合成磁通的幅值是变化的,这就造成了永磁发电机的输出电压随负载电流的增大而改变,即外特性为软特性,不能满足技术条件的要求,这成为制约其广泛应用的一个重要因素。

阅读材料 3.1

发电机常见的故障

1. 发电机过热

发电机过热的原因可能有:没有按规定的技术条件运行,发电机的三相负荷电流不平衡;风道被积尘堵塞,通风不良;进风温度过高或进水温度过高,冷却器有堵塞情况;轴承磨损或轴承加润滑油过多或过少;定子铁心绝缘损坏,引起片间短路;定子绕组的并联导线断裂等。

2. 发电机中性线对地有异常电压

发电机中性线对地有异常电压的原因可能有:发电机绕组有短路或对地绝缘不良;

空载时中性线对地无电压，而有负荷时出现电压，是由于三相不平衡引起的。

3. 发电机电流过大

发电机电流过大的原因可能有：负荷过大；输电线路发生短路或者出现接地故障。

4. 功率不足

功率不足，即发电机端电压低于电网电压，送不出额定无功功率，原因可能有：由于励磁装置电压源复励补偿不足，不能提供电枢反应所需要的励磁电流。

5. 发电机端电压过高

发电机端电压过高的原因可能有：与电网并列的发电机电网电压过高；励磁装置的故障引起过励磁。

6. 定子绕组绝缘击穿、短路

定子绕组绝缘击穿、短路的原因可能有：定子绕组受潮；绕组本身缺陷或检修工艺不当，造成绕组绝缘击穿或机械损伤；绕组过热；绝缘老化；发电机内部进入金属异物；过大电压击穿。

7. 铁心片间短路

铁心片间短路的原因可能有：铁心叠片松弛；铁心片个别地方绝缘受伤或铁心局部过热，使得绝缘老化；铁心片边缘有毛刺或检修时受机械损伤；有焊锡或铜粒短接铁心；绕组发生弧光短路。

8. 发电机失去剩磁，启动时不能发电

发电机失去剩磁，启动时不能发电的原因可能有：励磁机磁极所用的材料接近软钢，剩磁较少；发电机的磁极失去磁性。

9. 发电机启动后，电压升不起来

发电机启动后，电压升不起来的原因可能有：励磁回路断线，使得电压升不起来；剩磁消失；励磁机的磁场线圈极性接反；在发电机的检修中做某些试验时误把磁场线圈通以反向直流电，导致剩磁消失或反向。

10. 发电机的振荡失步

发电机的振荡失步的原因可能有：系统发生短路故障；发电机大幅度甩负荷。

11. 发电机振动

发电机振动的原因可能有：转子不圆或平衡未调整好；转轴弯曲；联轴器连接不正确；结构部件共振；励磁绕组层间短路；供油量或油压不足；供油量过大或油压过高；定子铁心装配松动；轴承密封过紧；发电机通风系统不对称。

任务实施

1. 绝缘电阻表的使用

绝缘电阻表，如图 3.19 所示。俗称兆欧表或高阻表，广泛用于测量发电机、电动机、电源变压器、配线电器和其他电气装置（如控制、信号、通信、电源的电缆）的绝缘电阻。

1）绝缘电阻表的使用方法

（1）准备：绝缘电阻表接线前，首先应将“电源开关”调在关的位置，“高压控制”按钮应退出，被测物应脱离电网，并且被测各端必须经过人工放电棒接通大地，完全证明安全方可接线。

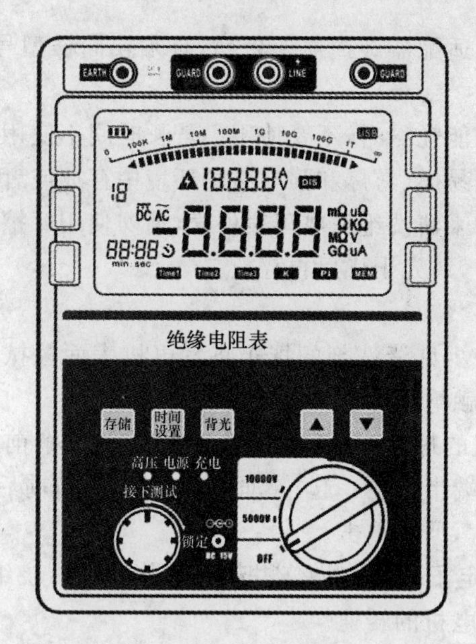

图 3.19　绝缘电阻表

(2) 接线:把仪表的两个 E 端接到被测物的地或零端,以及大地。把仪表的 L 端接到被测线路端,例如变压器绕组,电缆芯线。把仪表的 G 端接到被测回路需要消除表面电阻泄漏影响的保护环。

(3) 预选测试电源电压:把“高压预选”旋钮开关旋向需要的测试电源电压。如需要从0 V调起时,需要把“高压调节”旋钮反时针旋转到尽头。

(4) 接通工作电源:把本仪表“电源开关”拨向通,开关上方的指示灯即亮,“kV”电压表显示应 0.00 kV。

(5) 测试启动:把“高压控制”按钮按下,这时高压从 L 端输出,“kV”表显示 L-E 之间的电压值,“秒表”开始计时。

(6) 测试电源电压细调:调节“高压调节”旋钮,可把电压平滑调节到指定值。

(7) 电阻量程选择:把电阻量程开关旋向需要的量程,或从 MΩ 挡步进旋向 200 GΩ 挡,如果仪表连续报警,则表示被测电阻太低,应退低挡来测量。

(8) 电阻值读数:通过 MΩ/GΩ 表读取电阻值。秒表在高压输出后的 15 s、60 s、每隔 60 s 报时,便于操作者记录。

关于吸收比、极化指数的计算公式为

$$吸收比=\frac{R_{60s}}{R_{15s}}=\frac{第\ 60s\ 的电阻读数}{第\ 15s\ 的电阻读数}$$

$$极化指数=\frac{R_{10min}}{R_{1min}}=\frac{第\ 10\ min\ 的电阻读数}{第\ 1\ min\ 的电阻读数}$$

(9) 测试电源电压退出:将“高压控制”按钮退出,这时“kV”电压表就会慢慢回零,秒表也会退出显示。

(10) 结束:当“kV”电压表显示 0.00 kV 后,又经过对被测物人工放电棒接通大地,证明安全后即可关机、拆线。

2) 绝缘电阻表使用注意事项

(1) 在测量绝缘电阻前,待测电路必须完全放电,并且与电源电路完全隔离。

（2）如果测试笔或电源适配器破损需要更换，必须换同样型号和相同电气规格的测试笔和电源适配器。

（3）电池指示器指示电能耗尽时，不要使用。若长时间不使用，应将电池取出。

（4）不要在高温、高湿、易燃、易爆和强电磁场环境中存放或者使用绝缘电阻表。

（5）使用湿布或清洁剂来清洗绝缘电阻表外壳，请勿使用摩擦物或溶剂。

（6）绝缘电阻表潮湿时，请先干燥后再存放。

2. 发电机拆装

（1）外部清洗。用蘸有少许清洗剂的抹布将发电机表面擦拭干净。注意：抹布不能有液体漏出，汽油清洗剂不能接触绝缘件。

（2）拆下连接前后端盖的螺栓，分开前后端盖。注意：分解前先做好装配标记，定子随后端盖在一起，一般转子和前端带轮在一起，除非前轴承损坏，若前后盖不能轻易分开时，可用橡皮锤轻轻敲打或用拉器分解，严防重击。

（3）将发电机的转子、定子分开，观察磁极数、槽数、相数，绕组的连接情况，并记录数据。根据磁极对数，估算永磁发电机的转速。

（4）将发电机重新装配，并测试发电机的绝缘电阻、输出端的电压，验证拆装的好坏。测量绕组的绝缘电阻时，要将各绕组的始末端单独引出，分别测量各绕组对机壳及绕组相互间的绝缘电组。

3. 注意事项

（1）应尽可能地不用手锤击发电机，以免磁性减弱或消失。

（2）永磁转子拆下后，应用软钢薄片将磁极连接起来，以防止退磁。

（3）定子和转子的单边气隙，在装配过程中要保持在 0.50～0.75 mm 范围内，并尽量使各定子极掌与转子间的间隙相等。

（4）拆装时，要小心谨慎，以免碰坏发电机的定子和转子，检查发电机定子和转子有无碰擦现象，如有，应拆下重新装配。

（5）紧固螺钉时注意均衡紧固和松紧一致。

（6）绝缘电阻测量结束后，每个回路应对接地的机壳做电气连接，使其彻底放电。

（7）发电机装复后，若电压偏高，可增大定子与转子之间的间隙，反之则缩小间隙。

4. 分组讨论

如何根据极对数和定子线圈槽数确定节距？

任务三　储能装置的选择

学习目标

（1）了解储能装置的必要性。

（2）掌握各种储能方式的优缺点。

（3）掌握蓄电池组容量的选择与计算。

（4）掌握蓄电池充电特性的测试。

任务描述

风能是具有随机性，间歇性，并且不能直接储存起来的能源，因此即使在风能资源丰富的地区，也必须在风力发电系统中增加储能装置。在风力强的时候，除了通过风力发电机组向用电负荷提供所需要的电能外，还将多余的风能转换为其他形式的能量在储能装置中储存起来，在风力弱或无风期间，再将储能装置中储存的能量释放出来转化为电能，向用电负荷供电。可见储能装置是风力发电系统中实现稳定和持续供电必不可少的装置。通过本任务的学习，掌握蓄电池的命名方法，通过触摸屏的模拟菜单，在不同的蓄电池电压变化的条件下，用示波器检测控制器充电的脉宽调制波形，掌握蓄电池的充电特性。

相关知识

一、储能装置的种类及选用的原则

1. 储能装置的种类

风电储能技术通过储能装置的转换、储存，不仅可以向电网提供高品质的能源，而且也可以增加风电的运行效益，从而提高风电在能源市场中的竞争力，促进我国风电产业的发展。目前正在研究的电能储存装置有蓄电池储能、飞轮储能、电解水制氢储能、抽水储能、压缩空气储能、超导磁场储能、超级电容器储能等。

1）蓄电池储能

蓄电池储能是化学储能的一种典型方式。它主要是利用电池正负极的氧化还原反应进行充放电。蓄电池储能的优点是储存效率高，其充放电效率可达 90%以上；占地面积小，建设工期短；可建在负荷中心，负荷响应快；无振动、噪声，符合环保要求。其缺点是蓄电池的容量很难突破，只适合于离网的小型风力发电系统使用；废弃蓄电池难以处理，容易对环境造成污染。

2）飞轮储能

飞轮储能是一种新型的机械储能方式，即在风力发电机的轴系上安装一个飞轮。其基本原理是将电能转换成飞轮运动的动能，并长期储存起来，需要时再将飞轮运动的动能转换成电能，供电力用户使用。飞轮转子选用强度（拉伸强度/密度）较高的碳素纤维材料制造，运行于密闭的真空系统中。系统中的高温超导磁悬浮轴承是利用永磁铁的磁通被超导体阻挡所产生的排斥力使飞轮处于悬浮状态的原理制造的。其储能示意图如图 3.20 所示。

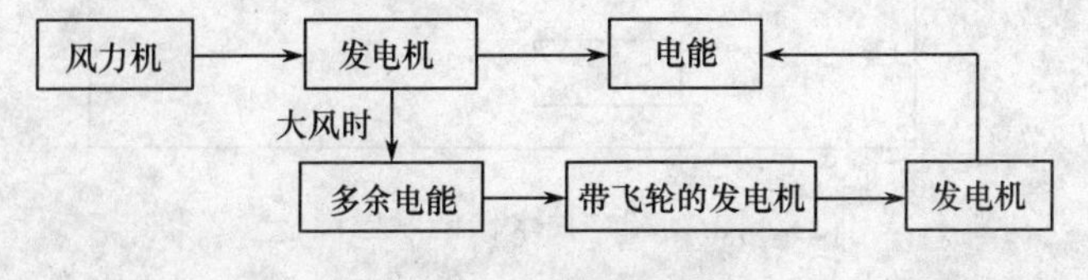

图 3.20　飞轮储能示意图

飞轮储能的优点是效率较高，可达 80%；建设周期短，仅需几个月；可安装在负荷中心附近，不增加输变电设备；可进行模块化设计制造；单位建设成本约为抽水储能电站的一半；循环使用寿命长，维护简单；清洁环保，不对环境产生污染；蓄能能力不受外界温度等因素的影响，稳定性好。缺点是该技术尚未成熟；还需要复杂的制冷、真空系统。

3）电解水制氢储能

众所周知，电解水可以制氢，而且氢可以储存。在风力发电系统中采用电解水制氢储能，就是在用电负荷小时，将多余的电能用来电解水，使氢和氧分离，把电能储存起来，当用电负荷增大时，风力减弱或无风时，使储存的氢和氧在燃料电池中进行化学反应而直接产生电能，继续向负荷供电，从而保证供电的连续性。图 3.21 为电解水制氢储能示意图。

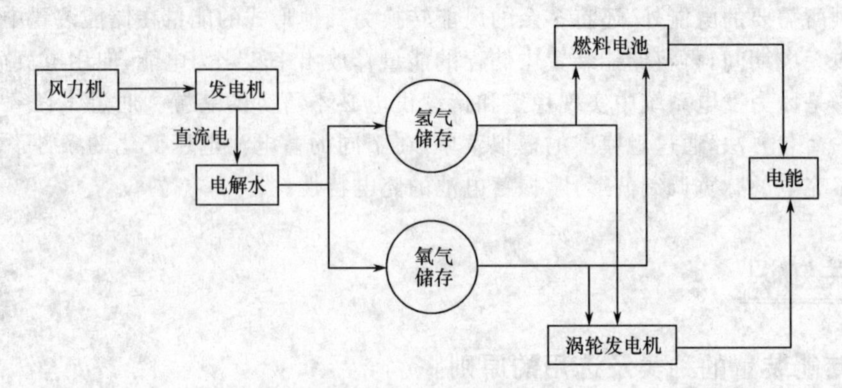

图 3.21　电解水制氢储能示意图

电解水制氢储能是一种高效、清洁、无污染、工作安全、寿命长的储能方式。但燃料电池及储氢装置的费用较高。

4）抽水储能

抽水储能是利用电力系统负荷低谷时的剩余电量，由抽水储能机组做水泵工况运行，将下水库的水抽至上水库，即将不可储存的电能转化成可储存的水的势能并储存于上水库中。当风力强而用电负荷需要的电能少时，风力发电机组发出的多余的电能驱动抽水机，将低处的水抽到高处的蓄水池或水库中，转换为水的势能储存起来；当无风期或者风力较弱时，则将高处蓄水池或水库中储存的水释放出来流向低处水池，利用水流的动能推动水轮机转动，并带动与之连接的发电机发电，从而保证用电负荷不断电。

抽水储能比蓄电池储能复杂，工作量大，一般适用于配合大、中型风力发电机组，抽水储能示意图如图 3.22 所示。

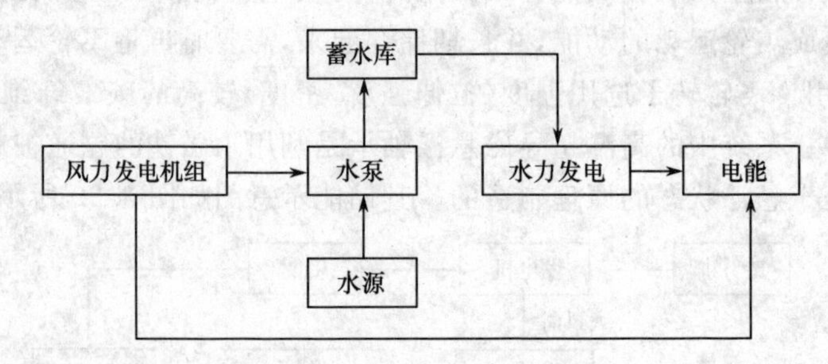

图 3.22　抽水储能示意图

抽水储能电站一般分为纯抽水储能电站和混合式抽水储能电站两类。

纯抽水储能电站的上水库没有水源或天然水，流量很小，需将水由下水库抽到上水库储存起来，用于电力系统负荷处于高峰时发电。纯抽水储能电站，仅用于调峰，调频，一般没有综合利用的要求，故不能作为独立电源存在，必须与电力系统中承担基本负荷的火电厂，核电厂等协调运行。

混合式抽水储能电站的上水库有一定的天然水，在这类电站内，既安装有普通水轮发电机组，利用江河径流调节发电，又安装有抽水储能机组进行储能发电，承担调峰，调频，调相等任务。

抽水储能优点是运行方式灵活，启动时间较短，增减负荷速度快，运行成本低。缺点是初期投资较大，工期长，建设工作量大，远离负荷中心，需要额外的输变电设备以及一定的地质和水文条件。

5）压缩空气储能

压缩空气储能又称高压储气。这种储能方式也需要特定的地形条件，其工作原理是利用电力系统负荷低谷时的剩余电量，由电动机带动空气压缩机，将空气压入作为储气室的密闭大容量地下洞穴，即将不可储存的电能转化成可储存的压缩空气的气压势能并储存于储气室中。当系统发电量不足时，将压缩空气释放出来，形成高速气流，从而推动涡轮机转动，带动发电机发电，压缩空气储能示意图如图 3.23 所示。

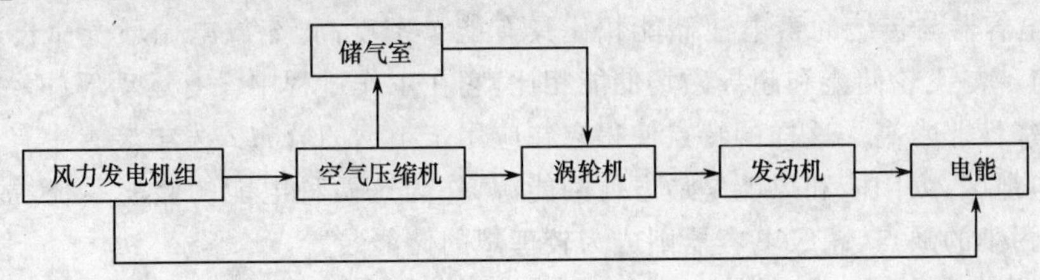

图 3.23　压缩空气储能示意图

压缩空气储能的优点是运行方式灵活，启动时间短，污染物排放量、运行成本均只有同容量燃气轮机的 1/3；可在短时间内以模块化方式建成；投资相对较少，单位储能发电容量的投资费用为抽水储能电站的一半。其缺点是需要深挖地下空洞，投资较大；压缩空气储能中使用的燃气轮机燃用天然气，虽然比常规燃气轮机能节省约 2/3 的天然气，但仍消耗化石燃料，对环境仍存在一定的污染。

6）超导磁场储能

超导磁场储能是把能量存储在流经超导线圈电流产生的磁场中，当温度下降到超导体的临界温度时（−269 ℃），超导体线圈的电阻下降到零，此时，线圈可以没有损耗地传导很大的电流。超导磁场储能通常包括置于真空绝热冷却容器中的超导线圈、深冷和真空汞系统以及控制用电力电子装置。电流在超导线圈构成的闭合电感元件中不断循环，不会消失。

超导磁场储能与其他储能技术相比具有显著的优点可以长期无损耗储存能量，能量返回效率很高；能量的释放速度快，通常只需几毫秒；采用超导磁场储能可使电网电压、频率、有功功率和无功功率容易调节。高温超导和电力电子技术的发展促进了超导磁场储能装置在电力系统中的应用。在 20 世纪 90 年代，超导磁场储能技术已被应用于风力发电系统。中国科学院电工研究所已研制出 1MJ/0.5MW 的高温超导储能装置。清华大学、华中科技大学、华北电力大学等都在开展超导磁场储能装置的研究。超导磁场储能今后主要的研究的方向是变流器和控制策略，降低损耗和提高稳定性，开发高温超导线材（HTS），失超保护技术等。

超导磁场储能装置的优点是占地面积少，建造地点不受地形限制，所有风力发电场均可使用；不经过其他形式的能量转换，可长期无损耗地储存能量，储能效率范围为 92%～95%；储能密度高，可达 40 MJ/m^3，易实现大型化；反应速度快，一台超导磁场储能装置的储能或放能是通过同一电力转换装置进行的，储能系统在几毫秒内，就能对电网中的电能需求的变化做出反应,正好应对风力发电场的出力随机性和频繁变化的特点;调节功能强,可抑制低频振荡,使系统频率稳定,在提高稳定性的同时尚能提高传输系统的功率;超导磁场储能清洁高效,根本无废弃物,对环保有利;操作和维护方便,超导磁场储能装置的储能和放能可利用电站的电力调度装置来自动控制,其操作和维护相当简单。其缺点是初期投资较大,但单位储能量造价低;冷却技术较复杂;强磁场对环境可能有影响。

7）超级电容器储能

超级电容器是20世纪60年代率先在美国出现,并在20世纪80年代逐渐走向市场的一种新兴的储能。它是根据电化学双电层理论研制而成,可提供强大的脉冲功率,充电时处于理想极化状态的电极表面,电荷将吸引周围电解质溶液中的异性离子,使其附于电极表面,形成双电荷层,构成双电层电容器。由于使用特殊材料制作电极和电解质,这种电容器的存储容量是普通电容器的20倍～1000倍,同时又保持了传统电容器释放能量速度快的特点。

根据储能原理的不同,可以把超级电容器分为两类:双电层电容器(DLC)和电化学电容器(EC)。超级电容器与传统的蓄电池储能相比具有能量密度高,充放电循环寿命长,能量储存寿命长等特点。与飞轮储能和超导磁场储能相比,它在工作过程中没有运动部件,维护工作极少,相应的可靠性非常高。这样的特点使得它在应用于小型的分布式发电装置中有一定优势。在边远的缺电地区,太阳能和风能是最方便的能源,作为这两种电能的储能系统,蓄电池有使用寿命短,有污染的缺点,超级电容器则成为较理想的储能装置。

2005年,美国加利福尼亚州建造了1台450 kW的超级电容器储能装置,用以减轻950 kW风力发电机组向电网输送功率的波动。同年,由中国科学院电工所承担的"863"项目,完成了用于光伏发电系统的300 W·h/1 kW超级电容器储能系统的研究开发工作。

超级电容器储能的优点是高功率密度,超级电容器的内阻很小,并且在电极/溶液界面和电极材料本体内均能够实现电荷的快速储存和释放,因而它的输出功率密度高达数kW/kg,是任何一个化学电源所无法比拟的,是一般蓄电池的数十倍;充放电循环寿命很长,其循环寿命可达数万次以上,远比蓄电池的充放电循环寿命长;充电时间短,超级电容器最短可在几十秒内充电完毕,最长充电不过十几分钟,远快于蓄电池的充电时间;储存寿命长,超级电容器充电后,虽然也有微小的漏电流存在,但这种发生在电容器内部的离子或质子迁移运动是在电场的作用下产生的,并没有出现化学或电化学反应,没有产生新的物质,且所用的电极材料在相应的电解液中也是稳定的,因此超级电容器的储存寿命几乎可以认为是无限的;超级电容器工作过程中没有运动部件,维护工作少,电容器的可靠性非常高,可以说是免维护的。其缺点是体积比较大,与体积相当的电池相比,它的储电量要小。

2. 储能装置的选用原则

在各种储能装置中,抽水储能和压缩空气储能比较适合于电网调峰;蓄电池储能比较适合于中小规模储能和用户需求侧管理;超导电磁储能和飞轮储能比较适合于电网调频和电能质量保证;超级电容器储能比较适用于电动汽车储能和混合储能。

在风力发电中,储能方式的选择需要考虑额定功率、桥接时间、技术成熟度、系统成本、环境条件等多种因素。风力发电场的储能首先要实现电能质量管理功能,超级电容器、飞轮、超导磁场、钠硫电池和液流电池储能系统能使风力发电场的输出功率平滑,在外部电网故障时能够提供电压支撑,维护电网稳定;其次,铅酸电池、新型钠硫电池和液流电池储能系统具有调峰功能,比较适合风电的大规模储存。

采用超级电容器和蓄电池、超导磁场和蓄电池、超级电容器和飞轮组合等混合式储能系统，能够兼顾到电能质量管理和能量管理，提高储能系统的经济性，是比较可靠的储能方案。国内外已经开始这方面的研究。

值得一提的是，成本过高是限制储能技术在风力发电中大量推广应用的共同问题，提高能量转换效率和降低成本是今后储能技术研究的重要方向。随着风力发电的不断发展和普及，各种储能技术的发展进步，储能技术在风力发电系统中得到更加广泛的应用。图 3.24 是根据美国电力储能协会提供的资料给出的各种储能技术的功率和能量分布比较图。

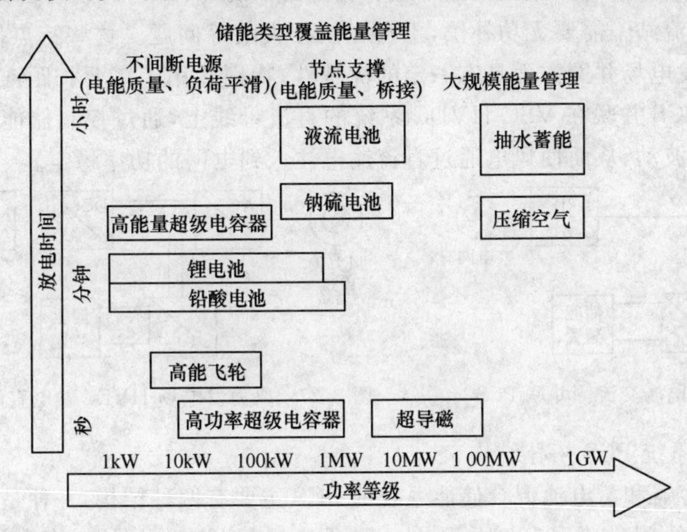

图 3.24　各种储能技术的功率和能量分布比较图

3. 储能装置接入发电系统

功率转换系统(PCS)，是实现储能装置与负载之间的双向能量传递，将储能装置接入电力系统的重要设备。根据储能装置所处位置的不同，功率转换系统主要有以下的结构形式和拓扑结构。

1）单台风力发电机组直流侧并联 PCS

单台风力发电机组直流侧并联 PCS，如图 3.25 所示。其优点是可以利用风力发电机组现有的功率单元。

对于直驱型的永磁同步发电机，交流电通过全功率变流后接入电网，储能装置通过 PCS 并联于直流母线侧，可以与发电机共用 DC/AC 逆变器，实现与电网的连接。对于双馈风力发电机，PCS 也可以并联在转子直流母线侧，这时需要加大网侧变流器 DC/AC 的功率，以便于储能装置的功率回馈到电网。

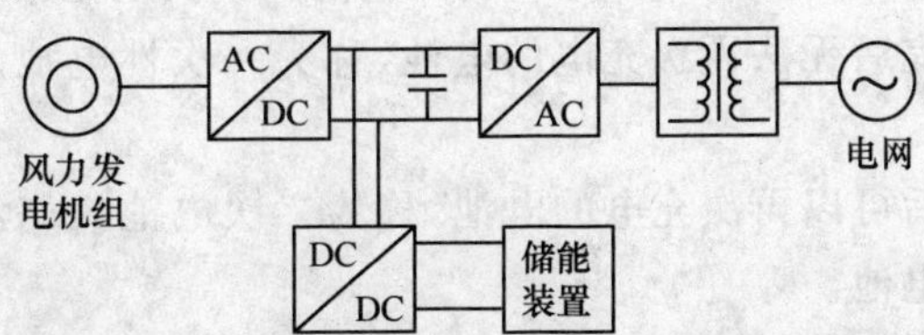

图 3.25　单台风力发电机直流侧并联 PCS

2）风力发电场交流侧并联 PCS

风力发电场交流侧并联 PCS，如图 3.26 所示。PCS 的安装位置一般在风力发电场出口处的低压侧。每台风力发电机所处位置的风速不同，而风力发电场自身具有一定的功率平滑功能，采用风力发电场交流侧并联 PCS 结构，PCS 的总功率有所降低，需要双向 AC/DC 整流器；储能单元集中放置，便于维护和扩容。

3）风力发电场 HVDC 输电直流侧并联 PCS

风力电场 HVDC 输电直流侧并联 PCS，如图 3.27 所示。风力发电场通过电压源高压直流（VSC-HVDC）输电并网。由于 VSC-HVDC 系统具有立即导通和立即关断的控制阀，通过对控制阀的开和关，实现对交流侧电压幅值和相角的控制，从而达到独立控制有功功率和无功功率的目的，且换流站不需要无功补偿，不存在换相失败等问题。这些特点使得 VSC-HVDC 技术在连接风力发电场并网方面具有一定的优越性，特别适用于需要长距离传输的海上风力发电场的并网。PCS 并联在 VSC-HVDC 系统的直流母线上，通过控制储能单元的充放电功率，使其补偿风能波动，从而使风电通过直流输电注入到电网的功率稳定。

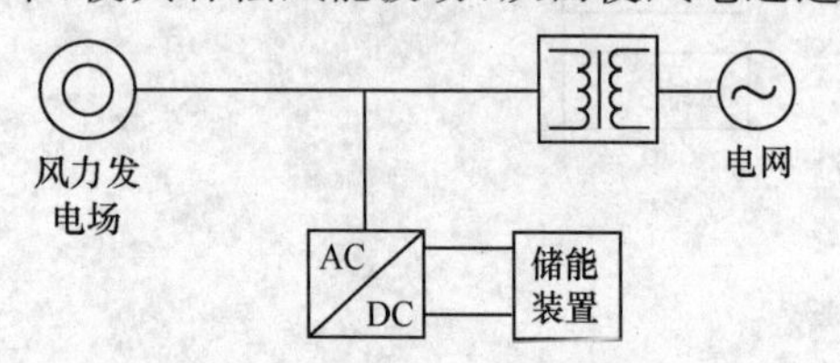

图 3.26　风力发电场交流侧并联 PCS

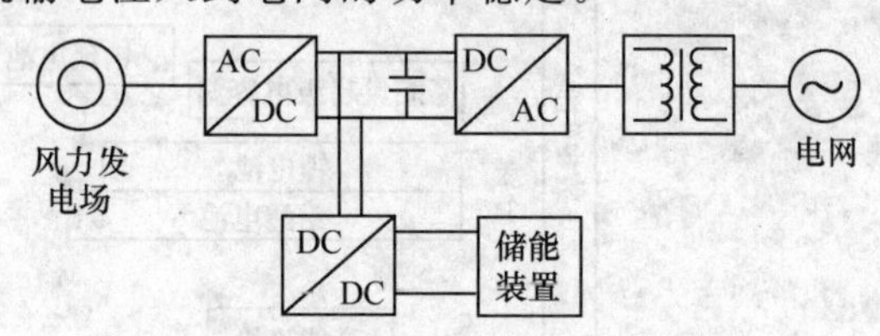

图 3.27　风力发电场 HVDC 输电直流侧并联 PCS

4）混合储能系统 PCS 拓扑结构

采用超级电容器和蓄电池混合储能系统的 PCS 主要有两种结构：一种是两者都通过 DC/DC 并联于直流母线侧，如图 3.28 所示；另一种是通过蓄电池单元的适当串并联，将蓄电池直接并联在直流母线上，节省了一组 DC/DC 变换器，如图 3.29 所示。

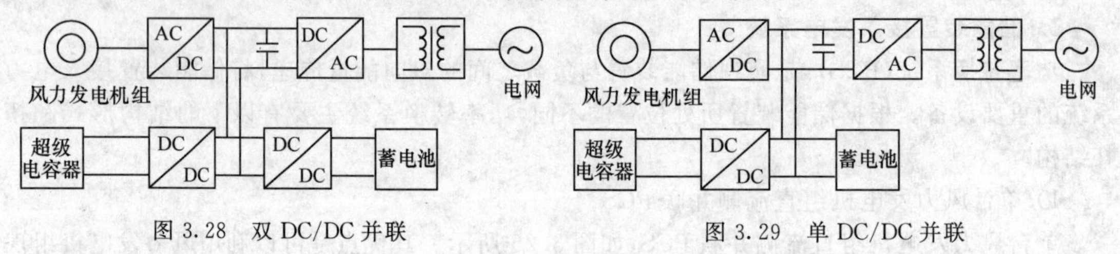

图 3.28　双 DC/DC 并联

图 3.29　单 DC/DC 并联

二、常用蓄电池的种类及其主要性能参数

1. 常用蓄电池的种类

蓄电池根据不同的方式，可以分为不同的类型。常见的蓄电池如图 3.30 所示。

（1）根据蓄电池的使用性能，可以分为一次性电池和二次电池。

一次性电池：电量用完后无法再次充电的电池，称为一次性电池。又称原电池，如手电筒用蓄电池。

二次电池：电量用完后可以再次充电的电池，称为二次电池。如汽车启动用铅蓄电池，手机、笔记本电脑使用的锂电池。

（2）根据蓄电池的化学成分，可分为铅酸蓄电池、碱性电池、硅能蓄电池、燃料电池。

铅酸蓄电池是以酸性水溶液为电解质的蓄电池，由于酸性蓄电池的电极主要是以铅和铅的氧化物为材料，故也称为铅酸蓄电池。

以碱性水溶液为电解质的蓄电池称为碱性蓄电池。碱性蓄电池按其极板材料可分为镍镉、镍氢、铁镍和锌银蓄电池等。

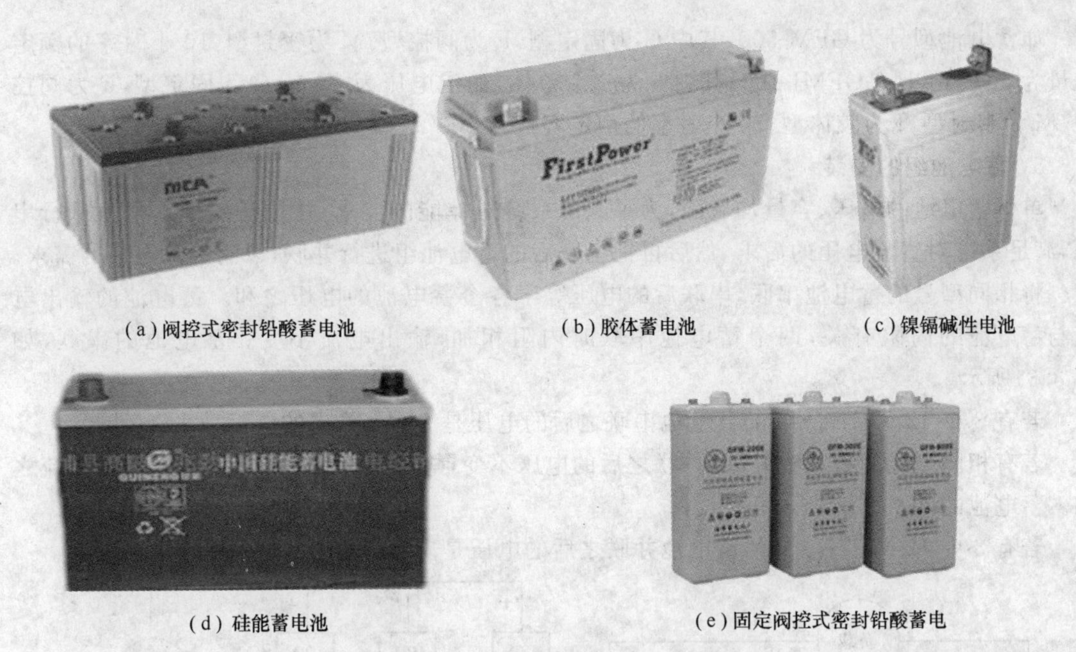

(a)阀控式密封铅酸蓄电池　(b)胶体蓄电池　(c)镍镉碱性电池

(d) 硅能蓄电池　(e)固定阀控式密封铅酸蓄电

图 3.30　几种不同类型的蓄电池外形

硅能蓄电池采用复合硅盐替代硫酸液作电解质,生产过程不会产生腐蚀性气体,实现了制造过程、使用过程以及废弃物无污染,从根本上解决了铅酸蓄电池的缺点。硅能蓄电池电解制改型是蓄电池技术的标志性进步之一。

燃料电池是一种将存在于燃料与氧化剂中的化学能直接转化为电能的发电装置。燃料电池具有发电效率高、环境污染少、安装地点灵活等优点。

其中铅酸蓄电池应用最为广泛,尤其是密封性的铅酸蓄电池是离网运行风力发电系统储能设备的主流产品。

(3) 根据蓄电池的使用环境可分为固定型电池和移动型电池。

固定型电池主要用于后备电源,广泛用于邮电、电站和医院等,因其固定在一个地方,所以重量不是问题,最大要求是安全可靠。移动型电池主要有内燃机用电池、铁路客车用电池,摩托车用电池、电动汽车用电池等。

2. 蓄电池的命名方法

蓄电池的名称由单体蓄电池个数、型号、额定容量、电池功能或形状组成。单体蓄电池格数为 1 时,表示其标称电压为 2 V。6 V,12 V 分别表示为 3,6。各个厂家的产品型号有不同的解释,但基本含义不会改变,表 3.3 为蓄电池型号中常用字母含义。

表 3.3　蓄电池型号中常用字母含义

代号	拼音	汉字	全称	代号	拼音	汉字	全称
G	Gu	固	固定型	D	Dong	动	动力型
F	Fa	阀	阀控型	N	Nei	内	内燃机专用型
M	Mi	密	密封型	T	Tie	铁	铁路客车用型
J	Jiao	胶	胶体型	D	Dian	电	电力机专用型
Q	Qi	启	启动型				

如蓄电池型号为GFM-500，其中G为固定型，F为阀控型，M为密封型，10小时率的额定容量为500 A·h；6-GFMJ-100，其中6为6个单体，额定电压为12 V，G为固定型，F为阀控型，M为密封型，J为胶体型，20小时率的额定容量为100 A·h。

3. **蓄电池组的安装**

单体蓄电池的电压、容量均有限，为了满足系统对储能的要求，往往需要把蓄电池进行串联，满足系统对直流电压的需求，然后再把串联后的蓄电池组进行并联，以满足总电量的需求。

将相同型号的蓄电池串联，串联后的电压等于各个蓄电池的电压之和。蓄电池的输出电流与蓄电池的内阻有关，两个蓄电池串联时内阻相加，输出电流不变。蓄电池的串联，如图3.31所示。

若有3个12 V/1 A·h的蓄电池串联之后的电压是36 V，输出的电量是1 A·h。

若有相同型号的蓄电池并联，并联之后的电压不变，电流和容量是各个并联蓄电池电流之和。蓄电池的并联如图3.32所示。

若有3个12 V/1 A·h的蓄电池并联之后的电压是12 V，输出的电量是3 A·h。

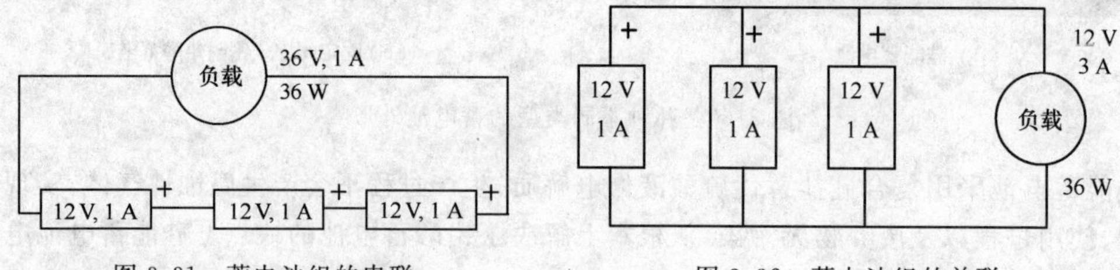

图3.31　蓄电池组的串联　　　　图3.32　蓄电池组的并联

【例1】某系统需要直流电压48 V，蓄电池存储能48 kW·h，用一组2 V/500 A·h的蓄电池如何实现？

首先，把24个2 V/500 A·h的蓄电池串联，组成一个48 V/500 A·h蓄电池组。然后，再把相同的两组串联的蓄电池组并联，就构成了一个满足系统要求的蓄电池组。

电压：2 V×24=48 V

容量：500 A·h×2=1 000 A·h

总存储电能：48 V×1 000 A·h=48 000 W·h=48 kW·h

所以共需要2 V/500 A·h蓄电池48个。

4. **蓄电池组容量选择与计算**

在使用蓄电池组的风力发电系统中，蓄电池组的选择非常重要，计算和选择蓄电池组容量时应该遵循以下原则：

1）年能量平衡法

年能量平衡法，是通过分析风力发电机组一年中的发电量与负荷耗电量之间的电能平衡关系，来确定蓄电池组容量。这种能量平衡方式是静态的、客观的。

年能量平衡法计算方法简单，但往往计算结果偏大，尤其是在风速较低月份，蓄电池组会经常处于充电不足的状态，影响其使用寿命。

【例2】某户安装100 W风力发电机组，年发电能量为260 kW·h，扣除损耗功率，全年剩余电能约为15 kW·h。其中1～5月份和10～12月份共富余电能21.4 kW·h，而6～9月份共亏电能7 kW·h。蓄电池的功能便是尽量将风电富余月的电能储存起来补足亏电的6～9月份。

已知风力发电机组的输出电压为 24 V，若完全保证 6～9 月份不中断供电，则配备的蓄电池组容量应为

$$C=\Delta E/U=\frac{7\ 000}{24}\ \mathrm{A\cdot h}=292\ \mathrm{A\cdot h}$$

式中　C——蓄电池组容量，A · h；

U——蓄电池组输出电压，V；

因此，考虑适当的裕度，蓄电池组的容量选用 300 A · h。

2）无效风时能量平衡法

无效风时是指当地风速小于风力发电机组发电运行的时间。在无效风速时间，风力发电机组不发电，负荷只能依靠储能装置提供电能。一旦风力发电机组运行风速确定，当地的无效风速时间就可以确定下来。

采用无效风速小时数来选择和计算蓄电池容量的方法有两种：

（1）连续最长无效风速小时计算法。在一年的风速小时变化曲线中，可以统计出不同时段的无效风速小时数。

【例 3】100 W 风力发电机组，运行风速为 3～15 m/s。当地风速小于 3 m/s 的小时数为 3 361 h，共计 54 次，平均为 62 h，其中最长无效风速的小时数为 102 h。根据用户日负荷耗电为 0.493 kW · h，蓄电池组的容量为

$$C=ED/(U\eta_b)=\frac{493\times\frac{102}{24}}{24\times0.8}\ \mathrm{A\cdot h}\approx109\ \mathrm{A\cdot h}$$

式中　E——用户日耗电量，W · h；

D——最长连续无效风速天数，$\frac{102}{24}$天；

U——用电器电压，24 V；

η_b——蓄电池组效率，取 0.8。

同样，考虑适当的裕度，蓄电池组的容量选用 120 A · h。

（2）平均连续无效风速小时计算法。在统计的无效风速小时数中，将 1 h 的无效风速小时数删去（假定 13 次），然后以求出的年平均无效小时数作为计算的天数 D，再根据 $C=ED/(U\eta_b)$计算：

$$D=(3\ 361-13)\div(54-13)\div24\approx3.4\ 天$$

$$C=\frac{ED}{U\eta_b}=\frac{493\times3.4}{24\times0.8}\ \mathrm{A\cdot h}\approx87\ \mathrm{A\cdot h}$$

同样，考虑适当的裕度，蓄电池组的容量选用 90 A · h。

平均连续无效风速小时计算法需要提供风速的月变化曲线，对于户用型独立风力发电系统用户来说是非常困难的，因而只可通过一些年平均风速相似的典型分布曲线来获取。采用这种方法计算出的蓄电池组容量基本满足用户需求，但也会在某些时候存在蓄电池严重放电后充电不足的问题。

3）风电盈亏平衡计算法

独立运行的风力发电系统，如果不设置储能装置，风电与负荷之间经常处于风电过剩或短缺的不平衡状态，即风电盈亏。

【例 4】某村落安装的独立运行风力发电系统，统计出系统总的短缺电能为 77508 kW · h，

无效风速小时数为 3 639 h。小时最大短缺电能为 76.6 kW·h，小时平均短缺电能为 21.3 kW·h，通常以小时平均缺电量来计算蓄电池容量，计算公式为

$$C=\Delta E/(K_C U)=\frac{21.3}{0.1\times 0.44}\ \text{A}\cdot\text{h}=484\ \text{A}\cdot\text{h}$$

式中 ΔE——小时平均短缺电能，kW·h；

U——蓄电池平均放电端电压，0.44 V；

K_C——蓄电池放电率，取 0.1。

因此，考虑适当的裕度，蓄电池组的容量取 500 A·h。

风电盈亏平衡法主要是用于村落性独立运行的风力发电系统。由于这些地方在安装设备前进行过当地风力资源的测量，可以做出比较完整的风速小时变化曲线，以这种方法计算出的蓄电池容量数据是可靠的。从计算公式中也可以看出，配置的蓄电池容量与放电率 K_C 有关。如果 $K_C=0.08$(12.5 h 放电)，式中蓄电池组的容量将达到 600 A·h；反之，配置的蓄电池组容量将降低。

4）基本负荷连续供电保障小时计算法

由于蓄电池投资大，运行费用高，独立运行发电系统有时采用基本负荷连续供电保障小时的计算法。

【例 5】某用户生活用电负荷为 15.4 kW，供电处端电压为 440 V。考虑用户用电量的增长，留 20%裕度，即按 18.5 kW·h 计算。若保证向基本负荷连续供电 8 h，则有：

$$C=\Delta E/(K_C U)=\frac{18.5}{0.1\times 0.44}\ \text{A}\cdot\text{h}\approx 420\ \text{A}\cdot\text{h}$$

考虑适当的裕度，蓄电池组容量取 500 A·h，完全满足用户要求。

这是一种最简单计算方法，适用于户用型，也适用于村落型。关键是根据当地风况，提出合理的基本负荷连续供电保障小时数。提出的指标过高，将使投资加大，也会使蓄电池组充电容量不足，降低蓄电池组使用寿命；相反，会使蓄电池组容量过低而使用户停电时间延长和频繁。

三、铅酸蓄电池的结构及工作原理

铅酸蓄电池是用铅和二氧化铅分别作为负极和正极的活性物质，以浓度为 27%～37%的硫酸水溶液作为电解液的蓄电池。

铅酸蓄电池应用在储能方面的历史较早，技术较为成熟，并逐渐以密封型免维护产品为主，目前储能容量已达 20 MW。铅酸蓄电池的能量密度适中，价格便宜，构造成本低，可靠性好，技术成熟，已广泛应用于电力系统。但运行数年之后的报废蓄电池的无害化处理和不能深度放电的问题，使其应用受到一定限制。

1. 铅酸蓄电池的分类

根据铅酸蓄电池的结构与用途的不同，可以分为以下 4 类：

(1) 固定式铅酸蓄电池。又称开口式蓄电池，多用于通信、海岛、部队、村落等各类发电系统。使用时需要经常维护，价格适中，使用寿命 5～8 年。图 3.33(a)为固定式铅酸蓄电池外形图。

(2) 小型密封铅酸蓄电池。大多数为 2 V，6 V 和 12 V 的组合蓄电池，常用于户用离网型发电系统，使用寿命 3～5 年。图 3.33(b)为小型密封铅酸蓄电池外形图。

(3) 工业型密封铅酸蓄电池。又称阀控式蓄电池、免维修蓄电池，主要适用于通信、军事等的供电系统中。在整个寿命期间不许加水，所需维护工作量极小，价格与固定式铅酸蓄电池相当，也便于安装，使用寿命5～8年。图3.33(c)为工业型密封铅酸蓄电池外形图。

(4) 汽车、摩托车启动用铅酸蓄电池。价格便宜、寿命最短，一般只有1～3年，需要加水和经常维护。图3.33(d)为汽车、摩托车启动用铅酸蓄电池外形图。

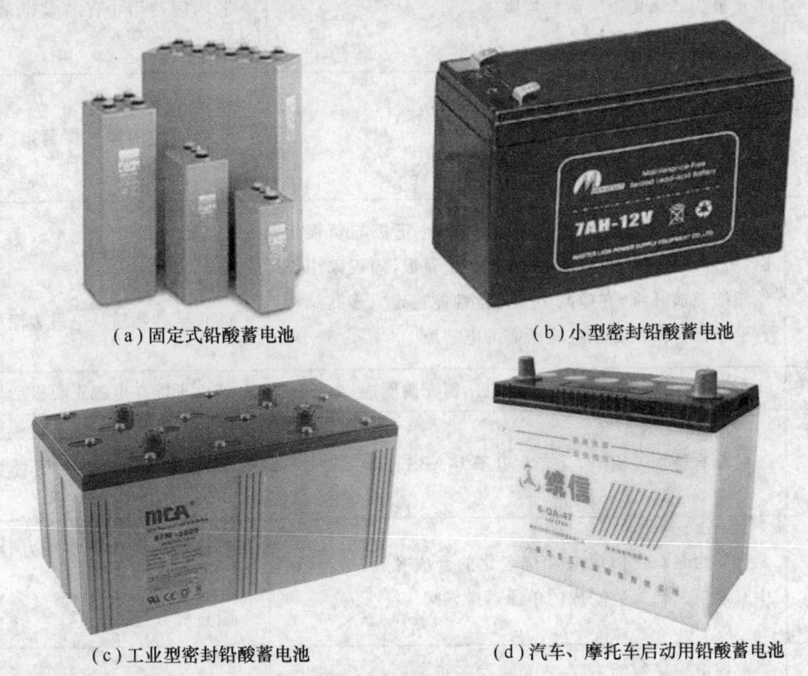

(a) 固定式铅酸蓄电池　(b) 小型密封铅酸蓄电池

(c) 工业型密封铅酸蓄电池　(d) 汽车、摩托车启动用铅酸蓄电池

图3.33　常见铅酸蓄电池的外形图

2. 铅酸蓄电池的基本结构及其工作原理

(1) 铅酸蓄电池的基本结构。铅酸蓄电池主要由以下几个部分组成：正负极板组、隔板、衬板、接线端子、电池盖、电池槽和电解液组成，固定型免维护蓄电池的外形和结构如图3.34所示。

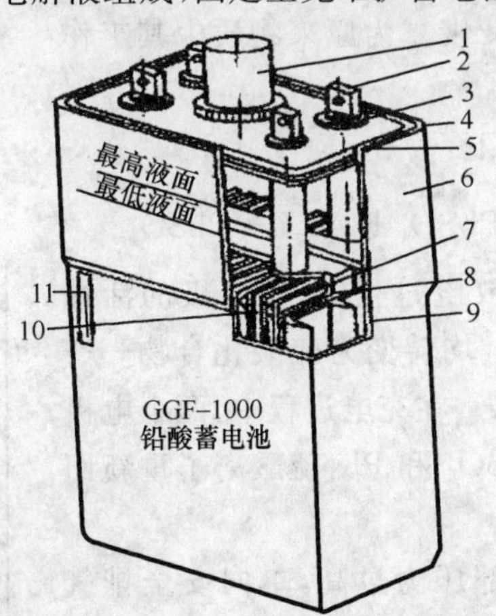

图3.34　固定型免维护蓄电池的外形和结构

1—防酸柱；2—接线端子；3—固定螺母；4—电池盖；5—封口胶；
6—电池槽；7—隔板；8—负极板；9—衬板；10—正极板；11—液中密度计

各个部分的作用见表3.4。

表3.4 铅酸电池组件功能

组件	材料	作用
正极	正极为二氧化铅的活性物质	保证足够的容量； 长时间使用中保持蓄电池容量，减小自放电
负极	负极为海绵状纤维活性物质	保证足够的容量； 长时间使用中保持蓄电池容量，减小自放电
隔板	为了减小蓄电池的内阻和体积，防止正极与负极短路，所以在相邻正负极板间加有绝缘隔板，隔板采用无纺超细玻璃纤维，在硫酸中其化学性能稳定。多孔结构有助于保持活性物质反应所需的电解液	防止正负极短路； 保持电解液； 防止活性物质从电极表面脱落
电解液	由高纯度硫酸和蒸馏水按一定比例配制而成	使电子能在电池正负极活性物质间转移
外壳和盖子	在没有特别说明下，外壳和盖子为ABS树脂	提供电池正负极组合栏板放置的空间； 具有足够的机械强度可承受电池内部压力
安全阀	材质为具有优质耐酸和抗老化的合成橡胶。帽状阀中有氯丁二烯橡胶制成的单通道排气阀	电池内压高于正常压力时释放气体，保持压力正常 阻止氧气进入
端子	根据电份额池的不同，正负极端子可为连接片、棒状、螺柱或引出线。端子的密封为可靠的黏结剂密封。密封件的颜色：红色为正极，黑色为负极	密封端子有助于大电流放电和长的使用寿命

(2) 铅酸蓄电池的工作原理。铅酸蓄电池由极群组插入稀硫酸溶液中构成。电极在完成充电后，其中，极群组的正极板为二氧化铅，负极板为海绵状纤维。放电后，在两极板上都产生细小而松软的硫酸铅，充电后又恢复为原来物质。其工作原理如图3.35所示。

其化学反应方程式表示如下：

$$\underset{(正极)}{PbO_2}+2\underset{(电解液)}{H_2SO_4}+\underset{(负极)}{Pb}\underset{充电}{\overset{放电}{\longleftrightarrow}}\underset{(正极)}{PbSO_4}+2\underset{(电解液)}{H_2O}+\underset{(负极)}{PbSO_4}$$

上式表明，铅酸蓄电池在放电过程中，两电极的活性物质和硫酸(H_2SO_4)发生作用，均转变为硫酸化合物——硫酸铅($PbSO_4$)，电解液变为水。在充电过程中，两个电极上硫酸铅重新转换为正极的PbO_2和Pb，硫酸离子重新回到电解液中，生成硫酸液。

充电时，如果蓄电池的内部压力过高，单向安全排气阀胶帽将自动开启，当内压恢复正常后就自动关闭，防止外部气体进入，达到防酸、防爆的目的。

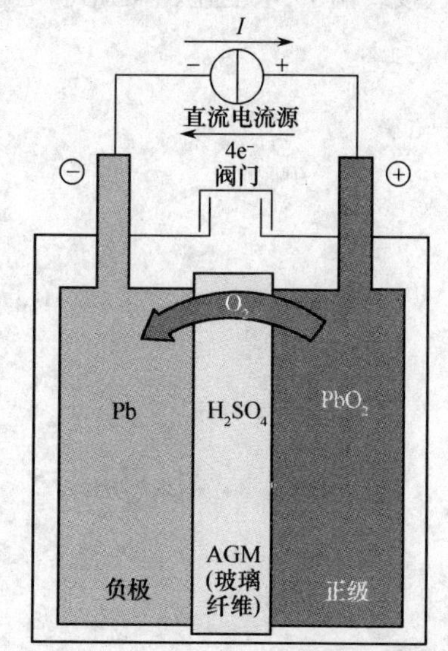

图3.35 铅酸蓄电池工作原理图

3. 铅酸蓄电池的优点

(1) 安全密封。在正常操作中，电解液不会从电池的端子或外壳中泄露出。

(2) 没有自由酸。特殊的吸液隔板将酸保持在内，电池内部没有自由酸液，因此电池可放置在任意位置。

(3) 泄气系统。电池内压超出正常水平后，VRLA(Valve-Regulated Lead Acid Battery，即"阀控式密封铅酸蓄电池"的缩写)电池会放出多余气体并自动重新密封，保证电池内没有多余气体。

(4) 维护简单。由于独一无二的气体复合系统使产生的气体转化成水，在使用 VRLA 电池的过程中不需要加水。

(5) 使用寿命长。采用了有抗腐蚀结构的铅钙合金栏板 VRLA 电池可浮充使用 10～15 年。

(6) 质量稳定，可靠性高。采用先进的生产工艺和严格的质量控制系统，VRLA 电池的质量稳定，性能可靠。电压、容量和密封在线上进行 100%检验。

4. 蓄电池的主要性能参数

1) 蓄电池的电压

蓄电池的电压包括理论充放电电压、工作电压、充电电压、终止电压。

蓄电池的理论充电电压和理论放电电压相同，等于蓄电池的开路电压。

蓄电池的工作电压为蓄电池的实际放电电压，它与蓄电池的放电方法、使用温度、充放电次数等有关系。

蓄电池的充电电压大于开路电压，充电电流越大，工作电压越高，发热量越大，充电过程中蓄电池的温度越高。

蓄电池的终止电压是指蓄电池在放电过程中，电压下降到不宜再继续放电的最低工作电压。

2) 蓄电池的容量

蓄电池的容量是蓄电池储存电荷的能力。将处于完全充满电状态的蓄电池，按一定的放电条件放电至规定的终止电压时所放出的电量，通常取温度为 25 ℃时，10 小时率容量作为蓄电池的额定容量。

蓄电池的额定容量单位为安培小时，简称安·时(A·h)，它是放电电流和放电时间的乘积。为了设定统一的条件，首先根据电池构造特征和用途的差异，设定若干个放电率。最常见的有 20 h，10 h，2 h 放电率，分别记作 C_{20}，C_{10}，C_2，其中 C 代表电池容量。用容量除以放电时间即可得出额定放电电流。

上述中设定的终止电压不是固定的，会随着放电电流的增大而降低。同一个蓄电池，它的放电电流越大，终止电压就越低，反之就越高。

蓄电池的容量不是一个固定的参数，它是由设计、工艺和使用条件综合因素决定的，它的影响因素有以下几点：

(1) 放电率的影响。放电率是指在一定的放电条件下，蓄电池放电至放电终止电压的时间长短。放电率有以下两种表示方法：

小时率(时间率)：以一定的电流值放完电池的额定容量所需要的时间。例如，容量 100 A·h 的蓄电池以 10 A 放电，10 h 就可以放完，称此放电率为 10 小时率。若以 5 A 放电，20 h 就可以放完，称此放电率为 20 小时率。

电流率(倍率)：放电电流值相当于电池额定容量(A·h)值的倍数，是用来表示蓄电池在工作中的电流强度，记作 NC。N 是一个倍数，C 代表容量(A·h)，倍数 N 乘以容量 C 就等于电流(A)。例如，容量为 100 A·h 的蓄电池以 100×0.1=10 A 电流放电，10 h 将全部电量放完，电流率为 $0.1C_{10}$，若以 5 A 电流放电，20 h 将全部电量放完，电流率为 $0.05C_{20}$。

一般规定：10 h 放电率的容量为固定型蓄电池的额定容量。若以低于 10 h 放电率的电流放电，则可得到高于额定值的电池容量；若以高于 10 h 放电率的电流放电，所放出的能量要比蓄电池额定容量小。图 3.36 所示为放电率对蓄电池容量的影响。由图中曲线可以看出，随着 C_{20} 到 C_1 放电率的增大，蓄电池的容量在减小。

(2) 电解液温度的影响。电解液温度升高时，离子运动速度加快，获得的动能增加，因此渗透力增强，从而使蓄电池内阻减小，扩散速度加快，电化学反应加强，蓄电池容量增大；电解液温度下降时，渗透力减弱，蓄电池内阻增大，扩散速度减慢，因而电化学反应滞缓，使蓄电池的容量减小。从图 3.37 中可以看出电解液温度对蓄电池容量的影响，随着温度的增加，蓄电池容量呈增大趋势。

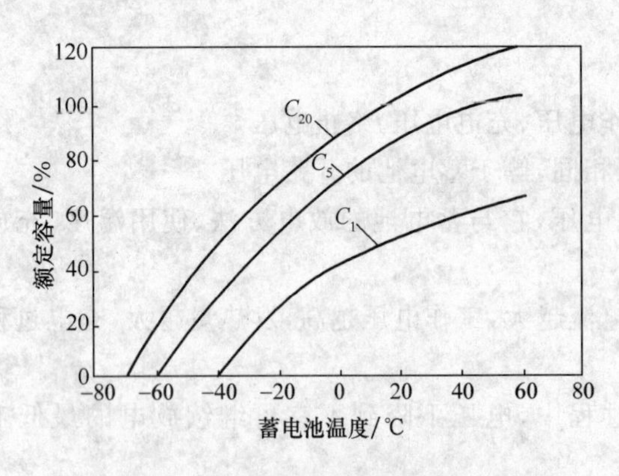

图 3.36　放电率对蓄电池容量的影响

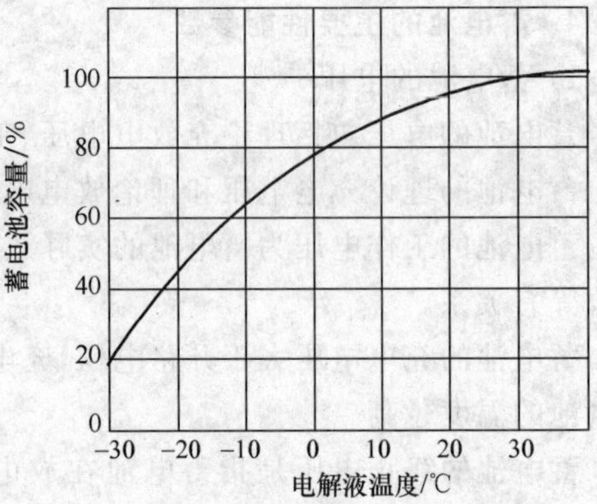

图 3.37　电解液温度对蓄电池容量的影响

(3) 电解液浓度及层化的影响。在实际使用的电解液浓度范围内，增加电解液的浓度就等于增加了反应物质，因此蓄电池的容量也增加。电解液的层化是由于电池在充放电时，其反应往往是集中在极板的上部靠近电流的输出端，致使位于极板上部的电解液浓度低于位于极板下部电解液浓度，电解液产生密度差而分层。当蓄电池充放电循环时，由于电解液的差异，造成极板上的活性物质得不到完全、均匀的转化，以致影响到蓄电池的容量和使用寿命。

3) 蓄电池的能量

蓄电池的能量是指在一定的放电条件下，可以从单位质量(体积)电池中获得的能量，即蓄电池释放的电能。

4) 蓄电池的功率

蓄电池的功率是指在一定的放电条件下，单位时间内电池输出的电能。单位 W 和 kW。

蓄电池的比功率是指单位质量(体积)电池所能输出的功率，单位为 W/kg，或 W/L。

5) 蓄电池的效率

蓄电池的效率为蓄电池放出的电能(功率×时间，即电压×电流×时间)与相应所需输入的电能之比，可以理解为蓄电池的容量效率和电压效率之积。

蓄电池的输出效率有 3 个物理量：能量效率、安时效率和电压效率。

能量效率：在保持电流恒定的条件下，在相同的充电和放电时间内，蓄电池放出的电量和充入的电量的百分比，称为蓄电池的能量效率。当设计蓄电池储能系统时，应着重考虑能量效率。

铅酸蓄电池效率的典型值是:安时效率87%～93%,能量效率为71%～79%,电压效率为85%左右。

蓄电池效率受许多因素的影响,如温度、放电率、充电率、充电终止点的判断。影响蓄电池能量效率的电能损失主要来自于以下3个方面:

(1) 充电末期产生的电解作用,将水电解为氢和氧而消耗。

(2) 蓄电池的局部放电作用(或漏电)消耗了部分电能。

(3) 蓄电池的内阻产生热损耗而损失电能。

另外,蓄电池的效率随使用的时间而变化,新的蓄电池的效率可以达到90%。旧的蓄电池的效率仅有60%～70%。

6) 蓄电池的使用寿命

普通蓄电池的使用寿命为2～3年,优质阀控式铅酸蓄电池使用寿命为4～6年。

影响蓄电池使用寿命的因素主要有以下几个方面:

(1) 环境温度。过高的环境温度是影响蓄电池使用寿命的主要因素。要求的环境温度为15～20 ℃,随着温度的升高,蓄电池的放电能力也有所提高,但环境温度一旦超过25 ℃,只要温度每升高10 ℃,蓄电池的使用寿命减小一半。同样温度过低,低于0 ℃则有效容量也将下降。

(2) 过度放电。蓄电池被过度放电是影响蓄电池使用寿命的另一个重要原因。这种现象发生在交流停电后,蓄电池为负载供电期间。当蓄电池过度放电时,导致蓄电池阴极的硫酸盐化。阴极板上形成的硫酸盐越多,电池的内阻越大,电池的充放电性能就越差,其使用寿命就越短,图3.38所示为放电深度对蓄电池使用寿命的影响。

(3) 过度充电。极板腐蚀是影响蓄电池使用寿命的重要原因,过度充电状态下,正极由于析氧反应,水被消耗,氧离子增加,从而导致正极附近酸度增高,极板腐蚀加速,极板就会变薄,容量就降低,缩短使用寿命。

(4) 浮充电。目前大多数的蓄电池处于浮充电状态,只充电,不放电,这样会造成蓄电池的阳极极板钝化,使蓄电池的内阻急剧增大,使蓄电池的实际容量远远低于其容量,从而导致蓄电池所能提供的实际后备供电时间大大缩短,降低其使用寿命。

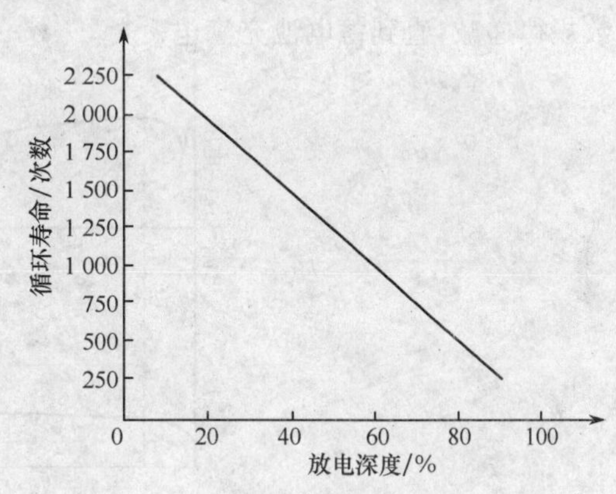

图3.38　放电深度对蓄电池使用寿命的影响

7) 蓄电池的失效

(1) 电池失水。铅酸蓄电池失水会导致电解液密度增加,导致电池正极栅板腐蚀,电池的活性物质减少,从而使电池的容量降低而失效。

(2) 负极板硫酸化。电池负极板上的主要物质是海绵状纤维,在电池充电时,负极板和正极板上会发生化学反应。当阀控式密封铅酸蓄电池的荷电不足时,在电池的正负极板上就有$PbSO_4$存在,$PbSO_4$长期存在会失去活性,不能再参与化学反应,这一现象称为活性物质的硫酸化。硫酸化使电池的活性物质减少,降低电池的有效容量,也影响电池的气体吸收能力,最终导致电池失效。为防止硫酸化的形成,电池必须经常保持在充足电的状态。

(3) 正极板腐蚀。由于电池失水,造成电解液密度增高,过强的电解液酸性加剧正极板的腐蚀,防止极板的腐蚀必须注意防止电池失水现象的发生。

(4) 热失控。热失控是指蓄电池在恒压充电时,充电电流和电池温度发生一种累积性的增强作用,并逐步损坏电池。造成热失控的根本原因:普通富液型铅酸蓄电池由于在正负极板间充满了液体,无间隙,所以在充电过程中正极产生的氧气不能到达负极,从而负极未去极化,较易产生氢气,随同氧气逸出电池。热失控的后果是蓄电池的外壳鼓包、漏气、蓄电池容量下降,严重的还会引起极板形状变形,最后失效。

5. 蓄电池的工作状态

蓄电池的工作状态有3种:放电状态,充电状态和浮充状态。处于放电状态时,蓄电池将储存的化学能转化为电能供给负载;充电状态是在蓄电池放电之后进行能量储存的状态,此种状态下电能转化为化学能储存起来;浮充状态是蓄电池维持一定化学能存储量所要保持的工作状态,浮充状态下的蓄电池的储能不会因为自放电而损失。放电、充电、浮充3个状态构成蓄电池的一个完整的工作循环。

图3.39描述了铅酸蓄电池典型的工作循环,电池的工作电压、工作电流以及电池温度变化的特性。开始时,满荷电状态的蓄电池以恒定的电流进行放电,电池电压陡降,而后电压回升(这是内部化学反应及传质引起的),到了一定电压后,随着继续放电,蓄电池的电压也继续降低,随着放电的深入,蓄电池电压下降到一定值后会急速降低。表明蓄电池接近终止放电状态。

蓄电池到达终止电压,负载断开,蓄电池电压明显回升。若外加一个大于蓄电池开路电压的电压,蓄电池便进入充电状态。图3.39中充电电流为负值,表示与放电电流相反,充电开始以恒定的电流给蓄电池充电,蓄电池电压会逐渐升高,待到电压升到浮充电压,充电电流按指数规律递减,直到蓄电池充满电。

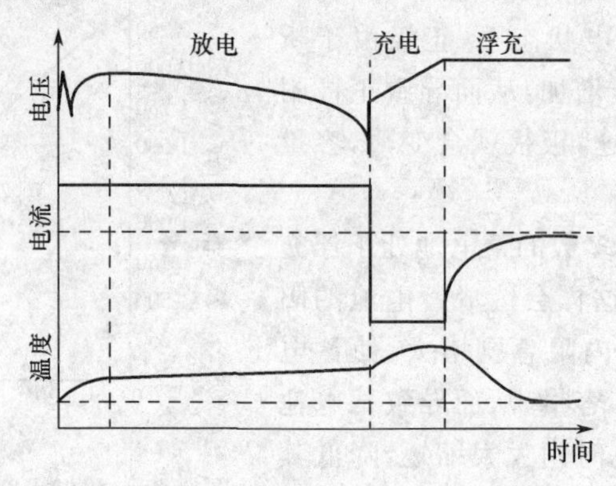

图3.39 铅酸蓄电池典型的工作循环

阅读材料3.2

铅酸蓄电池保养的注意事项

(1) 电解液应纯净,应经常对电解液进行检验,含有杂质不能超过一定限度,如不符合标准,应立即更换。

(2) 为使蓄电池经常处于充电饱和状态,可采用浮充电运行方式,既能补偿自放电的损失,又能防止极板硫化。浮充电时的电流不得过大或过小。

(3) 电池在使用过程中应尽量避免大电流充放电、过充电、过放电,以免极板脱粉或弯曲变形,容量减少。

(4) 按充电放电方式运行的蓄电池组，当充电和放电时，应分别计算出充入容量和放出容量，避免放电后硫酸盐集结过多而不能消除。放电后应立即进行充电，最长的间隔时间不要超过 24 h，应及时进行均衡充电。

(5) 放电后的蓄电池，在充电过程中电解液温度不得超过规定值，充入容量应足够。

(6) 蓄电池室和电解液的温度应保持正常，不可过低或过高。过低将使蓄电池内电阻增加，容量和寿命降低；过高将使自放电现象增强。蓄电池室应保持通风良好。

(7) 蓄电池室内应严禁烟火。焊接和修理工作，应在充电完成 2 h 或停止浮充电 2 h以后方能进行。在进行中要连续通风，并使焊接点与其他部分用石棉板隔离开。

(8) 已经使用过的蓄电池，若存放不用且存放时间不超过半年者，可采用湿保存法存放，即用正常充电的方法使蓄电池充电满足后，将注液盖旋紧(逸气孔要畅通)，清除电池盖上的酸液及污物之后进行存放。根据电池的情况，每隔一定的时间，应检验每只电池有无异常现象。每月用正常充电第二阶段的电流进行一次补充充电，每隔 3 个月应做一次 10 小时率的全放全充工作。

(9) 已经使用过的蓄电池，若存放不用且存放时间超过半年者，可采用干保存法存放，即将蓄电池用 10 小时蓄放电至终止电压，再将极板群从容器内取出，将正负极板群及隔离物分开，分别放入流动的自来水中冲洗至无酸性(用试纸检验)，再用“蓄电池用水”冲洗一下，放在通风阴凉处(可用电风扇吹风)使其干燥，容器及其他零部件亦应刷洗干净并使其干燥，然后将蓄电池组装好并使其密封存放。电池在重新使用时，所加入的电解液密度应与干保存前放电终期的电解液密度相同。

(10) 新蓄电池或经处理后干保存的蓄电池，应存放在温度为 5～35℃通风干燥的室内。在保存期间，蓄电池上的注液盖应旋紧，逸气孔应封闭，以防水分、灰尘及其他杂质进入蓄电池，并防止阳光照射蓄电池。在存放蓄电池的场所，不宜同时存放对蓄电池有害的物品。蓄电池的存放期不宜过长，一般不要超过 1 年。

(11) 在寒冷地区使用蓄电池时，勿使蓄电池完全放电，以免电解液因密度过低而凝固，使蓄电池的容器与极板冻坏。为了防止冻坏蓄电池，可酌情提高电解液的密度。

(12) 对蓄电池进行清扫时，可用干净的布蘸有 10% 的碳酸钠(Na_2CO_3)溶液或其他碱性溶液擦拭容器表面、支承绝缘子和基础台架等处的酸液和灰尘，再用清水擦去容器表面、绝缘子和基础台架上碱的痕迹，然后擦干。在清理过程中，勿使上述溶液进入电池内。用湿布擦去墙壁和门窗上的灰尘，用湿拖布擦去地面上灰尘和污水。

四、其他种类蓄电池

1. 碱性蓄电池

碱性蓄电池是以电解液的性质得名的。此类蓄电池的电解液采用了苛性钾或苛性钠的水溶液。按其极板材料可分为镉镍蓄电池和铁镍蓄电池。

镉镍蓄电池以氧化镍作为正极活性物质，镉和铁的混合物作为负极活性物质。电解液为氢氧化钾水溶液，具有放电倍率高、低温性能好、循环寿命长的特点。其外形如图 3.40 所示。

铁镍蓄电池以氧化镍作为正极活性物质，铁作为负极活性物质，电解液为氢氧化钾或氢氧化钠水溶液，具有结构坚固、耐用、寿命长的特点。

碱性蓄电池与铅酸蓄电池相比，具有体积小、可深度放电、耐过冲、过放电，而且使用寿命长、维护简单等优点。其缺点是内阻较大，电动势较低，造价高，同低成本的铅酸蓄电池相比，碱性电池的初始成本高3～4倍，在独立发电系统中应用较少。

2. 胶体蓄电池

电解液呈胶态的电池称为胶体蓄电池。其外形如图3.41所示。传统的铅酸蓄电池对自然环境造成污染，而胶体蓄电池属于铅酸蓄电池的一个发展分类，在硫酸中加入凝胶剂，使得硫酸电解液变为胶态，这样就减少了硫酸对环境的污染。

胶体蓄电池的特点：结构密封，电解液凝胶，无渗漏；充放电无烟雾、无污染；自放电小、过放电恢复性能好；容量高，与同级铅酸蓄电池相比容量增加10%～20%；低温性能好。满足－30～－50 ℃启动电流要求，高温特性稳定，满足65 ℃甚至更高温度环境的使用要求；循环寿命长，可达800～1 500充放次数。

图3.40　镉镍蓄电池外形

图3.41　胶体蓄电池

3. 硅能蓄电池

铅酸蓄电池废弃后，对环境会造成污染，蓄电池污染已被环保专家列为世界三大公害之一。同时市场对大容量、高效率、深充深放蓄电池的需求，许多新型蓄电池应运而生。硅能蓄电池就是其中之一。

硅能蓄电池采用复合硅盐代替硫酸液做电解质，整个生产过程不会产生腐蚀性气体，实现了制造过程、使用过程及废弃物均无污染，向环保绿色蓄电池迈进一大步。

硅能蓄电池的特点：无污染、比能量大、能大电流充电和快速充电，耐低温，使用寿命长。目前硅能蓄电池已经广泛应用于国防、通信、航空、航海、铁路运输、风力、太阳能发电等多个领域，具有十分广阔的市场空间。

4. 燃料电池

燃料电池是一种将存在于燃料与氧化剂中的化学能直接转化为电能的发电装置。其外形如图3.42所示。燃料和空气分别送进燃料电池，电就被奇妙地生产出来。它从外表上看有正负极和电解质等，像一个蓄电池，但实质上它不能“储电”而是一个“发电厂”。

燃料可以是气态，如氢气、一氧化碳、二氧化碳和碳氢化合物等，也可以是液态。如液氢、甲醇、高价碳氢化合物和液态金属，还可以是固态如碳等。

燃料电池具有以下特点：

(1) 能量转化效率高。它直接将燃料的化学能转化为电能，中间不经过燃烧过程，因而不受卡诺循环的限制。目前燃料电池系统的燃料-电能转换效率在45%～60%，而火力发电和

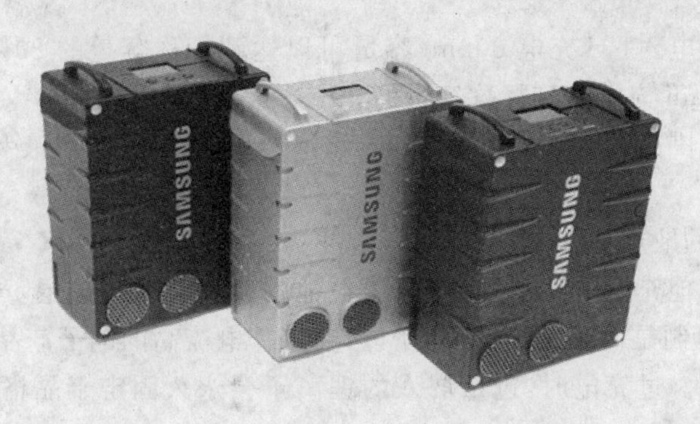

图 3.42 燃料电池

核电的效率大在 30%～40%。

(2) 有害气体 SO_2、NO_2 及噪声排放都很低。CO_2 排放因能量转换效率高而大幅度降低，无机械振动。

(3) 燃料适用范围广。

(4) 积木化强，规模及安装地点灵活。燃料电池电站占地面积小，建设周期短，电站功率可根据需要由电池堆组装，十分方便。燃料电池无论作为集中式电站还是分布式电站，或是作为小区、工厂、大型建筑的独立电站都非常合适。

(5) 负荷响应快，运行质量高。燃料电池在数秒内就可以从最低功率变换到额定功率，而且电厂离负荷可以很近，从而改善了地区频率偏移和电压波动，降低了现有变电设备和电流载波容量，减少了输变线路投资和线路损失。

5. 锂离子电池

锂离子电池比能量、比功率大，自放电小，环境友好，但由于工艺和环境温度差异等因素的影响，系统指标往往达不到单体水平，使用寿命仅是单体电池的几分之一，甚至十几分之一。大容量集成的技术难度和生产维护成本使这种电池在短期内很难在电力系统中规模化应用。磷酸亚铁锂蓄电池是最有前途的锂蓄电池。磷酸亚铁锂材料的单位价格不高，其成本在几种电池材料中是最低的，而且对环境无污染。磷酸亚铁锂比其他材料的体积要大，成本低，适合大型储能系统。

目前手机和笔记本电脑使用的都是锂离子电池(俗称锂电池)，而真正的锂电池由于危险性大，很少应用于日常电子产品。

1) 锂离子电池的优点

(1) 电压高。单体电池的工作电压范围是 3.7～3.8 V(磷酸铁锂电池电压是 3.2 V)，是 Ni-Cd、Ni-H 电池的 3 倍。

(2) 比能量大。目前能达到的实际比能量为 555 W · h/kg 左右，即材料能达到 150 mA · h/g 以上的比容量(是 Ni-Cd 电池的 3～4 倍，Ni-H 电池的 2～3 倍)，已接近于其理论值的 88%。

(3) 安全性能好，无公害，无记忆效应。作为 Li-ion 电池前身的锂蓄电池，因金属锂易形成枝晶发生短路，缩减了其应用领域；Li-ion 电池中不含镉、铅、汞等对环境有污染的元素；部分工艺(如烧结式)的 Ni-Cd 电池存在的一大弊病为“记忆效应”，严重束缚电池的使用，但 Li-ion 电池根本不存在这方面的问题。

(4) 自放电小。室温下充满电的 Li-ion 电池储存 1 个月后的自放电率为 2%左右，大大低于 Ni-Cd 电池的 25%～30%，Ni-H 电池的 30%～35%。

(5) 可快速充放电。1 C 充电 30min 容量可以达到标称容量的 80%,甚至更高。现在磷铁电池可以达到 10min 充电达到标称容量的 90%。

(6) 工作温度范围高。工作温度范围为 -25～45 ℃,随着电解液和正极的改进,期望能扩宽到 -40～70 ℃。

2) 锂离子电池的缺点

(1) 衰老。与其他充电电池不同,锂离子电池的容量会缓慢衰退,与使用次数无关,而与温度有关。可能的机制是内阻逐渐升高,所以,在工作电流高的电子产品更容易体现。

(2) 不耐受过充。过充电时,过量嵌入的锂离子会永久固定于晶格中,无法再释放,可导致电池寿命短。

(3) 不耐受过放。过放电时,电极脱嵌过多锂离子,可导致晶格坍塌,从而缩短寿命。

(4) 需要多重保护机制。由于错误使用会减少其使用寿命,甚至可能导致爆炸,所以,锂离子电池设计时增加了多种保护机制。

3) 锂离子电池使用注意事项

避免在恶劣条件下使用,如高温度、高湿度、夏日阳光下长时间暴晒等,避免将电池投入火中。

拆锂离子电池时,应确保用电器具处于电源关闭状态;使用温度保持在 -20～50 ℃之间。

避免将锂离子电池长时间“存放”在停止使用的用电器具中。

手机锂离子电池不要充电太满也不要用到没电,电池没用完电就充电,不会对电池造成伤害,充电以 2～3 h 以内为宜,不一定非要充满。但应该每隔 3～4 个月左右,对锂电池进行 1～2 次完全的充满电(正常充电时间)和放完电。

任务实施

1. 蓄电池的充电方式

蓄电池的充电方式可以分为恒流充电、恒压充电、恒压限流和快速充电。

(1) 恒流充电是以恒定不变的电流进行充电。其不足之处在于开始充电阶段恒流值比可充值小,充电后期恒流值比可充值大。恒流充电适合蓄电池串联的蓄电池组。分段恒流充电是恒流充电的变形,在充电后期把充电电流减小。

(2) 恒压充电是对单体蓄电池以恒定电压充电。充电初期电流很大,随着充电进行,电流减小,充电终止阶段只有很小的电流。其缺点是在充电初期,如果蓄电池放电深度过深,充电电流会很大,会危及充电器的安全,蓄电池也可能因过电流而受到损坏。

(3) 恒压限流是在充电器和蓄电池之间串联一个电阻元件。当电流大时,电阻元件上的压降也大,从而减小了充电电压;当电流减小时,电阻元件上的压降也小,充电器输出压降损失就小,这样就自动调整了充电电流。

(4) 快速充电是使电流以脉冲形式输出给蓄电池,蓄电池有一个瞬时间的大电流放电,使其电极去极化,在短时间内充足电。

蓄电池的充电过程一般分为主充、慢充和浮充。主充一般是快速充电,脉冲式充电是常见的主充模式,恒流充电模式称为慢充,恒压充电模式称为浮充。蓄电池充电至 80%～90% 容量后,一般转为浮充模式。

2. 蓄电池的实际充电检测

(1) 当风力发电机组输出的电压低于蓄电池电压,无法给蓄电池充电。将示波器的 A 通道（或是B通道）检测探头分别接在DSP控制单元的JP10-2和0 V上，测出此时的波形图并画出，说明此时蓄电池的状态。

（2）当风力发电机组输出的电压约18 V，蓄电池的电压低于13.5 V，将示波器的A通道（或是B通道）检测探头分别接在DSP控制单元的JP10-2和0 V上，测出此时的波形图并画出，说明此时蓄电池的状态。

3. 蓄电池的模拟充电

（1）选择风力发电模拟电压值为13.5 V，蓄电池的模拟电压值为15 V，将示波器的A通道（或是B通道）检测探头分别接在DSP控制单元的JP10-4和0 V上，测出此时的波形图并画出，说明此时蓄电池的状态。

（2）通过触摸屏的"风力发电模拟电压设定值"下拉菜单和"蓄电池模拟电压设定值"下拉菜单，选择风力发电模拟电压值为11.5 V，蓄电池的模拟电压值为9 V，将示波器的A通道（或是B通道）检测探头分别接在DSP控制单元的JP10-4和0 V上，测出此时的波形图并画出，说明此时蓄电池的状态。

（3）选择风力发电模拟电压值为13.5 V，蓄电池的模拟电压值为9 V，将示波器的A通道（或是B通道）检测探头分别接在DSP控制单元的JP10-4和0 V上，测出此时的波形图并画出，说明此时蓄电池的状态。

（4）选择风力发电模拟电压值为15 V，蓄电池的模拟电压值为9 V或11.5 V，将示波器的A通道（或是B通道）检测探头分别接在DSP控制单元的JP10-4和0 V上，测出此时的波形图并画出，说明此时蓄电池的状态。

（5）选择风力发电模拟电压值为18 V，蓄电池的模拟电压值为9 V或11.5 V，将示波器的A通道（或是B通道）检测探头分别接在DSP控制单元的JP10-4和0 V上，测出此时的波形图并画出，说明此时蓄电池的状态。

4. 分组讨论

总结蓄电池充电特性。

任务四　控制器、逆变器选型

学习目标

（1）掌握离网运行风力发电系统中控制器的工作原理，主要作用。

（2）掌握离网运行风力发电系统中逆变器的分类，工作原理及配置要求。

（3）掌握逆变器参数测试。

任务描述

离网运行的风力发电系统所发出的电虽然是交流电，但它是电压和频率一直在变化的非标准交流电，不能被直接用来驱动交流用电器。另外，风能是随机波动的，不可能与负载的需求完全相匹配，需要有储能设备来储存风力发电设备发出的电，然后再逆变成可以使用的标准的交流电。因此，在风力发电系统中，都需要配备逆变器，最大限度地满足无电地区等各种用户对交流电源的需求，而且逆变器还具有自动稳压功能。通过本任务的学习，掌握利用示波器检测逆变器的基波、SPWM、死区等波形,加深对逆变器的理解。

相关知识

一、离网运行风力发电系统控制器

在离网运行的风力发电系统中,蓄电池组起着存储和调节电能的作用。当系统发电量过剩时,蓄电池组将多余的电能储存起来。反之,当系统发电量不足或负载用电量大时,蓄电池组向负载补充电能,并保持供电电压的稳定。因此,需要设计一种控制装置,该装置能够对风力的大小以及负载的变化进行实时监测,并不断对蓄电池组的工作状态进行切换和调节,使其在充电、放电、浮充等多种情况下交替运行,从而保证供电系统的连续性和稳定性。在系统中对发电设备、储能蓄电池组和负载实施有效保护、管理和控制的装置称为控制器。多台控制器可以组柜,即组成风力发电系统控制柜,如图 3.43 所示。

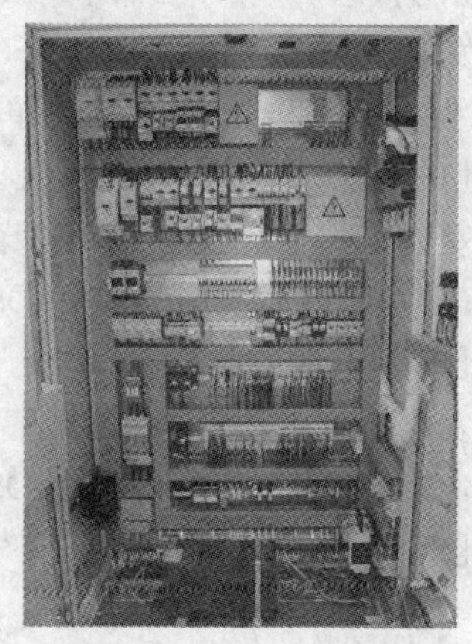

图 3.43　风力发电系统控制柜

1. 风力发电系统控制器的分类和基本参数

根据控制器的功能特征、整流装置安装位置、控制器对蓄电池组充电调节原理的不同进行如下分类:

1）按照控制器功能特征分类

(1) 简易型控制器。是一种对蓄电池组过充电、过放电和正常运行具有指示的功能,并能将配套机组发出的电能输送给用电器的设备。

(2) 自动保护型控制器。是一种对蓄电池组过充电、过放电和正常运行具有自动保护和指示的功能,并能将配套机组发出的电能输送给用电器的设备。

(3) 程序控制型控制器。采用带 CPU 的单片机对多路风力发电控制设备的运行参数进行高速实时采集,并按照一定的控制规律由软件程序发出指令,控制系统的工作状态,同时具有实现系统运行实时控制参数采集和远程数据传输的功能。

2）按照控制器电流输入类型分类

(1) 直流输入型控制器。是一种使用直流发电机组或把整流装置安装在发电机上的与离网运行风力发电机组相匹配的装置。

(2) 交流输入型控制器。整流装置直接安装在控制器内。

3）按照控制器对蓄电池组充电调节原理的不同分类

(1) 串联控制器。串联控制器中的开关元件多使用固体继电器或工作在开关状态下的功率晶体管。

(2) 多阶控制器。多阶控制器电路原理图如图 3.44 所示。其核心部件是一个受充电电压控制的“多阶充电信号发生器”。多阶充电信号发生器根据充电电压的不同，产生多阶梯的充电电压信号，控制开关元件按顺序接通，实现对蓄电池组充电电压和电流的调节。此外，还可以将开关元件换成大功率半导体器件，通过线性控制实现对蓄电池组充电的平滑调节。

多阶控制器的充电电压和电流波形如图 3.45 所示。依据蓄电池组的充电状态，控制器自动设定不同的充电电流。当蓄电池组处于未充满状态时，允许风力发电机组的电流全部流进蓄电池组。当蓄电池组接近充满时，控制器消耗掉部分风力发电机组的输出功率，以便减少流进蓄电池组的电流。当蓄电池组逐渐接近完全充满时，“涓流”充电渐渐停止。

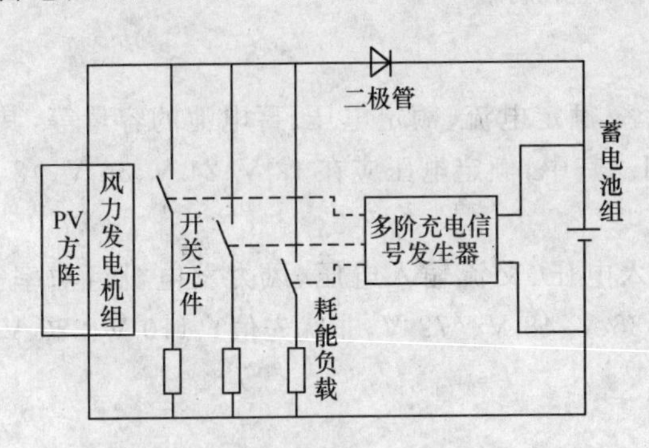

图 3.44　多阶控制器电路原理图

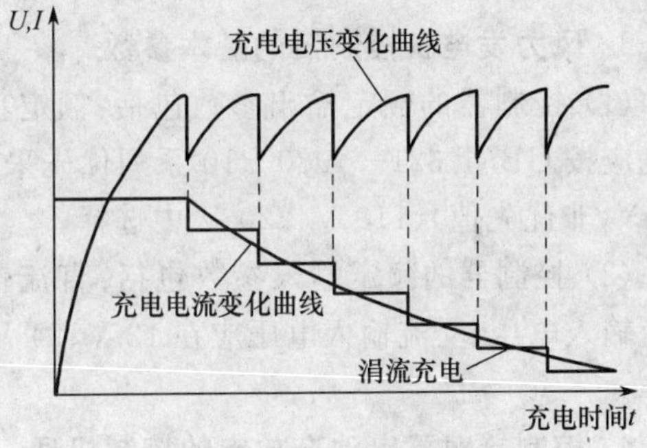

图 3.45　多阶控制器充电特性

(3) 脉冲控制器。脉冲控制器电路原理图如图 3.46 所示。其核心部件是一个受充电电压调制的“充电脉冲发生器”，包括变压、整流、蓄电池组电压检测电路。脉冲控制器的充电电压和脉冲电流波形如图 3.47 所示。脉冲充电方式首先是用脉冲电流对电池充电、然后让电池停充一段时间后再充，如此循环充电，会使蓄电池组充满电量。间歇脉冲能使蓄电池组有较充分的反应时间，减少了析气量，提高了蓄电池组对充电电流的接受率。

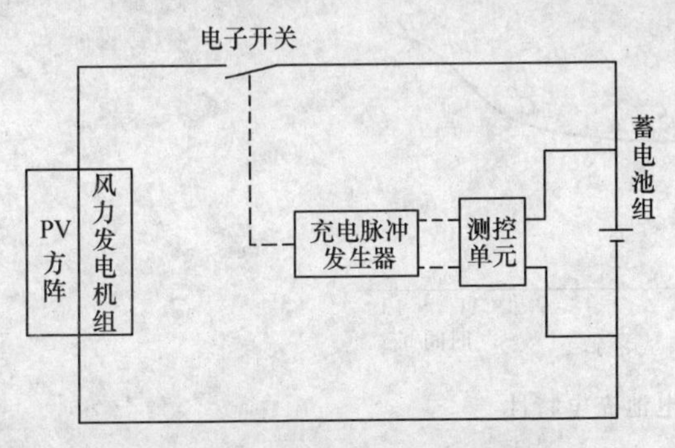

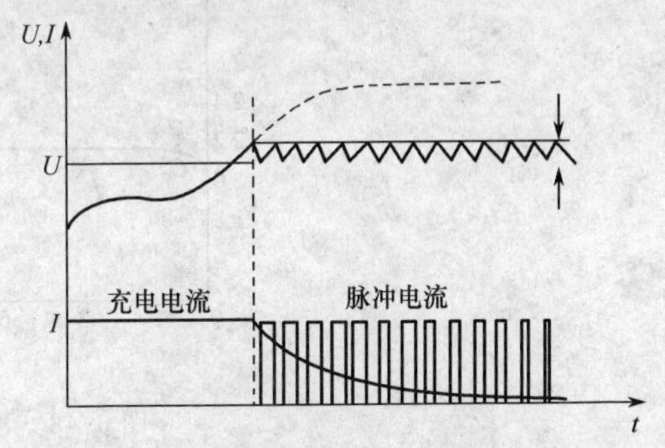

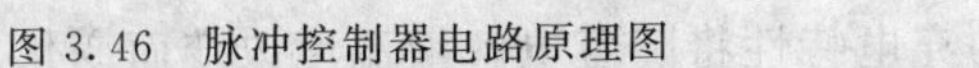
图 3.46　脉冲控制器电路原理图

图 3.47　脉冲充电波形和充电特性

(4) 脉宽调制(PWM)控制器。脉宽调制控制器与脉冲控制器基本原理相同，它是以 PWM 脉冲方式对发电系统的输入进行控制。当蓄电池组趋向充满时，脉冲的宽度变窄，充电电流减小，而当蓄电池组的电压回落，脉冲宽度变宽。这样，使充电脉宽的平均电流的瞬时变化更符合蓄电池组当前的荷电状态。

2. 控制器的型号

代号	控制器类型	额定电压	……	额定功率	改型序号

(1) 代号用汉语拼音字母表示，F表示风力发电机组、K表示充电型控制器。

(2) 控制器类型用汉语拼音字母表示，Z为直流输入型，J为交流输入型。

(3) 改型序号用A,B,C,D等表示，A为第一次改型，B为第二次改型，其余依此类推。

示例：

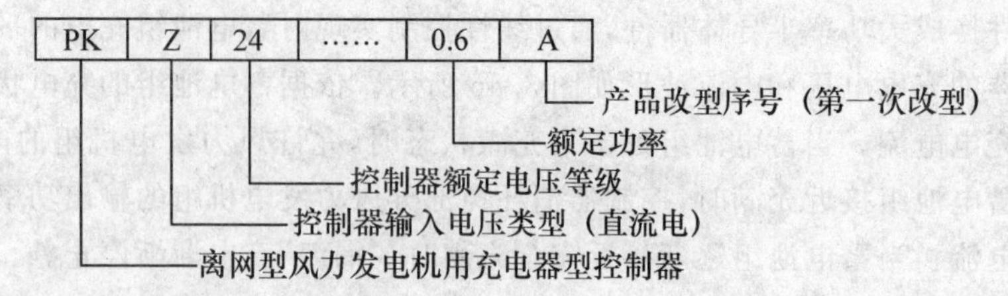

3. 风力发电机控制器的基本参数

(1) 控制器的额定输出参数包括：额定功率、额定电流、额定电压、蓄电池的容量等，其数值均应按GB/T 321—1980 R10系列优先采用。其中，额定电压应在12 V、24 V、36 V、48 V、(72 V，非优先值)、110 V、220 V中选择。

(2) 控制器的额定输入参数包括：直流输入电压、交流输入电压、风力发电机组功率等。直流输入电压、交流输入电压应在12 V、24 V、36 V、48 V、(72 V，非优先值)、110 V、220 V中选择。

4. 控制器对蓄电池充放电的控制机理

1) 控制器对蓄电池充电的控制机理

(1) 蓄电池充电特性。蓄电池充电特性如图3.48所示。充电过程包含3个阶段，初期(OA)阶段电压快速上升，中期(ABC)阶段电压缓慢上升，延续较长时间，末期(CD)阶段由C点开始，电化学反应接近结束，电压开始迅速上升，接近D点时，蓄电池已经充满电，负极析出氢气，正极析出氧气，水被分解，此时应立即停止充电，否则将给蓄电池带来损坏。

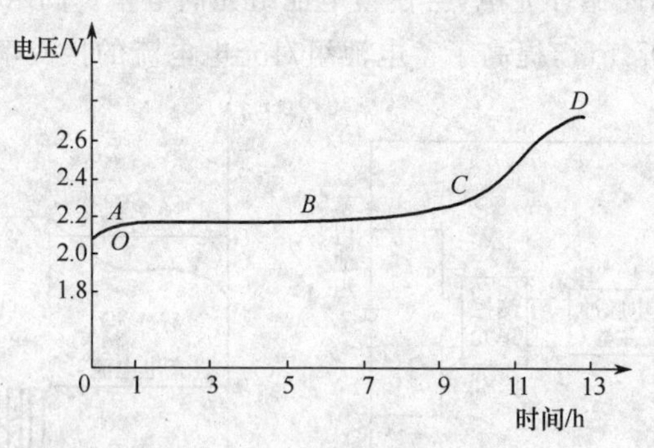

图3.48　蓄电池充电特性

(2) 充电控制的温度补偿。蓄电池的充电特性将随着电解液温度改变而变化，在同一个充电电流下，当温度下降时，充电终了(D点)电压将升高，充电时间将缩短；反之，当温度上升时，充电终了(D点)电压将下降，充电时间将延长。蓄电池的电解液温度既有季节性的长周期变化，也有因受充、放电影响的经济性波动，因此D点电压也会相应变化。带有温度补偿的"电压型"充电控制原理，是在原来充电控制方式里增加一个温度补偿电路，在测量充电电流和充电电压的同时，还要检测电解液温度，先判断和确定当前温度处于高、中、低哪一挡，然后，在实际的电解液温度下对充电终了（D点）电压值进行修正，最后根据修正后的终了电压来决定蓄电池是否应结束充电。

2）控制器对蓄电池过放电的控制机理

（1）蓄电池放电特性。图3.49为铅酸蓄电池放电特性曲线。由图可以看出蓄电池放电过程也分为3个阶段，开始阶段（OA）电压下降较快，中期（AB）电压下降缓慢，B点后放电电压急剧下降。电压随放电过程不断下降的原因主要有3个：第一，随着蓄电池的放电，酸浓度降低，引起电动势降低；第二，活性物质不断消耗，反应面积减小，使极化不断增加；第三，由于硫酸铅的不断生成，电池的内阻不断增加，内阻压降不断增大。B点电压标志着蓄电池接近放电终了，应该立即停止放电，否则将会对铅酸蓄电池带来损坏。

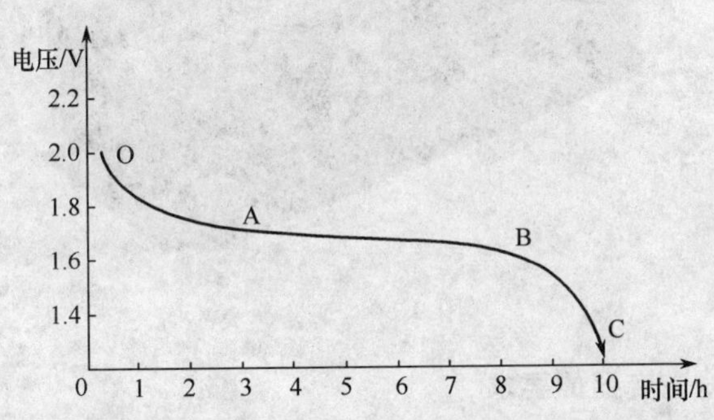

图3.49　铅酸蓄电池放电特性曲线

（2）常规过放电保护原理。通过对蓄电池放电特性分析可知，在蓄电池放电过程中，当放电到相当于C点电压出现时，就标志着该蓄电池已放电结束。依据此原理，在控制器中设置电压测量和电压比较电路，通过监测出C点电压值，即可判断蓄电池是否应结束放电。

5. 控制器的其他功能

控制器除了对蓄电池进行充、放电控制之外，还具有以下功能：

（1）负载断路器：可替代熔断器。

（2）低电压报警器：当蓄电池荷电状态低于预置电平时，可发出警报声响。

（3）低电压断开：当蓄电池放电至预置电平时，自动切断负载。

（4）电压指示器：模拟或数字方式显示蓄电池电压，指示蓄电池的荷电状态。

（5）电流指示器：模拟或数字方式显示风力发电机组的电流和输出的负载电流。

（6）安培小时计：数字显示蓄电池已放电量或剩余电量。

（7）后备充电启动控制：自动启动后备电源，对蓄电池组进行充电。

（8）负载计时器：定时负载用的计时器，用于需要预置运行时间的负载，如安全警戒照明灯等。

（9）充电指示：蓄电池达到充满电压时，发光二极管指示灯点亮。

（10）自动均衡充电，定期自动对蓄电池进行均恒充电。

二、逆变器

离网运行的风力发电系统输出的是不稳定的交流电，它的电压和频率一直在变化，不能直接用来驱动用电器，而且必须用蓄电池储能，才能向用户提供连续平稳的电源，但大多数用电器，如日光灯、电视机等和绝大多数动力机械都是以交流电工作。因此，在离网运行的风力发电系统中通常需要将直流电再变换为交流电，这种变换过程称为逆变，能够实现逆变过程的装置称为逆变设备或逆变器，如图 3.50 所示。随着微电子技术与电力电子技术的迅速发展，逆变技术也从通过直流电动机-交流电动机的旋转方式逆变技术发展到 20 世纪 60 年代至 70 年代的晶闸管逆变技术，而 21 世纪的逆变技术多数采用 MOSFET、IGBT、GTO、MCT 等多种先进且易于控制的功率器件，控制电路也从模拟集成电路发展到单片机控制，甚至采用数字信号处理器(DSP)控制，多种现代控制理论也大量应用于逆变技术。

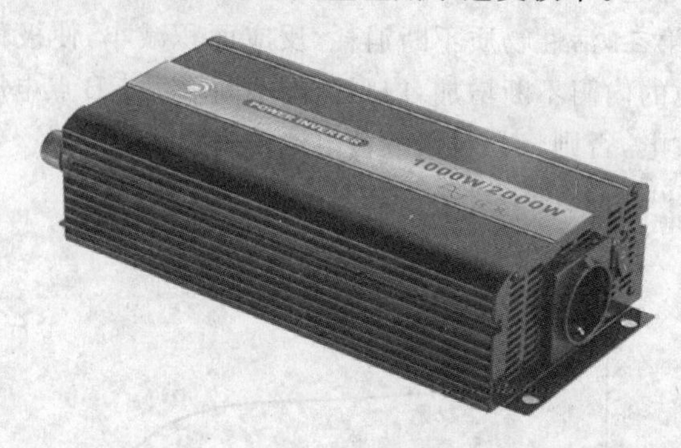

图 3.50　逆变器

1. **风力发电系统对逆变器的要求**

逆变器是风力发电系统的关键部件，目前造成风力发电系统不能正常工作，很多都是由逆变器造成的。因此风力发电系统对逆变器的要求很高。具体要求如下：

(1) 效率要高。由于风力发电的价格较高，为了最大限度地利用风力发电，要提高系统的效率，必须提高逆变器的效率。

(2) 可靠性要高。目前风力发电主要用于边远地区，这就要求逆变器要有合理的电路结构，严格的元器件筛选，并要求逆变器具备各种保护功能，如短路保护、过电流保护、过电压保护、欠电压保护及缺相保护。

(3) 直流输入电压适应范围要宽。蓄电池的电压在工作时并不是绝对稳定的，会随着蓄电池剩余容量和内阻的变化而波动，特别是当蓄电池老化时，其端电压的变化范围很大，

如 12 V 蓄电池，其端电压可在 10～16 V 之间变化。这就要求逆变器必须在较大的直流输入电压范围内正常工作，并保证交流输出电压的稳定。

2. **逆变器的分类**

逆变器的种类很多，可以按照不同的方法分类，具体分类如下：

(1) 按照输出交流电的相数分为单相逆变器、三相逆变器和多相逆变器。

(2) 按照逆变器额定输出功率的大小分为小功率逆变器(＜1 kW)、中功率逆变器(1～10 kW)、大功率逆变器(10～100 kW)和超大功率逆变器(＞100 kW)。

(3) 按照输出电压波形分为方波逆变器、正弦波逆变器和阶梯波逆变器。

(4) 按照输入直流电源性质分为电压源型逆变器和电流源型逆变器。

(5) 按照功率流动方向分为单向逆变器和双向逆变器。

(6) 按照负载是否有源分为有源逆变器和无源逆变器。

(7) 按照输出交流电频率分为低频逆变器、工频逆变器、中频逆变器和高频逆变器。

(8) 按照主电路拓扑结构分为推挽逆变器、半桥逆变器和全桥逆变器。

(9) 按照直流环节特性分为低频环节逆变器和高频环节逆变器。

(10) 按照离网/并网特性分为并网型逆变器和离网型逆变器。

3. 逆变器的工作原理

逆变器的种类很多,各自的具体工作原理、工作过程不尽相同,但最基本的逆变过程是相同的。最基本的逆变电路是单相桥式逆变电路,其电路结构如图 3.51 所示。

图 3.51(a)所示电路中 E 为输入直流电压,U_o 为输出的交流电压,R 为逆变器的纯电阻性负载。当开关 S_1、S_3 闭合,S_2、S_4 断开时,负载上的电压为 +E,极性是左正右负。当开关 S_1、S_3 断开,S_2、S_4 闭合时,负载上的电压为 $-E$,极性是左负右正。当以频率 f 交替切换开关 S_1、S_3 和 S_2、S_4 时,在电阻元件上获得如图 3.51(b)所示的交变电压波形,其周期为 T,这样就将直流电压 E 变成了交流电 U_o。

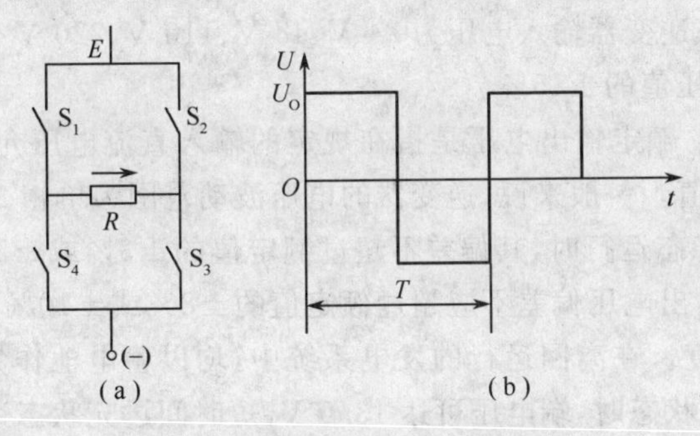

图 3.51　单相桥式逆变电路原理

4. 几种常用的逆变器

(1) 方波逆变器。方波逆变器输出电压波形为方波,如图 3.52(a)所示。方波逆变器的优点是线路简单、价格便宜、维修方便。缺点是方波电压中含有大量的高次谐波,产生较大附加损耗,干扰通信设备,调压范围不够宽、噪声较大等。

(2) 阶梯波逆变器。阶梯波逆变器输出电压波形为阶梯波,如图 3.52(b)所示。阶梯波逆变器的优点是输出波形比方波有明显改善,高次谐波含量少。

(3) 正弦波逆变器。正弦波逆变器输出电压波形为正弦波,如图 3.52(c)所示。正弦波逆变器的优点是输出波形好,失真度很低,对通信设备干扰小,噪声低,保护功能齐全,整机效率高。缺点是逆变线路复杂,对维修技术要求高,价格较贵。

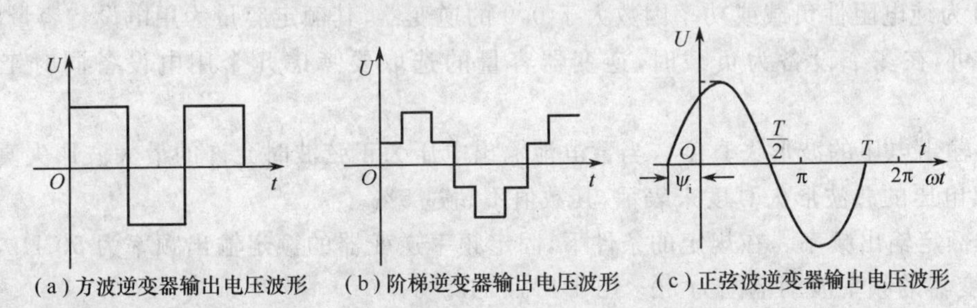

图 3.52　三种类型逆变器输出电压波形

(4) 组合式三相逆变器。当有三相负载时,需要通过三相逆变器供电。图 3.53 中 A,B,C 为 3 个独立的单相逆变器,可分别带单相负载。在实际运行时,逆变器 A 向逆变器 B,C 发出频率和相位的同步指令,使 A,B,C 3 个逆变器输出相位相差 120° 的三相交流电压,可带三相负载。

(5) 双向逆变器。双向逆变器既可以将直流电变换成交流电,也可以将交流电变换成直流电,主要用于蓄电池的充、放电,又称蓄电池逆变器。在风力发电系统中,双向逆变器先将发电机发出的频率电压不断变化的交流电整流后,充入蓄电池组,再将蓄电池组输出的直流电转为 220 V 正弦波交流电,并供给负载。

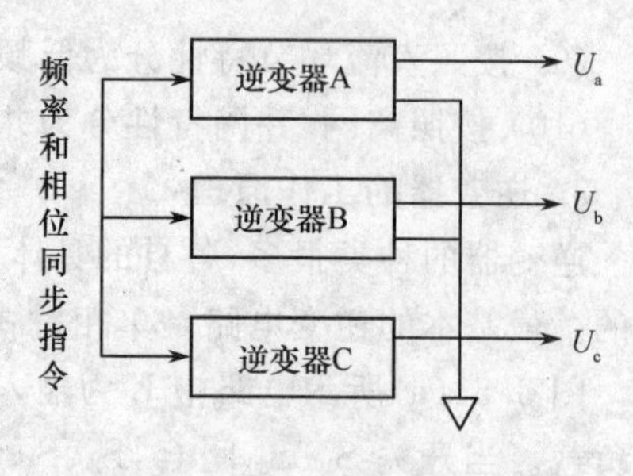

图 3.53 组合式三相逆变器原理示意图

5. 逆变器的基本技术参数

描述逆变器性能的参数和技术条件有很多,常用的参数有以下几种:

(1) 额定直流输入电压。逆变器额定的输入直流电压,小功率逆变器输入电压一般为 12 V和 24 V,中、大功率逆变器输入电压为 24 V、48 V、110 V、220 V 和 500 V 等等。其波动范围为蓄电池组额定电压值的±15%。

(2) 额定输出电压。额定输出电压是指在规定的输入直流电压允许波动的范围内,逆变器应能输出的额定电压值。一般来说,逆变器的电压波动范围为单相 220×(1±5%) V,三相 380×(1±5%) V。在稳态运行时,其偏差不超过额定值的±3%或±5%,在负载突变或其他干扰因素的影响下,其输出电压偏差不应超过额定值的±8%或±10%。

(3) 输出电压稳定度。在离网运行的发电系统中,均以蓄电池作为储能装置。当标称为 12 V 的蓄电池处于浮充状态时,端电压可达 13.5 V,短时间过充状态达到 15 V。蓄电池带负载终了时端电压可降至 10.5 V 或更低。这就要求逆变器具有较好的调压性能,才能保证发电系统以稳定的交流电压供电。

输出电压稳定度指逆变器输出电压的稳压能力,多数逆变器产品给出的是输入直流电压在允许波动范围内该逆变器输出电压的偏差百分数,通常称为电压调整率。高性能的逆变器应同时给出当负载有 0～100%变化时,该逆变器输出电压的偏差百分数,通常称为负载调整率。性能良好的逆变器的电压调整率应小于或等于±3%,负载调整率应小于或等于±6%。

(4) 额定输出电流。额定输出电流是指在规定的输出频率和负载功率因数下,逆变器应输出的额定电流值,单位为 A。

(5) 额定输出容量。额定输出容量指当输出示功率因数为 1(纯电阻性负载)时,额定输出电压与额定输出电流的乘积,表示逆变器向负载供电的能力,单位为 kV · A 或 kW。对于单一设备且为纯电阻性负载或功率因数大于 0.9 的逆变器,其额定容量为用电设备容量的1.1～1.5 倍即可,在多个设备为负载时,逆变器容量的选取要考虑几个用电设备同时工作的可能性。

(6) 输出电压的波形失真度。当蓄电池输出电压为正弦波时允许的最大波形失真度。通常以输出电压的总波形失真度来表示,其数值不超过 5%。

(7) 额定输出频率。在规定的条件下,固定频率逆变器的额定输出频率为 50 Hz,正常情况下,逆变器的频率波动范围为 50×(1+1%) Hz。

(8) 最大谐波含量。对于正弦波逆变器,在电阻性负载下,其输出电压的最大谐波含量应小于或等于 10%。

(9) 过载能力。过载能力是指在规定条件下,较短时间内逆变器输出超过额定电流值的能力。逆变器的过载能力应在规定的负载功率因数下,满足一定的要求。

(10) 逆变器输出效率。逆变器输出效率是指在额定输出电压、输出电流和规定的负载功率因数下,逆变器输出的有功功率与输入的有功功率之比。通常以百分数表示。

(11) 负载功率因数。负载功率因数表示逆变器带电感性负载和电容性负载的能力。在正弦波的条件下,负载功率因数为0.7～0.9。额定值为0.9。

(12) 负载的非对称性。在10%的非对称负载下,固定频率的三相逆变器输出电压的非对称性应小于或等于10%。

(13) 输出电压的非对称性。在正常工作条件下,各相负载对称时,逆变器输出电压的不对称度应小于或等于5%。

(14) 启动特性。启动特性表征逆变器带负载启动的能力和动态工作时的性能。在正常情况下,逆变器在满负载和空载运行条件下,应连续5次正常启动。对于小型逆变器为了自身安全,有时采用软启动(电压由零慢慢提升到额定电压,使电机启动的全过程都不存在冲击转矩,而是平滑的启动运行)或限流启动(就是电机的启动过程中限制其启动电流不超过某一设定值 I_m 的软启动方式)。

(15) 保护功能。风力发电供电系统在正常运行过程中,因负载故障、人员误操作及外界干扰等原因引起的供电系统过电流或短路是完全可能发生的,因此逆变器应设置短路保护、过电流保护、过电压保护、欠电压保护及缺相保护等装置。

(16) 电磁干扰。在规定的正常工作条件下,逆变器应承受一般环境下的电磁干扰,且符合有关的标准规定。

(17) 噪声。电力电子设备中的变压器、滤波电感元件、电磁开关及电风扇等部件均会产生噪声,要求其噪声不应超过65 dB。

(18) 显示。逆变器应设有交流输出电压、输出电流和输出频率等参数的数据显示,并有输入带电、通电和故障状态的信号显示。

(19) 使用环境。逆变器正常使用的条件是海拔高度不超过1 000 m,空气温度范围为0～+40 ℃。

6. 逆变器的配置选型

逆变器的配置选型除要根据整个系统的各项技术指标并参考厂家提供的产品样本手册外,一般还要考虑以下5项基本评价指标:

(1) 额定输出功率。额定输出功率表示逆变器向负载供电能力,额定输出功率高的逆变器可以带更多的用电负载。选用逆变器时,应首先考虑具有足够的额定功率,以满足最大负荷下设备对电功率的要求,以及系统扩容及一些临时负载的接入,但是过大的逆变器容量会导致投资增加,造成浪费。当用电设备以纯阻性负载为主或功率因数大于0.9时,一般选取逆变器的额定输出功率比用电设备总功率大10%～15%。

(2) 输出电压调整性。输出电压的调整性表示逆变器输出电压的稳定能力,一般逆变器都给出了当直流输入电压在允许波动范围内变动时,该逆变器输出电压波动偏差的百分率,通常又称电压调整率。高性能的逆变器应同时给出当负载0～100%变化时,该逆变器输出电压的偏差百分率,通常称为负载调整率。性能优良的逆变器的电压调整率应小于或等于3%,负载调整率应小于或等于±6%。劣质的逆变器会导致输出电压波形失真,电网的稳定性差,严重时会影响电气设备,使其无法工作。

(3) 整机效率。逆变器效率的高低对降低风力发电系统发电成本和提高发电效率有着重要的影响。整机效率表示逆变器自身功率损耗的大小,整机效率低说明逆变器自身功率损耗大。一般1 kW级以下的逆变器的整机效率应为80%～85%,10 kW级逆变器的整机效率应为85%～90%,更大功率的逆变器的整机效率应为90%～95%。

(4) 必要的保护功能。保证逆变器安全运行的最基本措施是过电压保护、过电流保护及短路保护。另外,有些功能较齐全的逆变器还具有欠电压、缺相保护以及温度超限报警等功能。

(5) 安全的启动性能。所选用的逆变器应保证在额定负载下安全启动。高性能的逆变器可以做到连续多次满负载启动而不损坏开关器件及其他电路。小型逆变器有时采用软启动或限流启动措施。

在选用独立运行的风力发电系统用的逆变器时,除了根据上述5项基本评价指标外,还应注意以下几点:

(1) 应具有一定的过载能力。过载能力一般用允许过载的能力和允许过载的时间来描述。在相同的额定功率下,允许过载的能力越大,允许过载的时间越长,逆变器就越好,但价格也越高。

(2) 维护方便。高质量的逆变器在运行若干年后,会因元器件老化失效而出现故障,属于正常现象。除了生产厂家需要良好的售后服务系统外,还需要在逆变器的生产工艺、结构及元器件的选型方面具有良好的可维护性。

(3) 逆变器功率选择推荐参数

① 如果是电阻性负载,逆变器功率=实际负载功率×(1.5～2)。

② 如果是电感性负载,逆变器功率=实际负载功率×(5～7)。

③ 如果是电容性负载,逆变器功率=实际负载功率×3。

阅读材料3.3

逆变器使用注意事项

(1) 在连接逆变器的输入/输出前,要将逆变器的外壳正确接地,正负极性必须接正确。连接线的线径必须足够粗,并且尽可能减少连接线的长度。

(2) 直流电压要一致。每台逆变器都有接入直流电压数值,如12 V、24 V等,要求选择蓄电池电压必须与逆变器直流输入电压一致。

(3) 逆变器的输出功率必须大于电器的使用功率,特别对于启动时功率大的电器,如电冰箱、空调等,还要留一些余量。

(4) 逆变器应放置在通风、干燥的地方、谨防雨淋,并与周围的物体有20 cm以上的距离,远离易燃、易爆品,切忌在逆变器上放置或覆盖其他物品,使用环境温度不大于40°C。

(5) 充电与逆变不能同时进行,即逆变时不可将充电插头插入逆变输出的电气回路中。

(6) 两次开机间隔时间不小于5 s(切断输入电源)。

(7) 在连接蓄电池时,要确认手上没有其他金属物,以免发生蓄电池短路,灼伤人体。

任务实施

1. 逆变器参数测试

本任务设备使用的逆变器是将直流 12 V 电源转换为频率为 50 Hz 的单相交流 220 V 电源。逆变器的组成原理框图如图 3.54 所示。

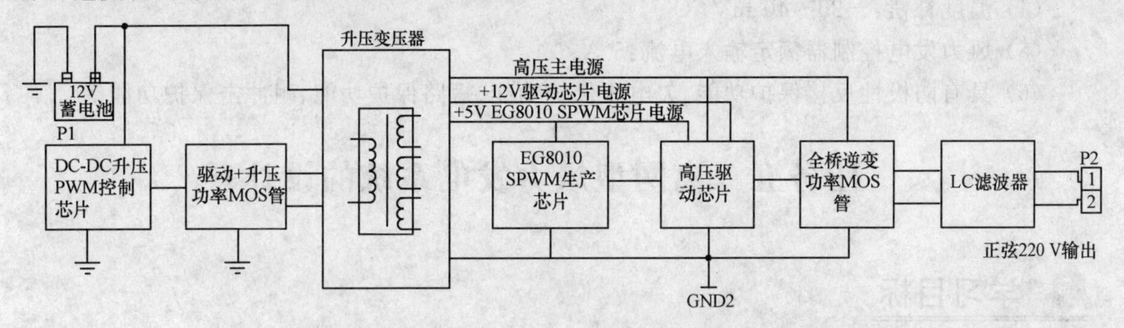

图 3.54　逆变器的组成原理图

(1) 将逆变器的测试线正确地接在逆变器测试模块插座中，接通逆变器开关。

(2) 将示波器 A 通道(或是 B 通道)探头接在逆变器测试模块的 50 Hz 基波测试端，测试 50 Hz 基波，并截图保存。

(3) 将示波器 A 通道(或是 B 通道)探头接在逆变器测试模块的 23.4 kHz SPWM 测试端，测试 SPWM 波形，并截图保存。

(4) 将逆变器测试模块的波动开关拨向 1 μs 侧，示波器 A 通道(或是 B 通道)探头接在 XT3 接线排的 L、N 端子上，测试 1 μs 的死区电压，并截图保存。

(5) 将逆变器测试模块的波动开关拨向 300 ns 侧，示波器 A 通道(或是 B 通道)探头接在 XT3 接线排的 L、N 端子上，测试 300 ns 的死区电压，并截图保存。

2. 分组讨论

(1) 什么是逆变器的死区时间，死区参数与逆变器输出电能的质量有什么关系？

(2) 根据测试结果，说明逆变器的工作原理。

*3. 任务拓展：设计一个风力发电离网逆变器

具体技术要求：

(1) 逆变器直流输入额定电压为 24 V，电压范围为 21～32 V；额定电流为 50 A。

(2) 逆变器交流输出额定输出容量：1 kV·A。

(3) 额定输出电压及频率：AC 220 V，50 Hz 正弦波。

(4) 额定输出电流：4.5 A。

(5) 使用环境温度：－20～＋50 ℃。

(6) 功率因数：0.8。

(7) 逆变效率：85％。

(8) 过载能力：150％，10 s。

(9) 动态响应：5％(负载 0～100％)

(10) 波形失真率：≤5％(负载)

(11) 具有防极性反接保护功能、欠电压保护功能、短路保护功能、耐冲击保护功能等。

*** 4. 任务拓展：设计一个风力发电控制器**

具体技术要求：

(1) 蓄电池过充保护电压：14.5 V。

(2) 蓄电池过放保护电压：10.8 V。

(3) 蓄电池浮充保护电压：13.7 V。

(4) 温度补偿：−20～40 mV/℃。

(5) 风力发电控制器额定输入电流：5 A。

(6) 具有防极性反接保护功能、欠电压保护功能、短路保护功能、耐冲击保护功能等。

任务五　离网型风力发电系统的设计

学习目标

掌握离网型风力发电系统的设计方法。

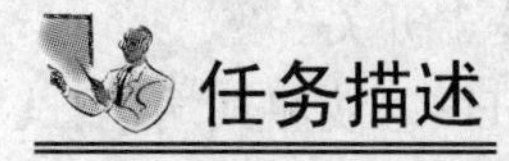

任务描述

离网运行的风力发电系统主要用来照明等生活用电，应用在远离城市的边远农村、江湖渔船、边防哨所、部队、气象、微波站等场所。通过本任务的学习，掌握离网运行风力发电系统的设计方法以及各个组件的合理配置。

相关知识

本任务的相关知识已在前面几个任务中做过介绍，这里不再赘述。

任务实施

1. 任务布置

某一家庭要安装一台风力发电机来提供电能，试设计一个小型的风力发电系统。其用电器的种类及耗电量见表 3.5。

表 3.5　某家庭用电器的种类及耗电量

用电设备	标称功率/kW	估计日用电量/kW・h
灯泡(6个)	0.08	1.92
电视机	0.08	0.32
电冰箱	0.13	1.7
洗衣机	0.38	0.29
电加热淋浴器	1.2	1.8
电水壶	2	2
电饭煲	1.2	0.6

续表

用电设备	标称功率/kW	估计日用电量/kW·h
电熨斗	0.75	0.25
吹风机	0.45	0.16
计算机	0.3	1.2
微波炉	0.95	0.24

2. 现有资料

(1) 当地风能资源(月平均)。获得当地风能资源如图 3.55 所示。

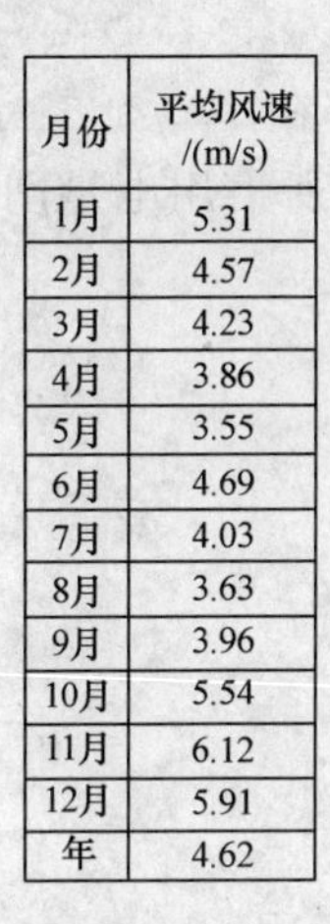

月份	平均风速/(m/s)
1月	5.31
2月	4.57
3月	4.23
4月	3.86
5月	3.55
6月	4.69
7月	4.03
8月	3.63
9月	3.96
10月	5.54
11月	6.12
12月	5.91
年	4.62

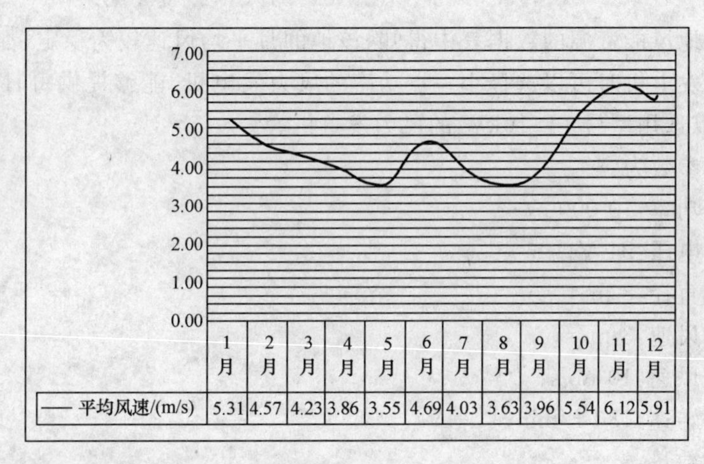

图 3.55　当地风能资源

(2) 风力发电机型号及主要技术参数

现有一批风力发电机型号及主要参数,见表 3.6。

表 3.6　风力发电机的型号及主要参数

型号	FD-1000W	FD-3000W	FD-5000W	FD-10kW	FD-20kW
发电机形式	三相永磁同步	三相永磁同步	三相永磁同步	三相永磁同步	三相永磁同步
额定功率/W	1 000	3 000	5 000	10 000	20 000
额定电压/V	48	240	240	240	360
启动风速/(m/s)	2	2	3	3	3
额定风速/(m/s)	9	10	10	10	12
安全风速/(m/s)	40	40	40	45	45
额定转速/(r/min)	400	220	200	180	120
叶片数/个	3	3	3	3	3
风轮直径/m	2.7	4.5	6.4	8	10
限速方式	偏尾+磁阻	偏尾+磁阻	智能控制	智能控制	智能控制

3. 计算用电量

有了合适的风力资源，怎样选择一台合适的风力发电机呢？这就需要根据实际用电情况计算需要的用电负荷，根据用电负荷来选择合适功率的发电机。

一般用电设备按负载类型分为3类，即电阻性负载（如灯泡、热水器、电视机）、电感性负载（如洗衣机、水泵、空调）、电容性负载（交换式电源供应器）。在计算总功率时，电阻性负载和电容性负载按照实际功率计算，电感性负载按照3倍实际功率计算，相加得到的总功率再乘1.2即为所需风力发电机的功率。

根据表3.5，可以计算：

$$\text{总功率}=0.08\times6+0.08+0.13\times3+0.38\times3+1.2+2+1.2+0.75+0.45+0.3+0.95)\times1.2=10.73\ \text{kW}$$

从当地风能资源的数据表中得知，该地的月平均风速较为稳定，都在3 m/s之上，因此，在选用风力发电机时可以选择小一点功率的风力发电机，能够提供每日所需用电量即可。综合分析，可以选用型号FD-10kW的风力发电机。

具体参数为：

额度功率：10 000 W；

额度电压：24 V；

风轮直径：8 m；

启动风速：3 m/s；

额度风速：10 m/s；

额度转速：180 r/min；

叶片数量：3个；

偏航方式：电动自动控制；

拉索塔架高度：12 m。

4. 逆变器的选择

如果电器中有电感性负载，则需要使用正弦波逆变器。如果只有电阻性负载和电容性负载，则只配备修正波或方波逆变器即可。这是因为电感性负载的反电动势是修正波和方波的致命伤，必须使用正弦波。目前独立运行小型风力发电系统的逆变器多数为电压型单相桥式逆变器。

在选择逆变器功率时须注意，一定要保证逆变器的最大输出功率大于同时使用的用电设备的总功率，因此可选用额定容量为12 kV·A、输入电压为48 V、输出电压为AC 220 V的逆变器。

5. 蓄电池的选择

确定蓄电池容量应考虑以下因素：

（1）测定系统的负荷每天需要的电量；

（2）根据当地风能资源数据，测算蓄电池每天需要存储的能量；

（3）注意蓄电池自放电率、放电深度、电解液温度、老化、控制性能和维护；

（4）蓄电池容量的选择适宜为好，不求过大。

独立运行的风力发电机需要配备蓄电池，蓄电池的总容量按以下计算公式计算：

$$\text{总容量}=\frac{(\text{每日用电量}\times1.67)}{\text{蓄电池电压}}$$

举例说明:用电设备日均用电量为10.87 kW·h,风力发电机功率10 kW,蓄电池额定电压48 V,则配套蓄电池的理论总容量$=\frac{(10.87\times1.67)}{48}\times10^3$ A·h=378 A·h。在实际配制中应比计算值稍大些,因为蓄电池是不完全放电的。因此选用500 A·h、48 V的蓄电池,以免蓄电池因长时间浮充或充不满而影响使用寿命。

6. 研讨分析

根据自己家庭的用电情况,并调查风力发电相关产品,按照"性能价格比最佳"的原则,选择一台风力发电机,以满足家庭所需电力。

研讨:小型风力发电系统在设计中应注意哪些问题?

知识拓展

蓄电池的维修

蓄电池是离网型风力发电系统普遍采用的一种储能装置,风电技能型专业人才必须掌握蓄电池的常见故障维修方法,才能使离网型风力发电系统稳定运行。

1. 铅酸蓄电池常见故障的维修

1)所需仪器设备

所需仪器设备既可以选用铅酸蓄电池恒流充、放电设备,也可以选用专用的简单、轻便的放电仪以及充电器、数字万用表、蓄电池专业内阻测试仪、小台钻或手摇钻、电锯或手工锯、钳子、剔刀、榔头、注射器、铅锡合金、焊接设备、电烙铁和焊锡。

2)维修流程

铅酸蓄电池发生故障后,可按照图3.56所示的流程对蓄电池进行初步检验。

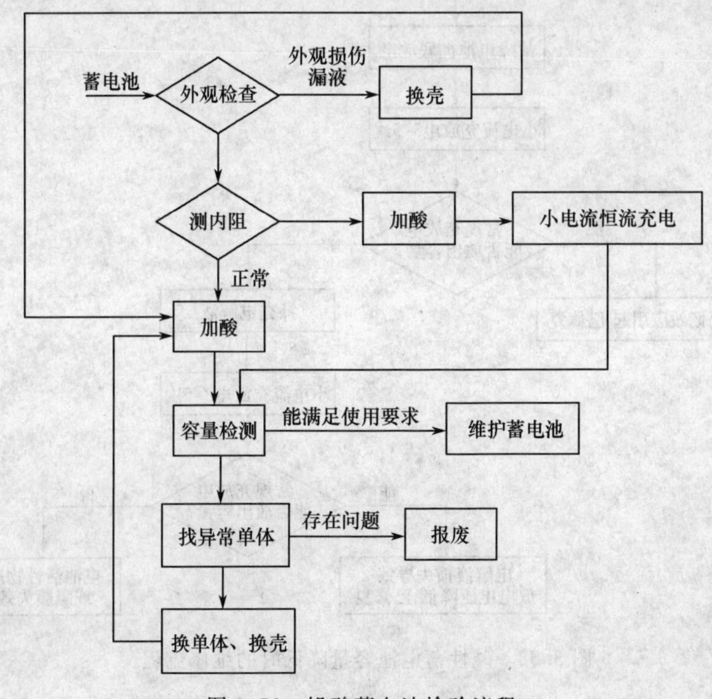

图3.56　铅酸蓄电池检验流程

铅酸蓄电池换壳流程如图 3.57 所示。

在维修铅酸蓄电池的操作过程中,需要特别注意以下几点注意事项:

(1) 注意操作过程中对硫酸的处理,避免受伤;

(2) 避免单体正负极短接;

(3) 保持单体的清洁,避免过多地引入杂质;

(4) 在插拔单体时,注意保护单体的汇流排及边极板;

(5) 多余的电解液要在小电流充电的情况下,使用专用工具抽取干净,否则会造成漏液。

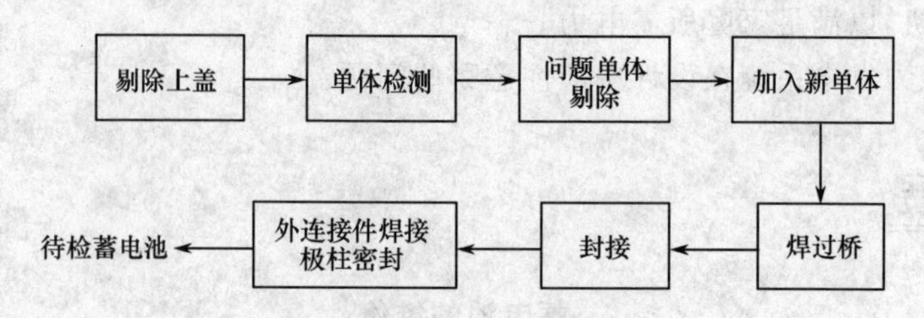

图 3.57 铅酸蓄电池换壳流程

2. 碱性蓄电池常见故障的维修

碱性蓄电池的常见故障现象有:容量降低,充电电压高,充不进电,放电电压低,自放电大,短路,断路,电池漏液等。

(1) 容量降低。碱性蓄电池容量降低时,可按图 3.58 所示的流程进行维修。

(2) 充电电压高。碱性蓄电池充电电压高时,可按图 3.59 所示的流程进行维修。

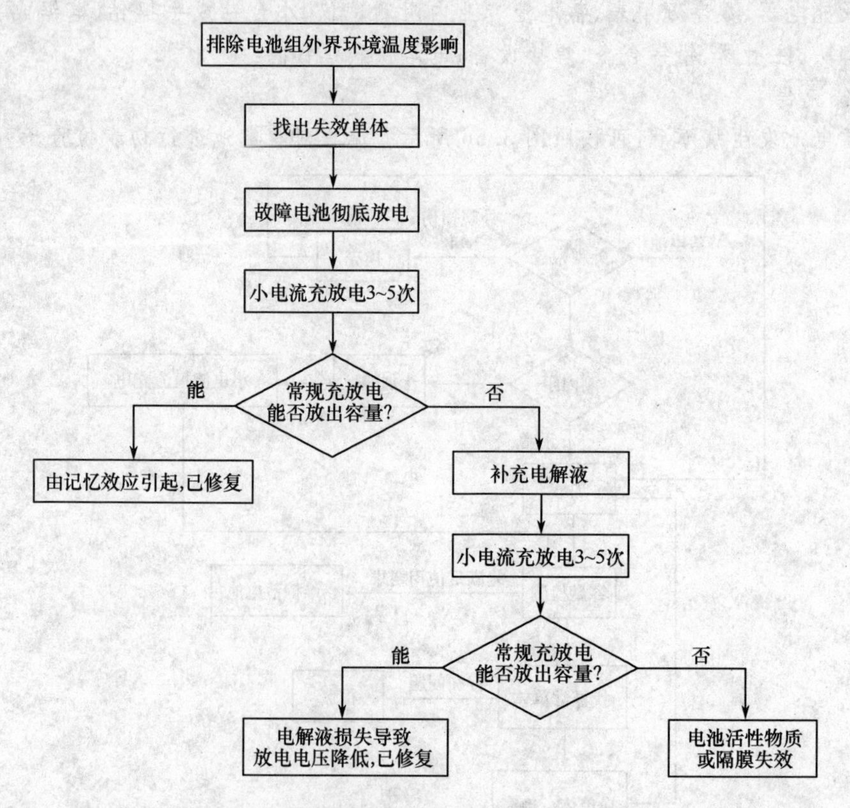

图 3.58 碱性蓄电池容量降低时的维修流程

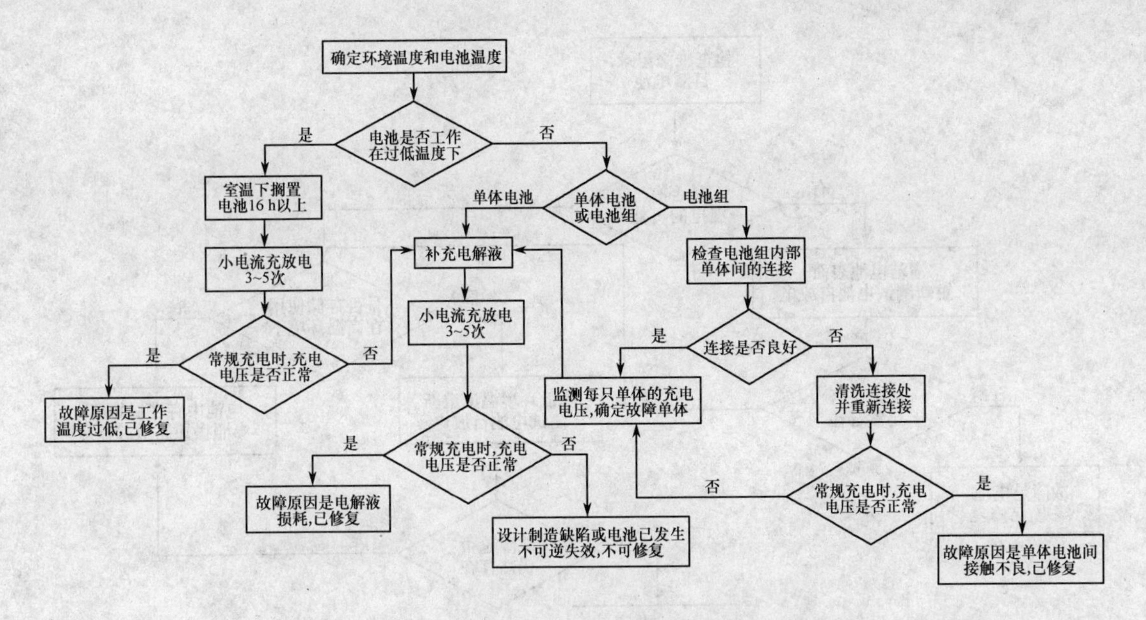

图 3.59　碱性蓄电池充电电压高时的维修流程

(3) 充不进电。碱性蓄电池充不进电时,可按图 3.60 所示的流程进行维修。

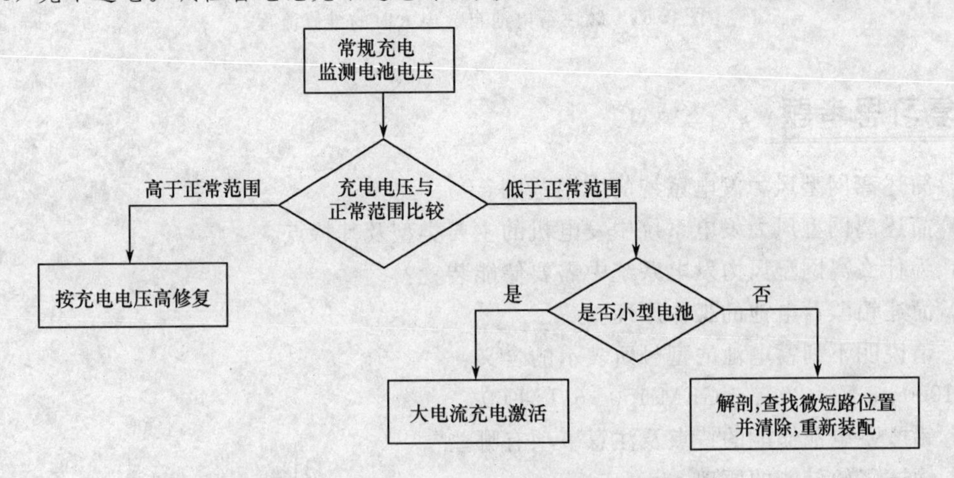

图 3.60　碱性蓄电池充不进电时的维修流程

(4) 放电电压低。碱性蓄电池放电电压低时的故障维修与充不进电的维修基本相同。

(5) 自放电大。碱性蓄电池自放电大时,可按照图 3.61 所示的流程进行维修。

(6) 电池短路。若碱性蓄电池短路,需解剖电池,观察极耳或极柱是否有直接将电池正负极板搭接的情况;观察是否有极板上脱落的活性物质颗粒将正负极板直接搭接的情况。将搭接位置分开,操作时注意不要扯断极耳或损伤极板。

(7) 电池断路。如果碱性蓄电池发生短路,则首先检查连接件腐蚀、掉落情况;如果没有,就逐只检测单体电池电压找出故障单体,检查故障单体是否有电解液;如故障单体已加注电解液,那么需解剖电池,将极耳重新连接。

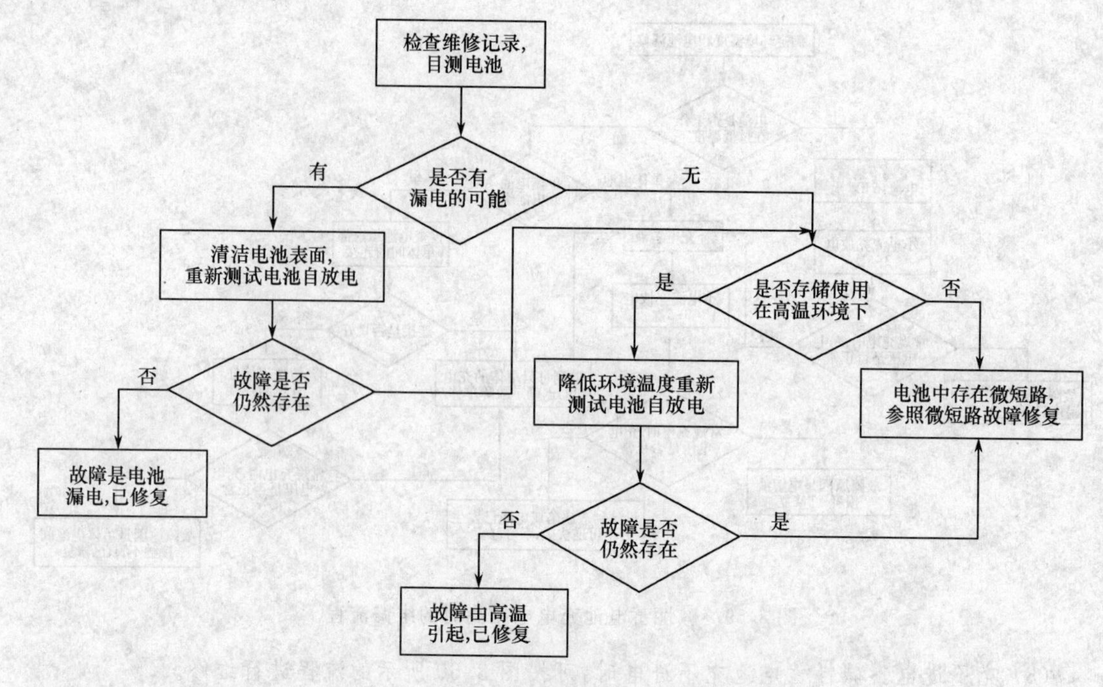

图 3.61　碱性蓄电池自放电大时的维修流程

复习思考题

1. 简述离网型风力发电系统的应用范围。

2. 简述离网型风力发电系统中发电机的主要类型及其特点。

3. 为什么离网型风力发电系统中需要储能装置?

4. 简述铅酸蓄电池的工作原理。

5. 请说明下列蓄电池的型号所表示的含义:
GFM-1000、3-FM-200、6-GFM-150、6-TM-60

6. 铅酸蓄电池储能的特点及注意事项有哪些?

7. 简述飞轮储能的原理。

8. 影响蓄电池使用寿命的主要因素有哪些?

9. 某系统需要直流电压 48 V,蓄电池组储存电量 48 kW·h,用 2 V/500 A·h 的蓄电池实现。应该怎样连接蓄电池?并说明该蓄电池组的电压、容量、总容量各是多少?

10. 简述风电控制器控制蓄电池充放电的机理。

11. 什么是逆变?风力发电系统中为什么要使用逆变器?

12. 以单相全桥式逆变电路为例,说明逆变器的工作原理。

13. 评价逆变器性能的主要技术参数有哪些?为什么要将这些技术参数严格控制在一定范围内?

项目四 并网运行风力发电系统控制技术

由于风力发电本身具有不可控、不可调的特性，造成了风力发电出力的随机性和间歇性，而电网必须连续、安全、可靠、稳定地向客户提供频率、电压合格的优质电力，因此，并网运行风力发电系统对电网安全、优质、经济运行起着至关重要的作用。风力发电机组的并网运行，就是将风力发电机组发出的电送入电网，通过电网把电供给电力用户使用，这就解决了风力发电的不连续、电压和频率不稳定及电能的储存等问题，并且保证输送给电网的电能质量是可靠的。

本项目包括三个学习性工作任务：

任务一　并网运行风力发电系统的构成

任务二　并网用风力发电机

任务三　并网运行风力发电系统控制技术

任务一　并网运行风力发电系统的构成

学习目标

(1) 熟悉并网运行风力发电系统的基本结构。

(2) 掌握并网运行风力发电机组的主要形式。

(3) 掌握并网发电的原理。

任务描述

并网运行风力发电系统一般都是由大型风力发电机组构成，其控制系统的结构和原理比离网型风力发电系统要复杂得多。通过本任务的学习，掌握并网运行风力发电系统的基本结构以及风力发电机组输出特性的测试方法。

相关知识

并网运行风力发电系统是风轮机利用叶轮旋转，从风中吸收能量，将风能转化为机械能，叶轮通过增速齿轮箱带动发电机旋转（直驱型风力发电系统无此环节），发电机再将机械能转化为电能，并入电网供用户使用。

一、并网风力发电机组的组成

目前在并网风力发电领域主要采用水平轴风力发电机组形式，由风轮、传动系统、偏航系统、液压系统、制动系统、发电机和控制与安全系统组成，如图 4.1 所示。

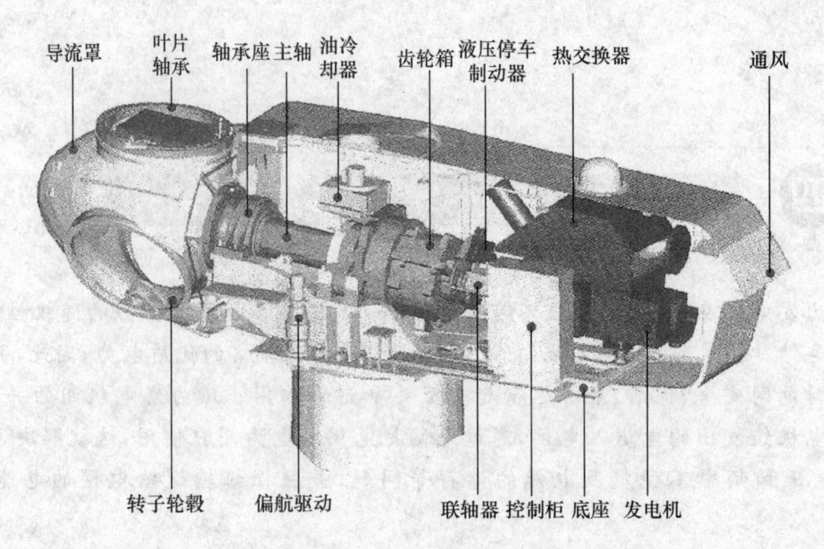

图 4.1　1.5 MW 双馈机组的机舱布置

1. **风轮**

由叶片、轮毂和变桨系统组成，风力发电机组通过叶片吸收风能，转换成风轮的旋转机械能，因此风轮是风力发电机组的关键部件。

变桨系统如图 4.2 所示，变桨距机构的主要作用是在额定风速附近，依据风速的变化随时调节桨距角，控制吸收的机械能。一方面可以保证获取最大的能量，同时采用先进的载荷优化控制策略，调整风轮轴向推力，并对在随机动态载荷作用下的塔架载荷起到优化控制作用。在并网过程中，变桨距控制还可以实现快速无冲击并网。变桨系统的另外一个作用是制动，当风机需要制动时，桨叶完全顺桨，不再产生强大的驱动风轮旋转的气动力。

图 4.2　变桨系统

2. **传动系统**

包括主轴、齿轮箱和联轴器等。轮毂与主轴固定连接，将风轮的扭矩传递给齿轮箱。有的风力发电机组将主轴与齿轮箱的输入轴合为一体。大型风力发电机组风轮的转速一般在10～30 r/min 范围内，通过齿轮箱增速到发电机的同步转速 1 500 r/min(或 1 000 r/min)，经高速轴、联轴器驱动发电机旋转。

3. **偏航系统**

由于风向经常改变，如果风轮扫掠面和风向不垂直，则功率输出会减少，而且承受的载荷更加恶劣。偏航系统(见图 4.3)的功能就是跟踪风向的变化，驱动机舱围绕塔架中心线旋转，使风轮扫掠面与风向保持垂直。风向标是偏航系统的传感器，将风向信号发给控制器，经过与

图 4.3　偏航系统

风轮的方位进行比较后，发出指令给偏航电动机或液压马达，驱动小齿轮沿着与塔架顶部固定的大齿圈移动，经过偏航轴承使机舱转动，直到风轮对准风向后停止。机舱在反复调整方向的过程中，有可能发生沿着同一方向累计转了许多圈，造成机舱与塔底之间的电缆扭绞，因此偏航系统应具备解缆功能，机舱沿着同一方向累计转了若干圈后，必须反向回转，直到扭绞的电缆松开。偏航轴承分为滑动型和滚动型，有的具备自锁功能，有的设置强制制动，都应设置阻尼以满足机舱转动时平稳不发生振动的要求。

4. 液压系统

液压系统主要是为油缸和制动器提供必要的驱动压力，有的强制润滑型齿轮箱亦需要液压系统供油。油缸主要是用于驱动定桨距风轮的叶尖制动装置或变桨距风轮的变距机构。液压站由电动机、油泵、油箱、过滤器、管路及各种液压阀等组成。

5. 制动系统

制动系统主要分为空气动力制动和机械制动两部分。定桨距风轮的叶尖扰流器旋转约90°，或变桨距风轮处于顺桨位置均利用空气阻力使风轮减速或停止，属于空气动力制动。在主轴或齿轮箱的高速输出轴上设置的盘式制动器，属于机械制动。通常在运行时要让机组停机，首先采用空气制动，使风轮减速，再采用机械制动使风轮停转。

6. 发电机

发电机将风轮的机械能转换为电能，分为异步发电机和同步发电机两种。异步发电机的转速取决于电网的频率，只能在同步转速附近很小的范围内变化。当风速增加使齿轮箱高速输出轴转速达到异步发电机同步转速时，机组并入电网，向电网送电。风速继续增加，发电机转速也略为升高，增加输出功率。达到额定风速后，由于风轮的调节，稳定在额定功率不再增加。反之风速减小，发电机转速低于同步转速时，则从电网吸收电能，处于电动状态，经过适当延时后应脱开电网。有的风力发电机组为了充分利用低风速时的风能，降低风轮转速，采用了可变极数的异步发电机，如从 4 极 1 500 r/min 变为 6 极 1 000 r/min，但是这种发电机的转速仍然可以看作是恒定。普通异步发电机结构简单，可以直接并入电网，无须同步调节装置，缺点是风轮转速固定后效率较低，而且在交变的风速作用下，承受较大的载荷。为了克服这些不足之处，相继开发出了高滑差异步发电机和变转速双馈异步发电机。

二、并网运行风力发电系统的主要形式

并网运行风力发电系统的主要形式有采用笼形异步发电机的定桨距失速风力发电系统，采用双馈异步发电机的变速恒频风力发电系统和采用低速永磁同步发电机的直驱变速恒频风力发电系统。

1. 定桨距失速风力发电系统

定桨距失速风力发电系统（又称恒速恒频风力发电系统）总体结构示意图如图 4.4 所示，叶片与轮毂的连接是固定的，通过定桨距失速控制风轮机使风力发电机组的转速不随风速的波动而变化，始终维持恒转速运转，从而保证发电机端输出电压的频率和幅值恒定，这种方式

已普遍采用,具有简单、可靠的优点,但是运行范围窄,对风能的利用不充分。

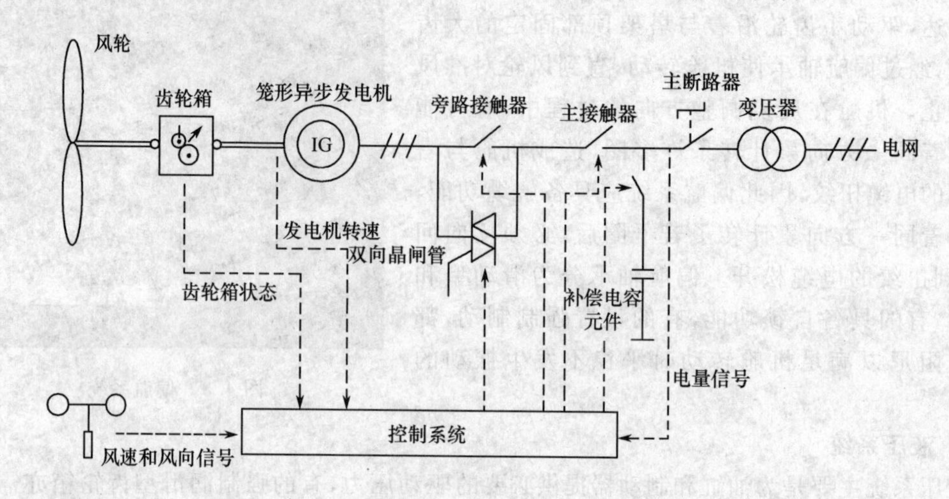

图 4.4 定桨距失速风力发电系统总体结构示意图

2. 变速恒频风力发电系统

变速恒频风力发电系统在 20 世纪 40 年代已经出现,受当时技术水平的限制没有得到广泛的应用。从 20 世纪 70 年代后期开始,随着电力电子技术和计算机技术的发展,特别是在矢量控制、直接转矩控制等高性能交流电机控制理论出现后,变速恒频发电技术得到迅速发展。风力机可在很宽的风速范围内保持近乎恒定的最佳的叶尖速比,可以最大限度地捕获风能,减少风力机的机械应力,使风力机在大范围内按照最佳效率运行,从而提高了风力机的运行效率和系统的稳定性。该系统可以比定速风力发电系统多从风中捕获 3%～28%的能量。这种方式可提高风能的利用率,但必须增加实现恒频输出的电子设备,同时还应解决由于变速运行而在风力发电机组支撑结构上出现共振现象等问题。

双馈异步变速恒频风力发电系统的总体结构示意图如图 4.5 所示,永磁同步式变速恒频风力发电系统的总体结构示意图如图 4.6 所示。

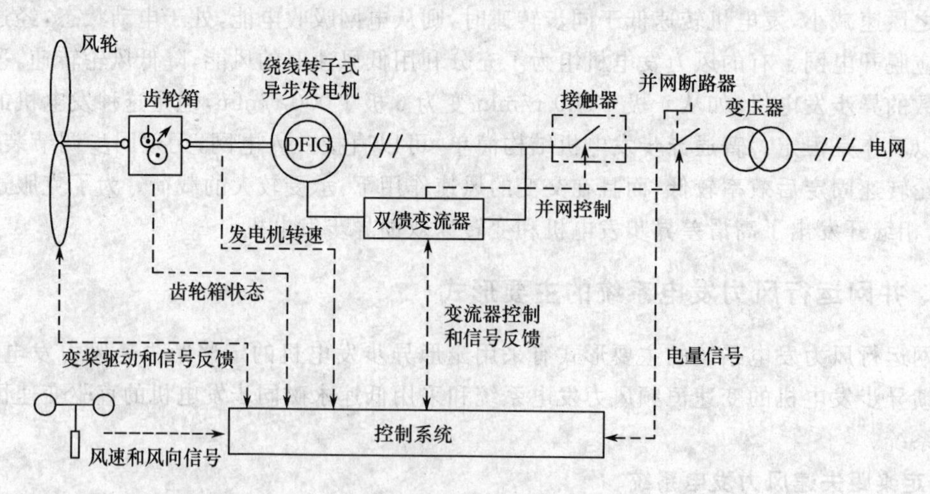

图 4.5 双馈异步变速恒频风力发电系统总体结构示意图

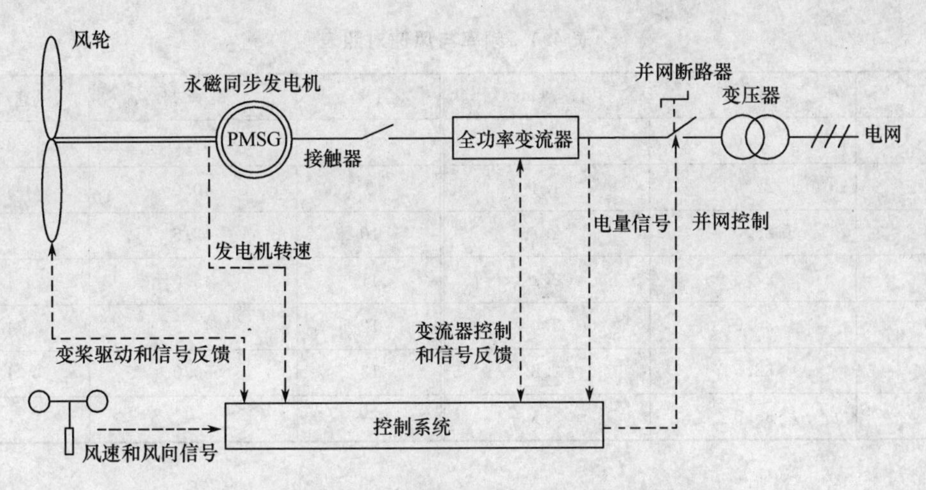

图 4.6 永磁同步式变速恒频风力发电系统总体结构图

任务实施

1. 了解基本原理

功率特性是风力发电机组发电能力的一种表述。功率特性是以风速为横坐标，以风力发电机输出的净电功率为纵坐标的一系列数据所描绘的特性曲线。图 4.7 所示是某实际的风力发电机组输出功率特性曲线。功率特性是风力发电的运行特性，它的优劣直接影响到风力发电机组的发电量。

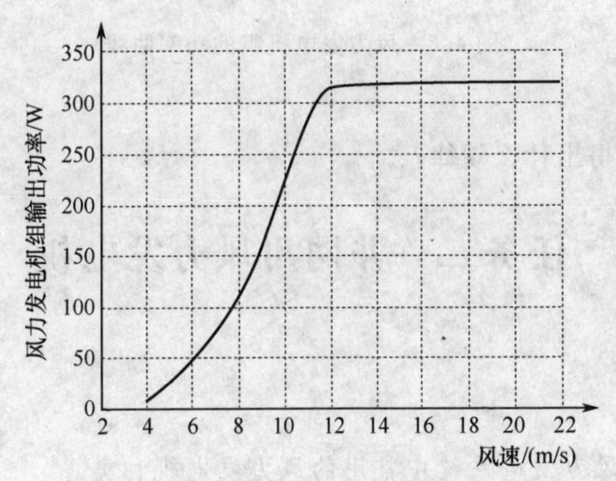

图 4.7 风力发电机组的输出功率特性曲线

2. 测量风力发电机组的输出特性

轴流风力发电机在不同频率下运行所提供的风速见表 4.1。

(1) 将变频器的频率设置在 20 Hz，启动轴流风力发电机运行，观察电流表和电压表的读数并记录。

(2) 将变频器的频率增加 2 Hz，观察电流表和电压表的读数并记录。

(3) 重复(2)的过程，直至变频器的频率到 50 Hz 为止。

(4) 在如图 4.8 所示坐标中，绘制风力发电机组的功率曲线

表 4.1　频率与风速对照表

序号	频率/Hz	风速/(m/s)	序号	频率/Hz	风速/(m/s)
1	20.0	1.2	8	37.5	3.4
2	22.5	1.4	9	40.0	3.7
3	25.0	2.7	10	42.5	4.0
4	27.5	2.1	11	45.0	4.3
5	30.0	2.4	12	47.5	4.6
6	32.5	2.8	13	50.0	4.8
7	35.0	3.1	—	—	—

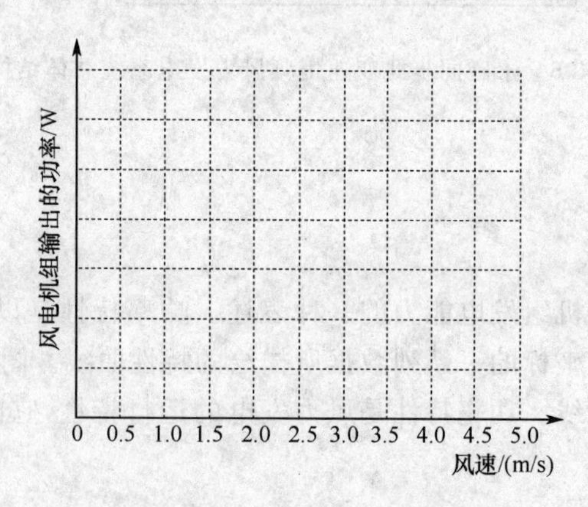

图 4.8　风力发电机组的功率曲线

3. 分组讨论

根据功率曲线可以得出什么规律？

任务二　并网用风力发电机

学习目标

（1）了解并网运行风力发电系统中常用的风力发电机种类。

（2）熟悉并网型风力发电机的工作原理。

（3）掌握风力发电机的性能参数测试。

任务描述

并网运行的风力发电机组一般以机群布阵成风力发电场，并与电网连接运行，多为大中型风力发电机组，使用的发电机多为交流发电机。通过本任务的学习，了解并网用风力发电机的结构及原理，掌握风力发电机性能检测的方法。

相关知识

一、恒速恒频发电系统中的发电机

在恒速恒频发电系统中，发电机转速不随风速的变化而变化，而是维持在保证输出频率达到电网要求的恒定转速上运行。由于这种风力发电机组在不同风速下不满足最佳叶尖速比，因此没有实现最大风能捕获，效率较低。当风速变化时，维持发电机转速恒定的功能主要通过前面的风力机环节完成(如采用定桨距风力机)，其发电机的控制系统比较简单，所采用的发电机主要有两种:同步发电机和异步发电机。前者运行于由电机极数和频率所决定的同步转速，后者则以稍高于同步转速的速度运行。

1. 同步发电机

发电机转子转速 n 和电网频率 f 成严格比例关系的发电机称为同步发电机。同步发电机的工作转速表达式为

$$n=\frac{60f}{p} \tag{4.1}$$

通常同步发电机电枢绕组在定子上，励磁绕组在转子上。转子励磁直流电由与转子同轴的直流电机供给或由电网经整流供给。

同步发电机的优点是励磁功率小，效率高，可进行无功调节。缺点是与异步发电机相比，同步发电机自身的结构较复杂，对调速及与并网的同步调节要求较高，其控制系统复杂，因此组成的恒速恒频系统成本较高。

同步发电机的剖面图如图 4.9 所示。

2. 异步发电机

异步发电机的定子铁心和定子绕组的结构与同步发电机相同。转子采用笼形结构，转子铁心由硅钢片叠成，呈圆筒形。槽内嵌入金属(铝或铜)导条，在铁心两端用铝和铜环将导条短接。转子不需要外加励磁、没有集电环和电刷，因而其结构简单、坚固，基本上不需要维护。

异步发电机的优点是结构简单、价格便宜、并网容易，故目前恒速恒频运行并网发电系统大都采用异步发电机。缺点是其向电网输送有功功率的过程中，需要从电网吸收无功功率来对发电机励磁，使电网的功率因数降低，因此并网运行的异步发电机要进行无功补偿。

异步发电机的剖面图如图 4.10 所示。

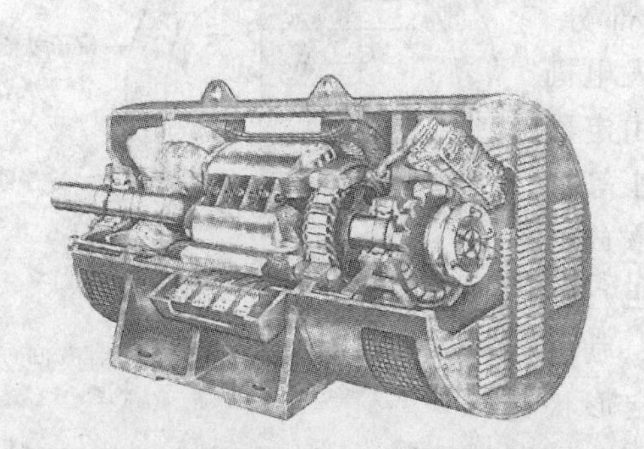

图 4.9 同步发电机的剖面图

图 4.10 异步发电机的剖面图

二、变速恒频发电系统中的发电机

在不同风速下，为了实现最大风能捕获，提高风力发电机组的效率，发电机的转速必须随着风速的变换不断进行调整，处于变速运行状态，其发出的频率需要通过一定的恒频控制技术来满足电网的要求。变速恒频风力发电系统是目前并网运行的主要形式，新建的兆瓦级系统普遍采用变速恒频方式运行，其使用的发电机主要包括：

1. 双馈异步发电机

双馈异步发电机是转子交流励磁的异步发电机，转子由接到电网上的变流器提高交流励磁电流。在发电机转子转速变化时，如以转差率的电流来励磁时（即若 f_1 为与电网相连的定子绕组频率，电动机转差率为 s，当转子通入电流频率 $f_2=f_1s$ 时），定子绕组中就能产生固定频率 f_1 的电动势。交流励磁通过变流器实现。由于这种发电机可以在变速运行中保持恒定频率输出，且变流器只需要转差功率大小的容量，所以成为目前兆瓦级有齿轮箱风力发电系统的一种主流机型。

2. 永磁低速发电机

永磁低速发电机多采用转子在外圈，由多个极对数的永久磁铁组成，定子三相绕组固定不转，转子按照永磁体的布置及形状，有凸极式和爪极式。由于极对数多，所以同步转速可以很低，可以不经增速齿轮箱而直接由风轮驱动，提高了传动效率，通过变流器实现恒频输出。这种发电机直径较大，且比较重，在兆瓦级风力发电系统中占有一定比例。

在追求大型化、变速恒频风力发系统的发展过程中，除上述介绍的发电机型外，还有许多新型发电机，如无刷双馈异步发电机、开关磁阻发电机、高压同步发电机等，这些机型均有各自的特色和应用前景，但目前应用还不广泛，故在此不做详细介绍。

三、并网风力发电机的工作原理

1. 同步发电机

同步发电机的主要优点是效率高，可以向电网或负载提供无功功率，且频率稳定，电能质量高。例如，一台额定容量为 125 kV·A、功率因数为 0.8 的同步发电机可以在提供 100 kW 额定有功功率的同时，向电网提供 −75～75 kW 之间的任何无功功率值。它不仅可以并网运行，也可以单独运行，满足各种不同负载的需要。

1）结构

发电系统使用的同步发电机绝大部分是三相同步发电机，同步发电机主要包括定子和转子两部分。图 4.11给出了同步发电机的结构模型。在同步发电机中，定子是同步发电机产生感应电动势的部件，由定子铁心、三相电枢绕组和起支撑及固定作用的机座等组成，其定子铁心的内圆均匀分布着定子槽，槽内嵌放着按一定规律排列的三相对称交流绕组（电枢绕组）；转子是同步发电机产生磁场的部件，包括转子铁心、励磁绕组、集电环等部件。转子铁心上装有制成一定形状的成对磁极，磁极上绕有励磁绕组，当通以直流电流时，将会产生一个磁场，该磁场可以通过调节励磁绕组流过的直流电流来进行调节。同步发电机的励磁系统一般分为两类，一类是用直

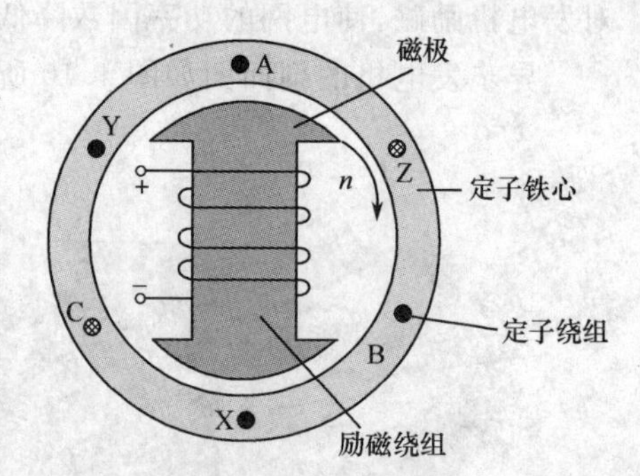

图 4.11　同步发电机的结构模型

流发电机作为励磁电源的直流励磁系统，另一类是用整流装置将交流变成直流后供给励磁的整流励磁系统。发电机容量大时，一般采用整流励磁系统。同步发电机是一种转子转速与电枢电动势频率之间保持关系严格不变的交流发电机。

同步发电机的转子有隐极式和凸极式两种，如图4.12所示。隐极式转子呈柱状体，定、转子之间的气隙均匀，励磁绕组为分布绕组，分布在转子表面的槽内。凸极式转子具有明显的磁极，绕在磁极上的绕组为集中绕组，定、转子之间的气隙不均匀。凸极式同步发电机结构简单、制造方便，一般用于低速发电场合；隐极式同步发电机结构均匀对称，转子机械强度高，可用于高速发电。大型风力发电机组一般采用隐极式同步发电机。

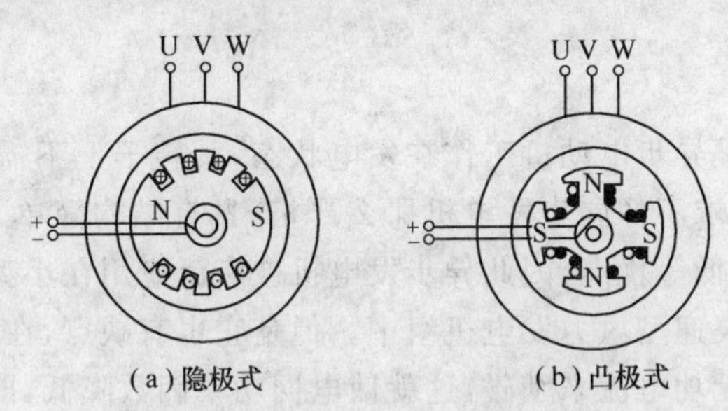

(a)隐极式　　(b)凸极式

图4.12　同步发电机的结构示意图

2）基本工作原理

当同步发电机转子励磁绕组中流过直流电流时，就会产生磁极磁场又称励磁磁场。在原动机拖动转子旋转时，励磁磁场将同转子一起旋转，从而得到一个机械旋转磁场。由于该磁场与定子发生了相对运动，在定子绕组中将感应出三相对称的交流电动势。因为定子三相对称绕组在空间互差120°电角度，故三相感应电动势也在时间上相差120°电角度。分别用E_{OA}，E_{OB}，E_{OC}表示，其数学表达式如下：

$$\begin{cases} E_{OA}=E_m\sin\omega t \\ E_{OB}=E_m\sin(\omega t-120°) \\ E_{OC}=E_m\sin(\omega t-240°) \end{cases} \tag{4.2}$$

图4.13给出了定子绕组中三相感应电动势的波形。

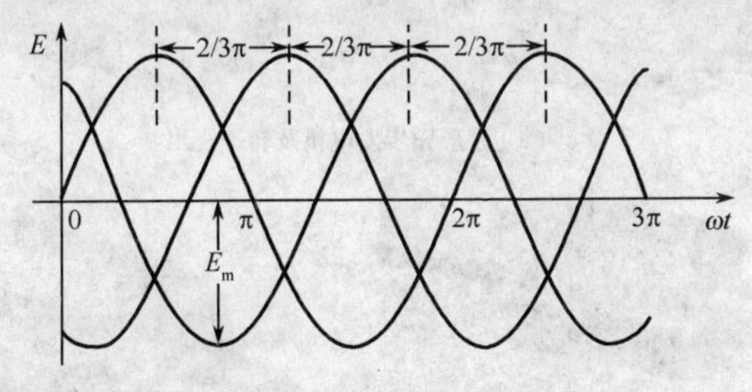

图4.13　定子绕组中三相感应电动势的波形

这个交流电动势的频率取决于发电机的极对数p和转子转速n，其值可按式(4.1)计算：

$$f_1=\frac{pn}{60} \tag{4.3}$$

由于我国电力系统规定交流电的频率为50 Hz，因此极对数与转速之间具有如下的固定关系为$n_1=\frac{60\times50}{p}$，例如，当$p=1$时，$n_1=3\ 000$ r/min；当$p=2$时，$n_1=1\ 500$ r/min。这些转速称为同步转速。一个 $p=2$ 的发电机，则只有当转子转速为 1 500 r/min 时，发电机发出的交流电动势的频率 f_1 才为 50 Hz。

同步发电机每相绕组的电动势有效值为

$$E_m = k_1 f \Phi \tag{4.4}$$

式中　f——转子的旋转频率；

Φ——励磁电流产生的每极磁通；

k_1——一个与发电机极对数和每相绕组匝数有关的常数。从式(4-4)中可以看出，通过调节直流励磁电流进而改变励磁磁通，可实现对电枢绕组输出感应电动势幅值的调节。

2. 异步发电机

异步发电机实际上是异步电动机工作在发电状态，其转子上不需要同步发电机的直流励磁，并网时机组调速的要求不像同步发电机那么严格，具有结构简单，制造、使用和维护方便，运行可靠及重量轻、成本低等优点，因此异步发电机被广泛应用在小型离网运行的风力发电系统和并网运行的定桨距失速型风力发电机组中。但是它也有缺点，在与电网并网运行时，异步发电机必须从电网吸取无功电流来励磁，这就使电网功率因数降低，即异步发电机在发出有功功率的同时，需要从电网中吸收感性无功功率，因此异步发电机只具备有功功率的调节能力，不具备无功功率的调节能力。运行时，通常需要接入价格较贵、笨重的电力电容器，进行无功功率补偿，从而使其经济性降低。

1）结构

异步发电机由两个基本部分构成：定子和转子。其定子与同步发电机的定子基本相同，定子绕组为三相；转子则有笼形和绕线转子式两种，如图 4.14 所示。笼形结构简单、维护方便，应用最为广泛。绕线转子式可外接变阻器，启动、调速性能较好，但因结构比笼形复杂，价格较高。

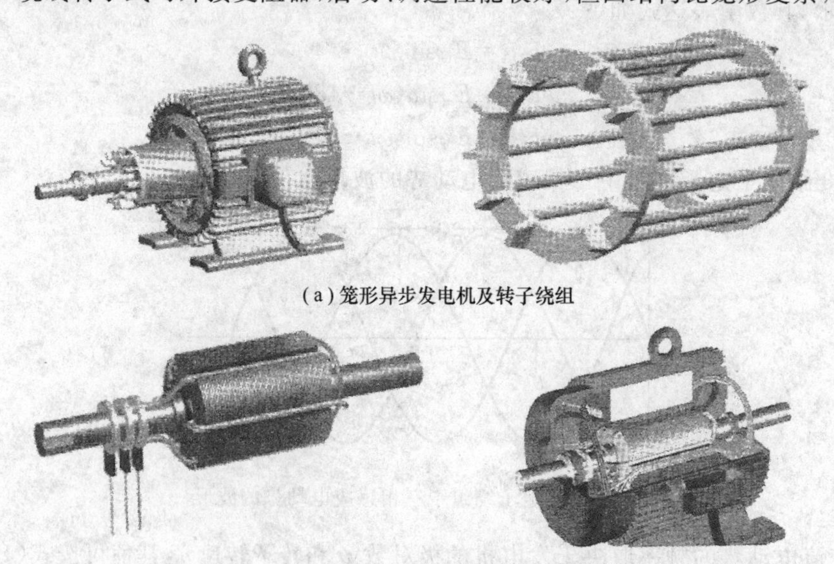

(a) 笼形异步发电机及转子绕组

(b) 绕线转子式异步发电机及转子绕组

图 4.14　异步发电机结构示意图

2）基本工作原理

异步发电机是基于气隙旋转磁场与转子绕组中感应电流相互作用产生电磁转矩，从而实现能量转换的一种交流发电机。由于转子绕组电流是感应产生的，因此又称感应发电机。

由异步电动机理论可知，在三相对称定子绕组中分别通入三相对称交流电流，发电机的气隙中就形成了旋转磁场。旋转磁场的转速称为同步转速，它决定于励磁电流的频率及发电机的极对数，即 $n_1=\frac{60f}{p}$，单位为 r/min。转子绕组在旋转磁场的作用下，因电磁感应作用而在转子导体中产生感应电流，载有电流的转子导体在旋转磁场中受到电磁力的作用，产生电磁转矩，驱使转子转动。所以，三相异步电动机的工作原理就是电与磁的相互转化与相互作用的结果。

转子在此转矩下加速。如果转子是在真空中的无摩擦轴承上，并且没有施加机械负荷，转子就会完全自由地零阻尼旋转。在这样的条件下，转子会达到与定子旋转磁场相同的转速。在该转速下，转子中感应电流为零，也就没有转矩。

如果给转子加上机械负荷，转子转速就会慢下来。而定子磁链总是以同步速度旋转，相对转子就会有相对速度。因此，在转子中根据电磁感应原理就会产生感应电压、电流和转矩。产生的转矩和该速度下驱动负荷所需的转矩相等时，转子转速稳定在低于同步转速的某个速度上，异步电机工作于电动机状态，其转子转速小于同步转速。

反过来，如果把转子和风力机相连，通过升速齿轮驱动转子超过其同步转速，那么转子感应电流和电磁转矩就改变了方向。而转子的旋转方向没有改变，所以电磁转矩是制动转矩，此时，异步电机运行于发电机状态，把风力机的机械功率，在扣除了电机自身的各种损耗之后，转换为电功率，传送给连接在定子端的负荷。如果电机和电网相连，就可以向电网馈送电能。因此异步电机只有在转子转速超过同步转速时才能运行于发电机状态。

3）转差率

根据前面分析可知，当异步电机连接到恒定频率的电网时，异步电机可以有不同的运行状态；当其转速小于同步转速时（即 $n<n_1$），异步电机以电动机的方式运行，处于电动运行状态，此时异步电机自电网吸收电能，而其转轴输出机械功率；而当异步电机由原动机驱动，当其转速超过同步转速时（即 $n>n_1$），异步电机以发电机的方式运行，处于发电运行状态，此时异步电机吸收由原动机供给的机械能向电网输出电能。异步电机的不同运行状态可用其转差率 s 来区别表示。异步电机的转差率定义为

$$s=\frac{n_1-n}{n_1}\times 100\% \tag{4.5}$$

由式(4.5)可知，当异步电机与电网并联后作为发电机运行时，转差率 s 为负值。

由于异步发电机转子上不需要同步发电机的直流励磁，并网时机组调速的要求也不像同步发电机那么严格，与同步发电机相比，具有结构简单，制造、使用和维护方便，运行可靠及重量轻、成本低等优点。异步发电机的缺点是功率因数较差。异步发电机并网运行时，必须从电网吸收落后性的无功功率，它的功率因数总是小于 1。异步发电机只具备有功功率的调节能力，不具备无功功率调节能力。

3. 双馈异步发电机

随着电力电子技术和微机控制技术的发展，双馈异步发电机广泛应用于兆瓦级大型有齿轮箱的变速恒频并网风力发电系统中。这种电机转子通过集电环与变频器（双向四象限变流器）连接，采用交流励磁方式；在风力机拖动下随风速变速运行时，其定子可以发出和电网频率一致的电能，并可以根据需要实现转速、有功功率、无功功率、并网的复杂控制；在一定工况下，转子也向电网馈送电能；与变桨距风力发电机组成的机组可以实现低于额定风速下的最大风

能捕获及高于额定功率的恒定功率调节。图 4.15 为双馈异步发电机的外形和连接方式。

1）结构及特点

双馈异步发电机又称交流励磁发电机，具有定子、转子两套绕组。定子结构与异步电机定子结构相同，具有分布的交流绕组。转子结构带有集电环和电刷。与绕线转子式异步发电机和同步发电机不同的是，转子三相绕组加入的是交流励磁，既可以输入电能，也可以输出电能。转子一般由接到电网上的变流器提供交流励磁电流，其励磁电压的幅值、频率、相位、相序均可以根据运行需要进行调节。由于双馈异步发电机并网运行过程中，不仅定子始终向电网馈送电能，在一定工况下，转子也可以向电网馈送电能，即发电机从两端（定子和转子）进行能量馈送，“双馈”由此得名。

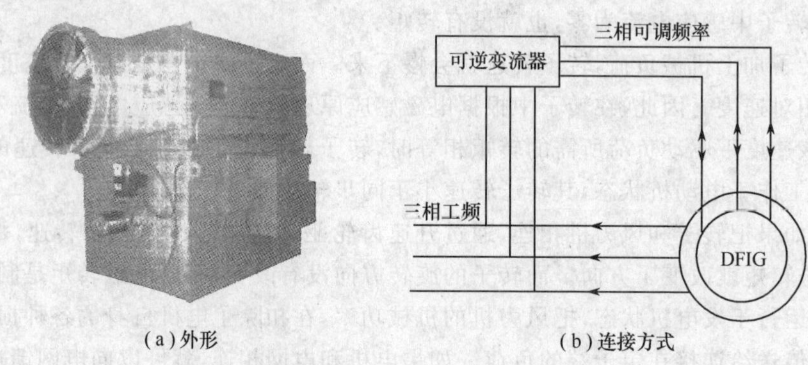

(a)外形　　(b)连接方式

图 4.15　双馈异步发电机的外形和连接方式

双馈异步发电机发电系统由一台带集电环的绕线转子式异步发电机和变流器组成，变流器有 AC-AC 变流器、AC-DC-AC 变流器等。变流器完成为转子提供交流励磁和将转子侧输出的功率送入电网的功能。在双馈异步发电机中，向电网输出的功率由两部分组成，即直接从定子输出的功率和通过变流器从转子输出的功率（当发电机的转速小于同步转速时，转子从电网吸收功率；当发电机的转速大于同步转速时，转子向电网发出电功率）。双馈异步发电机按冷却系统不同可分为水冷、空空冷和空水冷 3 种结构，如图 4.16 所示。

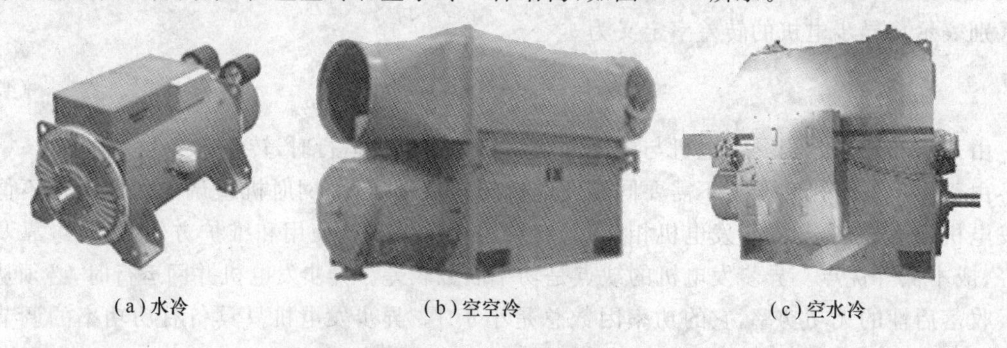

(a)水冷　　(b)空空冷　　(c)空水冷

图 4.16　不同冷却方式的双馈异步发电机

双馈异步发电机兼有异步发电机和同步发电机的特性，如果从发电机转速是否与同步转速一致来定义，则双馈异步发电机应称为异步发电机，但该发电机在性能上又不像异步发电机，相反其具有很多同步发电机的特点。异步发电机是由电网通过定子提供励磁，转子本身无励磁绕组，而双馈异步发电机与同步发电机一样，转子具有独立的励磁绕组；异步发动机无法改变功率因数，双馈异步发电机与同步发电机一样可调节功率因数，进行有功功率和无功功率的调节。

实际上,双馈异步发电机是具有同步发电机特性的交流励磁异步发电机。相对于同步发电机,双馈异步发电机具有很多优越性。与同步发电机励磁电流不同,双馈异步发电机实行交流励磁,励磁电流的可调量为其幅值、频率和相位。由于其励磁电流的可调量多,控制上更加灵活:调节励磁电流的频率,可保证发电机转速变化时发出电能的频率保持恒定;调节励磁电流的幅值,可调节发出的无功功率;改变转子励磁电流的相位,使转子电流产生的转子磁场在气隙空间上有个位移,改变了发电机电动势相量与电网电压相量的相对位置,调节了发电机的功率角。所以交流励磁不仅可调节无功功率,也可调节有功功率。

2) 双馈异步发电机变速恒频运行的基本原理

根据电机学理论,在转子三相对称绕组中通入三相对称的交流电,将在发电机气隙间产生旋转磁场,此旋转磁场的转速与所通入的交流电的频率 f_2 及发电机的极对数 p 有关。

$$n_2=\frac{60f_2}{p} \tag{4.6}$$

式中 n_2——转子中通入频率为 f_2 的三相对称交流励磁电流后所产生的旋转磁场相对于转子本身的转速,r/min。

从式(4.6)可知,改变频率 f_2,即可改变 n_2。因此如设 n_1 为对应于电网频率 50 Hz($f_1=50$ Hz)时发电机的同步转速,而 n 为发电机转子本身的转速,则转子旋转磁场的转速与转子自身的机械转速 n 相加等于定子磁场的同步转速 n_1,即

$$n+n_2=n_1 \tag{4.7}$$

则定子绕组感应出的电动势的频率将始终维持为电网频率 f_1 不变。式(4.7)中,当 n_2 与 n 旋转方向相同时,n_2 取正值,当 n_2 与 n 旋转方向相反时,n_2 取负值。

由于

$$n_1=\frac{60f_1}{p} \tag{4.8}$$

将式(4.6),式(4.8)代入式(4.7)中,式(4.7)可另写为

$$\frac{np}{60}+f_2=f_1 \tag{4.9}$$

式(4.9)表明不论发电机的转子转速 n 随风力机如何变化,只要通入转子的励磁电流的频率满足式(4.9),则双馈异步发电机就能够发出与电网一致的恒定频率 50 Hz 的交流电。

由于发电机运行时,经常用转差率描述发电机的转速,根据转差率 $s=\frac{n_1-n}{n_1}\times 100\%$,将式(4.9)中的转速 n 用转差率 s 代替,则式(4.9)可变为

$$f_2=f_1-\frac{(1-s)n_1p}{60}=f_1-(1-s)f_1=sf_1 \tag{4.10}$$

需要说明:当 $s<1$ 时,f_2 为负值,可通过转子绕组的相序与定子绕组的相序相反实现。

通过式(4.10)可知,在双馈异步发电机转子以变化的转速运行时,控制转子电流的频率,可使定子频率恒定。只要在转子的三相对称绕组中通入转差率(sf_1)的电流,双馈异步发电机可实现变速恒频运行的目的。

3) 双馈异步发电机的功率传递关系

根据双馈异步发电机转子转速的变化,双馈异步发电机可以有以下 3 种运行状态:

(1) 亚同步运行状态。当发电机的转速 n 小于同步转速 n_1 时,由转差频率为 f_2 的电流产生的旋转磁场转速 n_2 与转子方向相同,此时励磁变流器向发电机转子提供交流励磁,发电

机有定子发出电能给电网。

(2) 超同步运行状态。当发电机的转速 n 大于同步转速 n_1 时，由转差频率为 f_2 的电流产生的旋转磁场转速 n_2 与转子方向相反，此时发电机同时由定子和转子发出电能给电网，励磁变流器的能量逆方向流动。

(3) 同步运行状态。当发电机的转速 n 等于同步转速 n_1 时，处于同步状态。此种状态下转差频率 $f_2=0$，这表明此时通入转子绕组的电流的频率为零，即励磁变换器向转子提供直流励磁，因此与普通同步发电机一样。

双馈异步发电机在亚同步和超同步运行时的功率流向如图 4.17 所示。

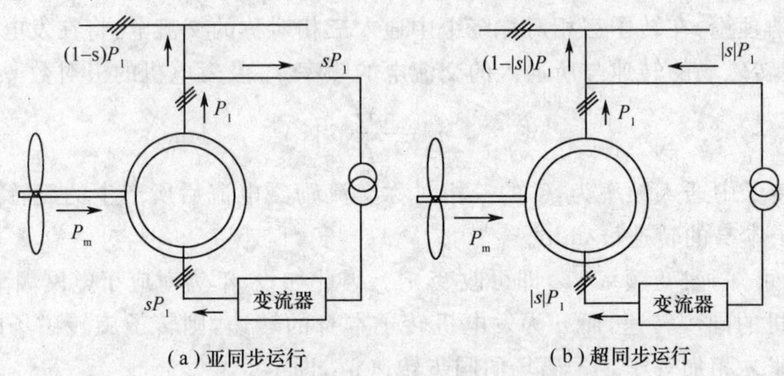

图 4.17　双馈异步发电机在亚同步和超同步运行时的功率流向

在不计铁损耗和机械损耗的情况下，转子励磁双馈发电机的能量流动关系可以写为

$$\begin{cases} p_m + p_2 = p_1 + p_{cu1} + p_{cu2} \\ p_2 = s(p_1 + p_{cu1}) + p_{cu2} \end{cases} \tag{4.11}$$

式中　p_m——转子轴上输入的机械功率；

p_2——转子励磁变流器输入的电功率；

p_1——定子输出的电功率；

p_{cu1}——定子绕组铜损耗；

p_{cu2}——转子绕组铜损耗；

s——转差率。

当发电机的铜损耗很小，式(4.11)可近似理解为

$$p_2 = sp_1 \tag{4.12}$$

由前面介绍可知，转子上所带的变流器是双馈异步发电机的重要部件。根据式(4.12)可知，双馈异步发电机构成的变速恒频风力发电系统，其变流器的容量取决于发电机变速运行时最大转差功率。一般双馈异步发电机的最大转差率为±(25%～35%)，因此变流器的最大容量仅为发电机额定容量的1/3～1/4，能较多地降低系统成本。目前，现代兆瓦级以上的双馈异步发电机的变流器，多采用电力电子技术的 IGBT 器件及 PWM 控制技术。

4. 直驱型发电机

风力机是低速旋转机械，一般运行在每分钟几十转，而发电机要保证发出 50 Hz 的交流电，如采用四极发电机，其同步转速为 1 500 r/min，所以大型风力发电机组在风力机与交流发电机之间装有增速齿轮箱，借助齿轮箱提高转速。如果风力发电系统取消增速机构，采用风力机直接驱动发电机，则必须采用低速交流发电机。

直驱型风力发电机是一种由风力直接驱动的低速交流发电机。采用无齿轮箱的直驱型发

电机虽然提高了发电机的设计成本，但却有效地提高了系统的效率以及运行可靠性，可以避免增速箱带来的诸多不利，降低了噪声和机械损失，从而降低了风力发电系统的运行维护成本，这种发电机在大型风力发电系统中占有一定比例。因发电机工作在较低转速状态，转子极对数较多，故发电机的直径较大、结构也更复杂。为保证风力发电机组的变速恒频运行，发电机定子需要通过全功率变流器与电网连接。目前在实际风力发电系统中多使用低速多极永磁直驱型发电机。图 4.18 给出了直驱型变速恒频风力发电系统的结构示意图。

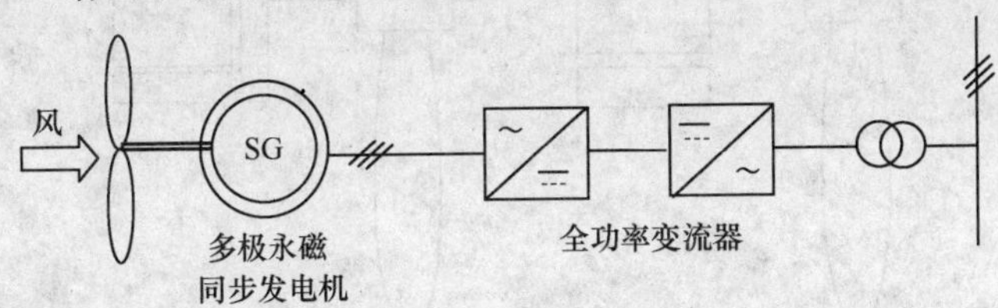

图 4.18　直驱型变速恒频风力发电系统的结构示意图

1）直驱型发电机的特点

（1）发电机的极对数多。根据电机理论知，交流发电机的转速 n 与发电机的极对数 p 及发电机发出的交流电的频率 f 有固定的关系，即

$$p=\frac{60f}{n} \tag{4.13}$$

当 f 为恒定值 50 Hz 时，如若发电机的转速越低，则发电机的极对数应越多。从发电机结构可知，发电机的定子内径 D_i 与发电机极对数 $2p$ 及极距 τ（沿电枢表面相邻两个磁极轴线之间的距离成为极距）成正比，即

$$D_i=2p\tau \tag{4.14}$$

因此，低速发电机的定子内径远大于高速发电机的定子内径。当发电机的设计容量一定时，发电机的转速越低，则发电机的直径尺寸越大。如某 500 kW 直驱型风力发电机组，其发电机有 84 个磁极，发电机直径达 4.8 m。

（2）转子采用永久磁铁。转子使用多极永磁体励磁。永磁发电机的转子上没有励磁绕组，因此没有励磁绕组的铜损耗，发电机的效率高；转子上没有集电环，运行更为可靠；永磁材料一般有铁氧体和钕铁硼两类，其中采用钕铁硼制造的发电机体积小，重量轻，因此应用广泛。

（3）定子绕组通过全功率变流器接入电网，实现变速恒频。直驱型发电机转子使用永磁体励磁，为同步发电机。当发电机由风力机拖动做变速运行时，为保证定子绕组输出与电网一致的频率，定子绕组需要经全功率变流器并入电网，实现变速恒频控制。因此变流器容量大、成本高。

2）结构形式

大型直驱型发电机布置结构可分为内转子型和外转子型，它们各有特点。图 4.19 为其结构示意图。

（1）内转子型。它是一种常规发电机的布置形式。永磁体安装在转子体上，风轮驱动发电机转子，定子为电枢绕组。其特点是电枢绕组及铁心通风条件好，温度低，外径尺寸小，易于运输。图 4.20 所示为一种内转子型直驱发电机的实际结构。

（2）外转子型。定子固定在发电机中心，而外转子绕着定子旋转。永磁体圆周径向均匀安放在转子内侧；外转子直接暴露在空气中，因此相对于内转子结构，永磁体具有更好的通风散热条件。这种布置永磁体易于安装固定，但对电枢铁心和绕组通风不利，永磁转子直径大，运输比较困难。图 4.21 所示为一种外转子型直驱发电机的外形。

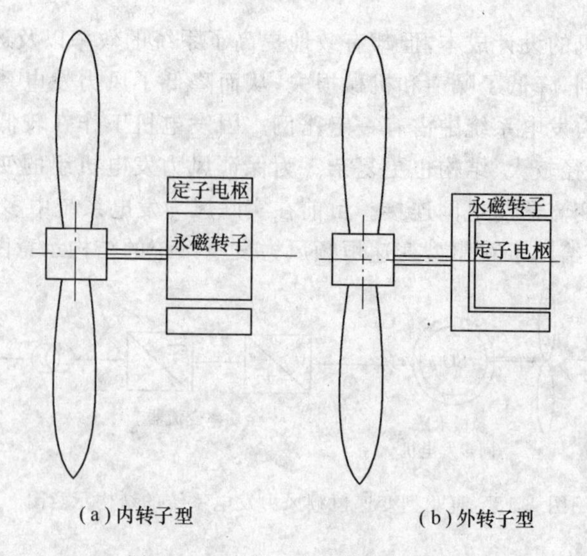

图 4.19 直驱型发电机布置结构

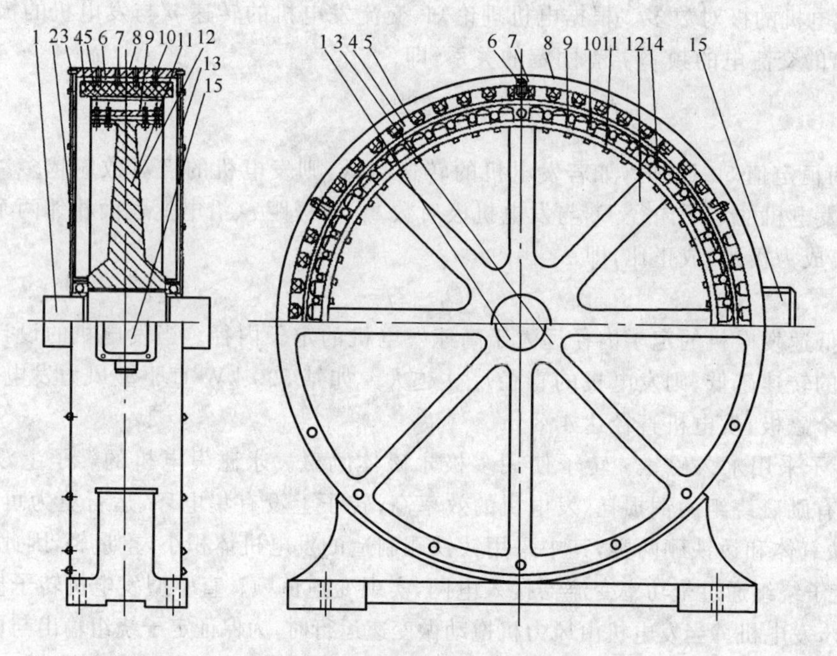

图 4.20 内转子型直驱发电机的实际结构

1—转子轴；2—轴承；3—前端盖；4—定子绕组；5—定子铁心；6—压块；7—螺栓；8—机座；
9—转子极靴；10—极靴轴心；11—螺栓；12—轮毂；13—后端盖；14—钕铁硼永磁体；15—接线盒

图 4.21 外转子型直驱发电机的外形

由于直驱型发电机是目前正在研究和开发的一种新型发电机，不同的公司开发的发电机结构特点各不相同。除应用永磁多极发电机外，也有采用绕组式同步发电机，例如德国ENERCON公司的直驱发电机组采用的是多极电励磁的同步发电机，ABB公司采用高压同步发电机。随着电力电子技术和永磁材料制造技术的发展，直驱型发电机和直驱型风力发电系统正受到学术界和工程界的广泛关注。因为目前应用不是很广泛，在此不再详述。

任务实施

1. 风力发电机测试平台工作的基本原理

风力发电机测试平台采用交流电动机带动风力发电机运转。交流电动机通过减速器与联轴器拖动永磁发电机转动，来模拟不同风况条件下永磁发电机的发电情况。发电机的输出通过开关连接到测试平台，测试平台通过测量负载电阻的电压、电流、功率等参数来研究发电机的转速与输出能量之间的关系。

2. 安装风力发电机机头到测试平台

如图4.22所示，将要测试的风力发电机组安装到测试平台上。

图4.22　风力发电机测试平台

3. 风力发电机性能测试

启动测试平台，依次测量风力发电机空载特性曲线，负载特性曲线，输出电压与转速关系曲线等特征曲线。

4. 分组讨论

(1) 利用现有风力发电机测试平台还可以开展哪些性能测试？

(2) 如何实现对测试数据的自动实时记录？

任务三　并网运行风力发电系统控制技术

学习目标

(1) 掌握恒速恒频发电系统的并网运行控制技术。

(2) 掌握变速恒频发电系统的并网运行控制技术。

任务描述

在风力发电技术的发展过程中，控制技术始终是关键技术，并且随着风力发电技术的发展，其重要性更加突出。可以说，控制技术的先进性，代表了风力发电总体技术的先进性。通过本任务的学习，了解并网运行风力发电系统两种控制技术。

相关知识

并网运行风力发电系统主要有两种控制方式，即恒速恒频控制和变速恒频控制。

一、恒速恒频发电系统的并网控制

20 世纪 80 年代中期开始进入风力发电市场的恒速恒频的风力发电系统，由于功率输出受桨叶自身的性能限制，叶片的桨距角在安装时已经固定，而发电机的转速受到电网频率限制，因此，只要在允许的风速范围内，恒速恒频风力发电系统的控制系统在运行过程中对由于风速变化引起的输出能量的变化是不做任何控制的。这就大大简化了控制技术和相应的伺服传动技术，使得恒速恒频风力发电系统能够在较短的时间内实现商业化运作。根据发电机的种类不同，分为同步发电机和异步发电机。前者运行于由发电机极对数和频率所决定的同步转速，后者则以稍高于同步转速的转速运行。恒速恒频发电系统主要解决的问题是并网控制和功率调节问题。

1. 同步发电机的并网运行控制

1）同步发电机的并网条件

（1）同步发电机的电压相序与电网的电压相序相同；

（2）同步发电机的频率与电网的频率相同；

（3）同步发电机的电压等于电网的电压，且电压波形相同。

（4）并网合闸瞬间同步发电机的电压相角与电网电压相角一致。

2）同步发电机的并网运行过程

同步发电机与电网并网运行的电路如图 4.23 所示。除风力机、齿轮箱外，电气系统外，还包括同步发电机、励磁调节器、变压器、断路器等，发电机通过断路器与电网相连。

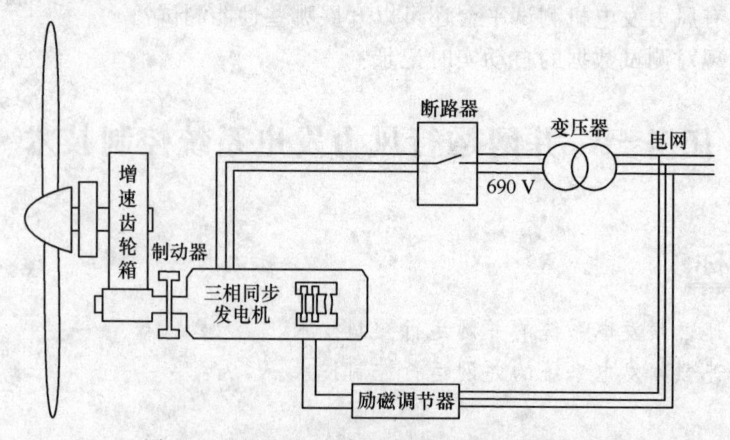

图 4.23　同步发电机与电网并网运行的电路

启动和并网过程如下：风向传感器测出风向，并使偏航系统工作，使风力发电机组对准风向；当风速超过切入风速时，桨距控制器调节叶片桨距角，使风力机启动。当发电机被风力机带到接近于同步转速时，励磁调节器动作，向发电机供给励磁，并调节励磁电流使得发电机的端电压的幅值大致与电网电压相同。他们频率之间很小的差别将使发电机的端电压和电网电压之间的相位差在0°～360°的范围内缓慢地变化。检测出断路器两侧的电压，当其为零或非常小时，就可使断路器合闸并网。合闸后，只要转子的转速接近同步转速就可以将发电机牵入同步，使得发电机与电网的频率保持完全相同。

3）同步发电机并网运行的特点

（1）并网运行时能使瞬态电流减至最小，从而使得风力发电机组和电网受到的电流冲击也最小。

（2）并网过程通常可以使用计算机自动进行检测、操作，对风力发电机组的调速装置要求较高，成本较大。

（3）由于采用交-直-交的转换方式，同步发电机组工作频率与电网频率是彼此独立的，风轮和发电机的转速可以变化，不必担心发生同步发电机直接并网运行可能出现的失步问题。

（4）对并网时刻控制要求精确，若控制不当，则有可能产生较大的冲击电流，以致并网运行失败。

2. 异步发电机的并网运行控制

1）异步发电机的并网条件

（1）转子转向应与定子旋转磁场方向一致，即异步发电机的相序和电网的相序相同。

（2）尽可能在发电机转速接近同步转速时并网，这样冲击电流才能快速衰减。

并网的第一个条件必须满足，否则发电机并网后将处于电磁制动状态，在接线时应调整好相序。第二个条件不是非常严格，但愈是接近同步转速并网，冲击电流衰减的愈快。

2）异步发电机的并网方法

在恒速恒频系统中，一般采用笼形异步发电机。异步发电机可以直接并网，也可以通过晶闸管调压装置与电网连接。

（1）直接并网。当风速达到启动条件时，风力发电机组启动，异步发电机被风力机驱动带到同步转速附近时即可自动并入电网。并网时，发电机的相序与电网的相序相同，自动并网的信号由测速装置给出，而后通过自动空气开关闭合完成并网过程。风力发电机组与大电网并网时，自动空气开关闭合瞬间的冲击电流对发电机及大电网的安全运行不会有太大的影响，对于小容量的电网系统，并网瞬间会引起电网电压大幅度下降，从而影响电网上其他电气设备的正常运行，甚至会影响到小电网系统的安全性与稳定性。为了抑制并网时的冲击电流，可以在异步发电机与三相电网之间串联电抗器，使系统电压不致下降过大，待并网过度过程结束后再将其短接。直接并网法只适用于异步发电机容量在十万瓦级以下，如图4.24所示。

（2）双向晶闸管软并网。对于较大型的风力发电机组，目前比较先进的并网方法是采用双向晶闸管控制的软并网法。这种并网方法是在感应发电机定子与电网之间通过每相串入一只双向晶闸管连接起来，三相均有晶闸管控制，双向晶闸管的两端与并网自动开关的动合触点并联，如图4.25所示。

并网过程如下：当风速大于风力发电机组的切入速度时，风力发电机启动。当控制系统检查到发电机的相序与电网的相序一致时，且发电机的转速接近同步转速时，发电机输出端的断路器闭合，使发电机经双向晶闸管与电网连接，双向晶闸管触发角由0°～180°逐渐打开，将并

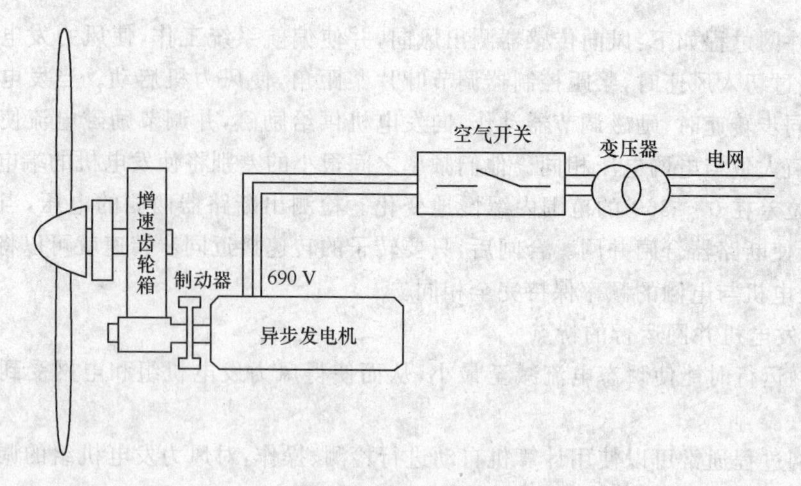

图 4.24　异步发电机的直接并网

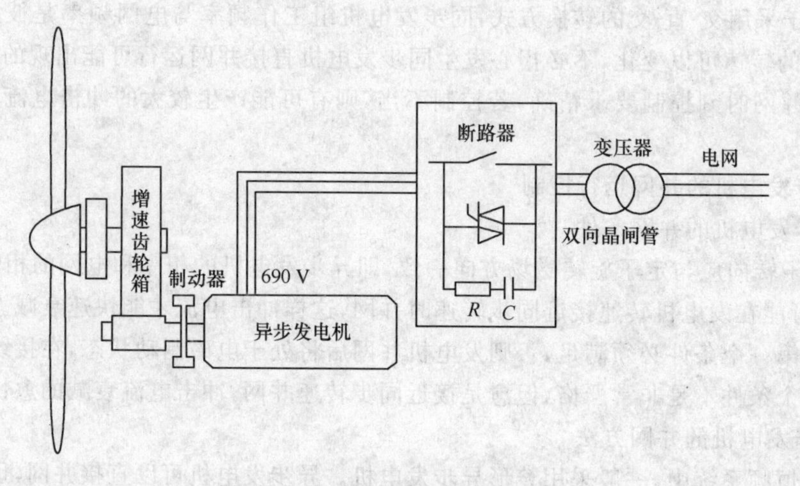

图 4.25　双向晶闸管软并网

网时的冲击电流限制在额定电流的 1.5 倍以内,从而得到一个比较平滑的并网过程。随着发电机的转速继续升高,发电机的滑差率渐渐趋于零,当滑差率为零时,断路器闭合,双向晶闸管被短接,异步发电机的输出电流将不再经过双向晶闸管流入电网,而是通过闭合的断路器流入电网。在发电机并网后,应立即在发电机端并入补偿电容元件,将发电机的功率因数提高到 0.95 以上。

3) 异步发电机并网运行时的功率输出

异步发电机并网运行时,它向电网送出的电流大小及功率因数,取决于转差率 s 和异步发电机的参数,而这些量都不能加以控制或调节。并网后,异步发电机运行在其转矩-转速曲线的稳定区。

当风力发电机组传给异步发电机的机械功率及转矩随风速而增加时,异步发电机的输出功率及转矩也相应增大(见图 4.26),原先的转矩平衡点 A_1 沿其运行特性曲线移至转速较前稍高的一个新的平衡点 A_2,继续平稳运行。当异步发电机的输出功率超过其最大转矩所对应的功率时,其反向转矩减小,导致转速迅速上升,在电网上引起飞车,这是十分危险的。因此必须具有合理可靠的失速叶片或限速机构,保证风速超过额定风速或阵风时,从风力发电机组输出的机械功率被限制在一个最大值以下,保证异步发电机的输出功率不超过其最大转矩所对应的功率值。对于小容量电网一方面要配备可靠的过电压和欠电压保护装置,另一方面要求选用过载能力强的异步发电机。

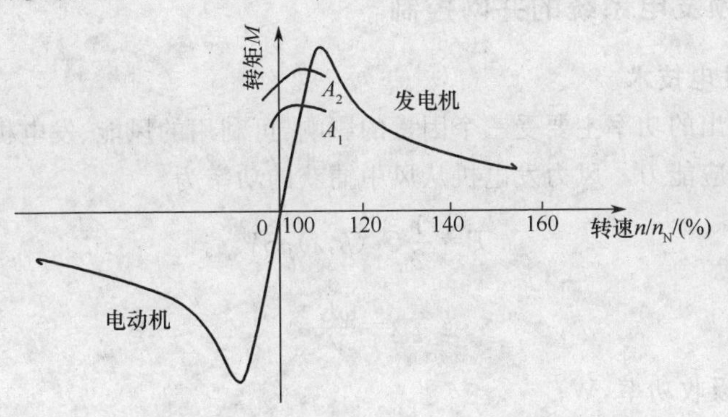

图 4.26　异步发电机的转矩-转速特性曲线

4）异步发电机无功功率及其补偿

异步发电机需要无功功率主要是为了励磁的需要，另外也为了供应定子和转子漏磁所消耗的无功功率。就前一点来说，一般大中型异步发电机的励磁电流约为额定电流的 20%～25%，因而励磁所需的无功功率就达到异步发电机容量的 20%～25%，再加上第二点，异步发电机总共所需的无功功率应大于异步发电机容量的 20%～25%。

接在电网上的负载，一般来说，其功率因数都是落后的，对于配置异步发电机的风力发电机组，通常要采用电容元件进行适当的无功补偿。

5）异步发电机并网运行的特点

异步发电机的启动、并网很方便，且便于自动控制、价格低，运行可靠，维修便利，运行效率也比较高，因此在并网发电系统中得到广泛的应用。其并网运行特点如下：

(1) 并网过程简单，且自身不产生电压，但是合闸瞬间会产生额定电流值 5～6 倍的冲击电流，一般在短时间内(约零点几秒)转入稳态。

(2) 目前在较大型的风力发电机组中，常采用双向晶闸管软并网。

(3) 通常需要采用电容元件进行适当的无功补偿。

阅读材料

风力发电控制系统的基本目标

风力发电控制系统的基本目标分为 4 个层次：保证可靠运行，获取最大能量，提供良好电力质量，延长机组寿命。控制系统要实现以下具体功能：

(1) 运行风速范围内，确保系统稳定运行。

(2) 低风速时，跟踪最优叶尖速比，实现最大风能捕获。

(3) 高风速时，限制风能捕获，保持风力发电机组的额定输出功率。

(4) 减少阵风引起的转矩峰值变化，减小风轮的机械应力和输出功率波动。

(5) 减少功率传动链的暂态响应。

(6) 控制代价小。不同输入信号的幅值应有限制，比如桨距角的调节范围和变桨距速率有一定限制。

(7) 抑制可能引起的机械共振的频率。

(8) 调节机组功率，控制电网电压、频率稳定。

二、变速恒频发电系统的并网控制

1. 变速风力发电技术

风力发电机输出的功率主要受三个因素的影响：可利用的风能、发电机的功率曲线和发电机对变化风速的响应能力。风力发电机从风中捕获的功率为

$$P=\frac{1}{2}C_P(\beta,\lambda)\rho SV^3 \tag{4.15}$$

$$\lambda=\frac{\omega R}{V} \tag{4.16}$$

式中 P——风轮吸收功率，W；

$C_p(\beta,\lambda)$——风能利用系数；

ρ——空气密度，kg/m^3；

R——风轮半径，m；

V——风速，m/s；

λ——叶尖速比；

ω——风轮转速，rad/s。

风能利用系数的最大值是贝茨极限 0.593。如果保持 β 不变，可以用一条曲线描述风力发电机性能，只要使得风轮的叶尖速比在最佳值 $\lambda=\lambda_{opt}$，就可维持风力发电机在最大风能利用系数 C_{pmax} 下运行。

变速控制是使风轮跟随风速的变化改变其旋转速度，保持基本恒定的最佳叶尖速比 λ_{opt}，相对于恒速运行，变速运行有以下几个优点：

1）具有较好的效率，可使桨距调节简单

变速运行放宽了对桨距控制相应速度的要求，降低了桨距控制系统的复杂性，减小了峰值功率要求。低风速时，桨距角固定；高风速时，调节桨距角，限制最大输出功率。

2）系统效率高

变速运行风力发电机组以最佳叶尖速比、最大功率点运行，提高了风力发电机组的运行效率。与恒速恒频风电系统相比年发电量一般可提高 10%以上。

3）能吸收阵风能量，把能量存储在风轮机械转动惯量中

减少阵风冲击对风力发电机组带来的疲劳损坏，减少机械应力和转矩脉动，延长机组寿命。当风速下降时，高速运转的风轮动能便释放出来，变为电能送给电网。

4）改善电能质量

由于风轮系统的柔性，减少了转矩脉动，从而减少了输出功率的波动。

5）减少运行噪声

低风速时，风轮处于低速运行状态，使噪声降低。

2. 变速恒频风力发电技术

1）异步发电机变速恒频风力发电系统

异步发电机变速恒频风力发电系统原理图如图 4.27 所示，其定子绕组通过 AC-DC-AC 变流器与电网连接，变速恒频变换在定子电路中实现。当风速变化时，异步发电机转子的转速和异步发电机发出电能的频率随着风速的变化而变化，通过定子绕组和电网之间的变流器将频率变化的电能转化为与电网频率相同的电能。这种方案虽然可以实现变速恒频的目的，但因变

流器连在定子绕组中，变流器的容量要求与异步发电机的容量相同，整个系统的成本和体积增大，在大容量异步发电机组中难以实现。此外，异步发电机需要从电网中吸收无功功率来建立磁场，使电网的功率因数下降，须加电容元件补偿装置，其电压和功率因数的控制也比较困难。

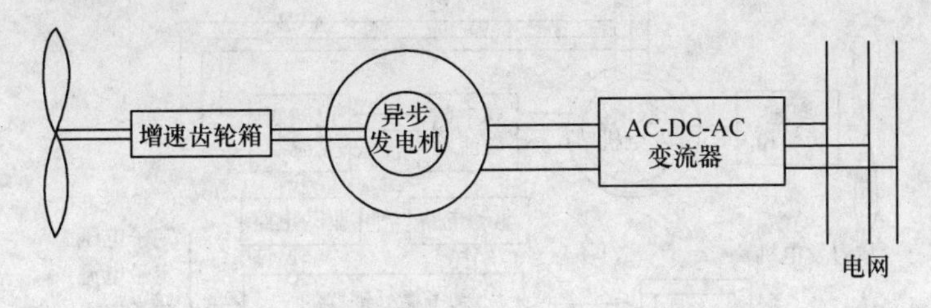

图 4.27　异步发电机变速恒频风力发电系统原理图

2）同步发电机变速恒频风力发电系统

在恒速恒频风力发电系统中，同步发电机同电网之间为"刚性连接"，发电机输出频率完全取决于原动机的转速，并网之前发电机必须经过严格的整步和准同步，并网后也必须保持转速恒定，因此对控制器的要求高、控制器结构复杂。

在变速恒频风力发电系统中，同步发电机的定子绕组通过变流器与电网连接，系统原理图如图 4.28 所示。当风速变化时，为实现最大风能捕获，风力发电机和同步发电机的转速随之变化，同步发电机发出的是变频的交流电，通过变流器转化后获得恒频交流电输出，再与电网并联。由于同步发电机与电网之间通过变流器相连，同步发电机的频率和电网的频率彼此独立，并网时一般不会发生因频率偏差而产生较大的电流冲击和转矩冲击，并网过程比较平稳。

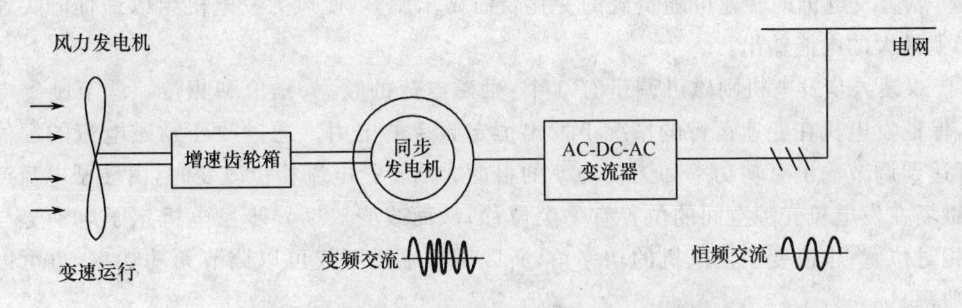

图 4.28　同步发电机变速恒频风力发电系统原理图

3）双馈异步发电机变速恒频风力发电系统

双馈异步发电机变速恒频风力发电系统原理图如图 4.29 所示。双馈异步发电机变速恒频风力发电是当前国际风力发电的新技术。它的发电机采用双馈异步发电机，其定子接入电网，转子绕组由频率、幅值、相位可调的电源供给三相低频励磁电流。这个励磁电流相对于转子形成一个低速旋转磁场，旋转速度为 r，该磁场转速与转子的机械转速相加等于定子磁场的同步转速 s，这便使发电机定子绕组感应出同步转速的工频电压。由于采用了交流励磁，发电机和电力系统构成了"柔性连接"，即可以根据电网电压、电流和发电机的转速来调节励磁电流，精确地调节发电机输出电压，使其能满足要求。

当风速变化时，调解转子励磁电压相量，使得转子的机械转速随着风速的变化而变化，在发生变化的同时，转子旋转磁场的转速 r 也应发生相应的变化来补偿发电机转速的变化，以达到变速恒频稳定运行的目的。为了获得风能的最大转换效率，目前普遍采用变速恒频矢量控制技术，其优点在于通过调节发电机转子电流的大小、频率和相位，从而实现转速的调节，可在

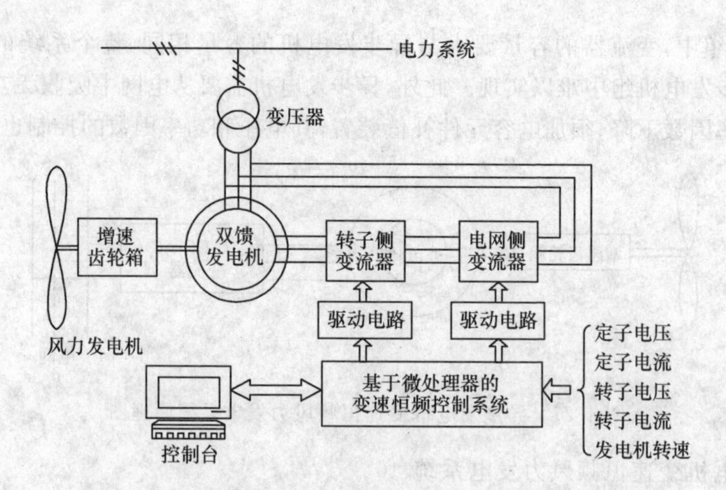

图 4.29 双馈异步发电机变速恒频风力发电系统原理图

很宽的风速范围内保持近乎恒定的最佳叶尖速比，进而实现追求风能最大转换效率；同时，又可以采用一定的控制策略，灵活调节系统的有功功率、无功功率，抑制谐波、减少损耗，提高系统的效率。

(1) 并网运行技术：

① 风力机启动后带动双馈异步发电机至接近同步转速时，由转子回路中的变流器通过对转子电流控制实现电压匹配、同步和相位控制，以便迅速地并入电网。并网时基本上无电流冲击。

② 风力发电机的转速可随负载的变化及时做出调整，使风力发电机组以最佳叶尖速比运行，产生最大的电能输出。

③ 双馈异步发电机励磁可调量有 3 个：励磁电流的频率、幅值和相位。调节励磁电流的频率，保证发电机在变速运行的情况下发出恒定频率的电力。通过改变励磁电流的幅值和相位，可达到调节输出有功功率和无功功率的目的。当转子电流相位改变时，由转子电流产生的转子磁场在发电机气隙空间的位置有一个位移，从而改变双馈异步发电机定子电动势与电网电压相对位置，也改变了发电机的功率角，所以调节励磁不仅可以调节无功功率，也可以调节有功功率。

(2) 双馈发电机变速恒频风力发电系统并网运行的优越性：

① 该变速恒频风力发电系统控制异步发电机的滑差在适当的数值范围内变化，实现优化风力发电机叶片的桨距调节，可减少风力发电机叶片桨距的调节次数。

② 可降低风力发电机组运转时的噪声水平。

③ 可降低风力发电机组剧烈的转矩起伏，减少部件的机械应力，同时为减轻部件质量或研制大型风力发电机组提供了有力的保证。

④ 风力发电机的运行速度能够在一个较宽的范围内被调节到风力发电机的最优化效率数值，使风力发电机的 C_p 值得到优化，从而提高系统的效率。

⑤ 可以实现双馈异步发电机低起伏的平滑的电功率输出，达到优化系统内的电网质量，同时减小双馈异步发电机温度变化。

⑥ 与电网连接简单，并可实现功率因数的调节。

⑦ 可实现独立运行，几个相同的独立运行风力发电机组也可实现并联运行。

⑧ 该变速恒频风力发电系统内变频器的容量一般为双馈异步发电机额定容量的 1/4～1/3。

4）无刷双馈异步发电机变速恒频风力发电系统

无刷双馈异步发电机作为一种新型发电机，其结构和运行原理异于传统发电机。无刷双馈发电机的定子上有两套极数不同的绕组，一个为功率绕组，直接接入电网，另一个为控制绕组，通过双向变频器接入电网，如图 4.30 所示。

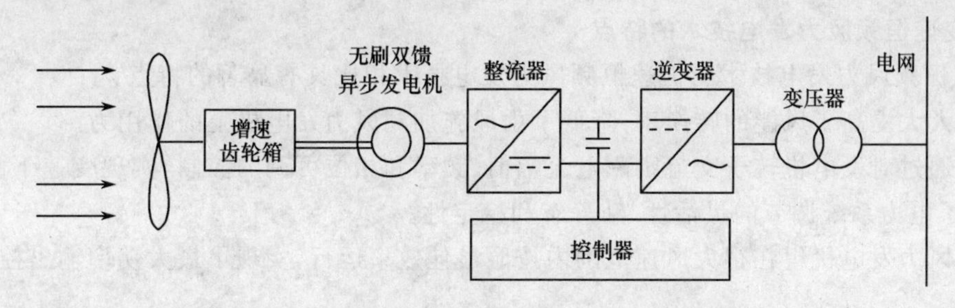

图 4.30 无刷双馈异步发电机变速恒频系统原理图

无刷双馈异步发电机的变速恒频控制，就是根据风力发电机组风力机转速的变化相应地控制转子励磁电流的频率，使得无刷双馈异步发电机输出的电压频率和电网保持一致。无刷双馈异步发电机的并网与双馈发电机类似，通过调节转子励磁电流，实现软并网，避免并网时发生的电流冲击和过大的电压波动。

采用无刷双馈异步发电机的控制方案，除了可实现变速恒频控制，降低变频器的容量外，还可在矢量控制策略下实现有功和无功的灵活控制，起到无功补偿的作用。由于无刷双馈异步发电机本身没有滑环和电刷，既降低了发电机的成本，又提高了系统运行的可靠性。由于结构简单、坚固可靠，适用于风力发电这样恶劣的工作环境，保证了并网后风力发电机组的安全运行。

5）直驱永磁发电机变速恒频风力发电系统

直驱永磁发电机变速恒频风力发电系统原理图如图 4.31 所示。利用永磁体取代转子励磁磁场，无须外部提供励磁电源。变速恒频策略是在定子侧实现的，通过控制变频器，将发电机输出的变频变压的交流电转换为与电网同频的交流电，因此变频器的容量与系统的额定容量相同，存在谐波污染问题。

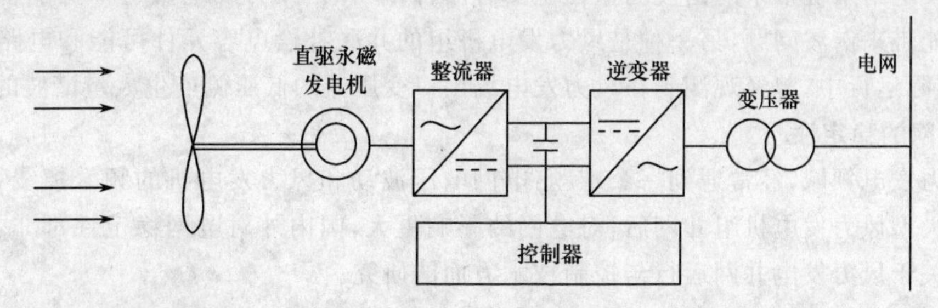

图 4.31 直驱永磁发电机变速恒频风力发电系统原理图

直驱永磁发电机通过变频器与电网连接，其频率和电网的频率彼此独立，不存在并网时产生冲击电流，冲击力矩以及并网后失步的问题。逆变器不仅可以调节并网电压和频率，而且还可以调节有功功率，是一种稳定的并网方式。并网前，逆变器以保证满足并网条件为目标，当条件全部满足后并入电网。并网后，逆变器输出电压跟随电网电压以工频变化，此时把获取最大风能作为控制目标，通过对逆变器输出功率的控制实现对发电机转矩的控制，进而实现对风力发电机转速的控制，同时保证系统的功率因数可调。

直驱永磁发电机变速恒频风力发电系统由于实现了变桨距风轮机与永磁同步发电机的直接耦合,不需要增速齿轮箱,这样大大提高了系统的可靠性,大大减小了系统运行的噪声,也便于维护,还具有重量轻、效率高、可靠性好等特点。但由于永磁发电机转速很低,使得发电机体积增大,成本变高。

3. 变速恒频风力发电技术的特点

变速恒频风力发电技术与恒速恒频风力发电技术相比具有显著的特点:

(1) 大大提高了风能的转换率,降低了由风施加到风力发电机上的作用力。

(2) 通过对发电机转子交流励磁电流幅值、频率和相位可调的控制,实现变速下的恒频控制,提高了电力系统调节的灵活性、动静态和稳定性。

(3) 风力发电机组在很大风速范围内按照最佳效率运行,实现了最大功率输出控制。

三、并网的经济效益和需要注意的问题

一个总装机容量为50 MW的风力发电场经济性估算,该风力发电场的总造价为41 500万元,以运行年限为20年计算,发电总收入达到170 180万元,净利润为57 913万元,投资利润率达10.03%,经济效益相当可观。

并网后需要关注的主要问题有以下几点:

1. 电能质量

根据国家标准,对电能质量的要求有5个方面:高次谐波、电压闪变与电压波动、三相电压及电流不平衡、电压偏差、频率偏差。风力发电机组对电网产生影响的主要有高次谐波和电压闪变与电压波动。

2. 电压闪变

风力发电机组大多采用软并网方式,但是在启动时仍然会产生较大的冲击电流。当风速超出切出风速时,风力发电机组会从额定状态自动退出运行。如果整个风力发电场所有风力发电机组几乎同时动作,这种冲击对配电网的影响十分明显,容易造成电压闪变与电压波动。

3. 谐波污染

风力发电给系统带来的谐波的途径主要有两种,一种是风力发电机组本身配备的电力电子装置可能带来谐波问题,另一种是风力发电机组的并联补偿电容元件可能和电路电抗发生谐振,在实际运行中,曾经观测到在风力发电场出口变压器的低压侧产生大量谐波的现象。

4. 电网的稳定性

在风力发电领域,经常遇到一个难题:电网电压波动和风力发电机的频繁掉线,尤其是越来越多的大型风力发电机组并网后,对电网的影响更大,国内外对电网稳定性都非常重视,开展了不少关于风力发电并网运行与控制技术方面的研究。

5. 发电计划与调度

传统的发电计划基于电源的可靠性以及负荷的可预测性。

任务实施

1. 双馈式风力发电实验系统基本原理

双馈式风力发电实验系统具有模拟变速恒频风力机组并网发电的功能及特性。该系统采用异步变频拖动单元,宽范围模拟风力发电机运行转速,操作者可根据需要调节拖动单元转速

来达到模拟风速变化引起的发电机转速变化。同时还可以根据自己的需求给定发电机转矩，通过变流系统控制双馈发电机的功率输出，完成变速恒频风力发电机组的并网发电过程各参数的实验测试。

2. 双馈式风力发电实验系统并网、脱网、连续运行测试

将双馈式风力发机、并网变流器模块与设备相连，启动开关，完成双馈式风力发电系统的并网、脱网、连续运行测试，画出负载曲线、输出电压曲线、功率曲线等特征曲线，并记录相关数据。双馈式风力发电实验系统如图 4.32 所示。

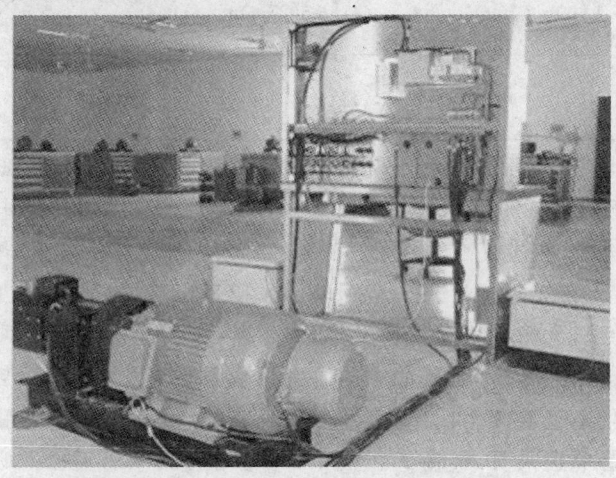

图 4.32　双馈式风力发电实验系统

3. 分组讨论

变速恒频发电技术的优越性在哪里？

知识拓展

风光互补发电系统

在新能源中，太阳能和风能的开发与利用日益受到各国的普遍重视，已成为新能源中开发利用水平最高、技术最成熟、应用最广泛的新型能源。我国幅员辽阔，太阳能资源十分丰富。据估算，我国陆地每年的太阳能辐射能约为 5.02×10^{19} kJ（千焦），相当于 1.7 万亿吨标准煤。年日照时数在 2 200 h 以上的地区约占国土面积的 2/3 以上，我国太阳能资源分布状况如表 4.2所示。

表 4.2　我国太阳能资源分布状况

太阳能资源分类地区	全年日照时数/h	全年每平方米面积接受的太阳辐射能/kJ	分布的省、自治区
一类地区：太阳能资源丰富区	3 200～3 300	$(670\sim837)\times10^4$	宁夏北部、甘肃北部、青海西部、西藏西部、新疆南部
二类地区：太阳能资源较丰富区	3 000～3 200	$(586\sim670)\times10^4$	内蒙古南部、宁夏南部、甘肃中部、青海东部、西藏东南部、山西北部、河北西北部

续表

太阳能资源分类地区	全年日照时数/h	全年每平方米面积接受的太阳辐射能/kJ	分布的省、自治区
三类地区：太阳能资源中等地区	2 200～3 000	$(502\sim586)\times10^4$	河北东南部、山西南部、新疆北部、甘肃东南部、吉林、辽林、山东、河南、陕西北部等
四类地区：太阳能资源较差地区	1 400～2 200	$(419\sim502)\times10^4$	湖南、湖北、浙江、江西、广西、陕西南部、江苏南部、广东北部、黑龙江等
五类地区：太阳能资源贫瘠地区	1 000～1 400	$(335\sim419)\times10^4$	四川、贵州

我国从20世纪50年代开始着手研究太阳能和风能的发电技术，到20世纪80年代，取得了进展，并产生了光伏发电和风力发电产业。但是风能和太阳能都具有能量密度低、稳定性差的弱点，并受到地理分布、季节变化、昼夜交替等的影响；两者在时间上、地域上和经济上都有一定的互补性。白天太阳光最强时，风较小，晚上太阳落山后，光照很弱，但由于地表温度变化大而风能加强。在夏季，太阳光强度大而风小，在冬季，太阳光强度弱而风大，因而风光互补发电的优势是可以向电网提供更加稳定的电能。太阳能虽供电稳定性高，但是其发电成本较高。而风力虽随机性强，供电可靠性差，但发电成本较低，二者结合起来可共用一套送变电设备，降低工程造价，共用一套管理人员，提高工作效率，降低运行成本。而且可以通过光伏组件的容量和风力发电机容量的优化，可在满足供电要求的基础上，降低发电成本。

风光互补发电系统特别适用于风能和太阳能资源丰富的地区，如草原、海岛、沙漠、山区、林场等地区。风光互补发电系统还可用于城市的住宅小区和环境工程，如照明路灯、庭院、草坪、广场、广告牌等。

1. 风光互补发电系统的组成

风光互补实质上就是风能和太阳能在能量上的相互补充，共同给负载供电。太阳能弥补了风能的间歇性特点，风能弥补了太阳能晚上没有的缺点。经过了30年的发展，常用的风光互补发电系统基本上采用图4.33所示的结构。风光互补发电系统主要由风力发电机、太阳能光伏阵列、控制器、蓄电池、逆变器、交直流负载等组成。该系统是集风能、太阳能及蓄电池等多种能源发电技术及系统智能控制技术为一体复合可再生能源发电系统。

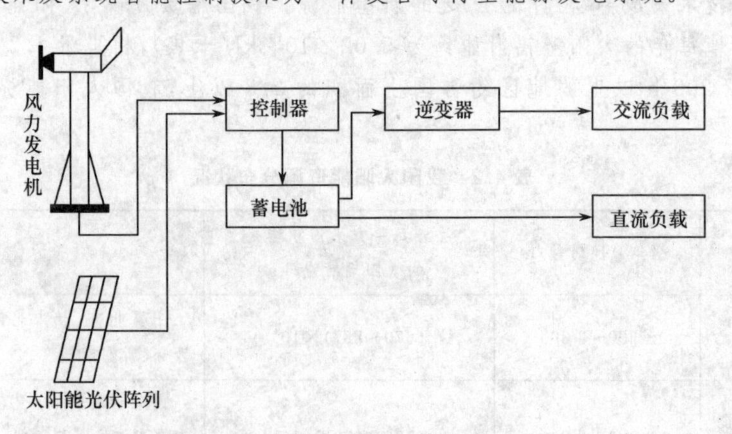

图4.33　风光互补发电系统结构图

工作过程：风力发电机及太阳能电池发出的电通过控制器储存在蓄电池中，当负载用于直流电时，通过控制器将直流电直接输送到负载；当负载用于交流电时，则需要经逆变器转为交流电再输送给负载。

2. 风光互补发电系统的优缺点

风光互补发电系统与单独的风力发电系统和光电系统相比具有明显的优点：

(1) 风光互补发电系统同时利用太阳能和风能发电，因此对气象资源的利用更加充分。可实现昼夜发电，一年四季都发电，产生了比较稳定的总输出，增加了系统的稳定性和可靠性。

(2) 在保证同样供电的情况下，风光互补发电系统所需要的蓄电池容量远远小于单一的发电系统，因此，降低了生产成本。通过选择合理的蓄电池充放电控制策略，更能延长蓄电池的使用寿命，减少系统的维护。

但是风光互补发电系统也存在一些缺点：

(1) 系统设计复杂，对系统的控制和管理要求较高。

(2) 由于风光互补发电系统存在两种类型的发电单元，增加了维护工作的难度和工作量。

3. 风光互补发电系统的设计步骤

采用风光互补发电系统的目的是为了更有效地利用可再生能源，实现风力发电和太阳光发电的互补。在风力强的季节或时间内以风力发电为主，以太阳光发电为辅。中国西北、华北、东北地区冬春季风力强，夏秋季风力弱，但太阳辐射强，从资源的利用上恰好可以互补。在电网覆盖不到的偏远地区或海岛，利用风光互补发电系统是一种合理可靠的获得电力的方法。

风光互补发电系统的设计步骤如下：

(1) 汇集及测量当地风能资源、太阳能资源、其他天气及地理环境数据。

(2) 了解当地负荷状况，包括负荷性质、负荷的工作电压、负荷的额定功率，全天耗电量。

(3) 确定风力发电及太阳光发电分担的向负荷供电的份额。

(4) 根据确定的负荷份额计算风力发电和太阳光发电装置的容量。

(5) 选择风力发电机及太阳能光伏阵列的型号，确定及优化系统的结构。

(6) 确定系统内其他部件(蓄电池、整流器、逆变器、控制器、辅助后备电源等)。

(7) 编制整个系统的投资预算，计算发电量及发电成本。

复习思考题

1. 并网风力发电系统的主要形式有哪些？
2. 简述并网风力发电系统恒速恒频运行方式，在该种运行方式下可采用哪些类型的发电机？
3. 简述并网风力发电系统变速恒频运行方式，在该种运行方式下可采用哪些类型的发电机？
4. 简述同步发电机的并网过程。
5. 异步发电机的并网条件有哪些？
6. 对于小容量电网为什么要配备可靠的过电压和欠电压保护装置？
7. 变速恒频风力发电系统有哪些优点？
8. 永磁同步发电机交流并网电路的基本作用有哪些？
9. 采用变速恒频矢量控制技术的优点是什么？
10. 试述双馈异步发电机的基本工作原理。
11. 试述双馈异步发电机的功率流向。

项目五 风力发电机组的安装、运行与维护

风力发电机组的安装必须符合安全操作规范，风力发电机组安全运行已成为风力发电系统能否发挥作用、风力发电场能否长期安全可靠运行的首要问题。风力发电机组安装调试完并运行一个月后，需要进行全面维护。风力发电机组的正常维护分为日常维护和年度例行维护。

本项目包括三个学习性工作任务：

任务一　风力发电机组的安装

任务二　风力发电机组的安全运行

任务三　风力发电机组的维护

任务一　风力发电机组的安装

学习目标

(1) 熟悉风力发电机组安装的各种安全操作规程。

(2) 掌握风力发电机组安装前的各项准备工作。

(3) 掌握风力发电机组安装项目。

任务描述

风力发电机组制造厂应提供安装机组的要求及详细的说明，机组的安装工作应由经专门培训或经过业务指导过的人员进行。风力发电机组安装项目主要包括：塔架的安装、风轮的组装、机舱的吊装、风轮的吊装、风力发电机组附属设备的安装、箱变的安装、场内输电线路及通信线路的施工及中央监控装置的安装。通过本任务的学习，了解风力发电机组安装的安全操作规程，学会风力发电机组各个部件的安装，掌握地基基础的设计原则、注意事项以及编制的方法。

相关知识

一、风力发电机组安装前的准备工作

(1) 检查并确认风力发电机组基础已验收，符合安装要求。

(2) 确认风力发电场输变电工程已经验收。

(3) 确认安装当日气象条件适宜，地面最大风速不超过 12 m/s。

(4) 由制造厂技术人员会同建设单位(业主)组织有关人员认真阅读和熟悉风力发电机组制造厂随机提供的安装手册。

(5) 以制造厂技术人员为主,组织安装队伍,并明确安装现场的唯一指挥者。

(6) 由现场指挥者牵头,制定详细的安装作业计划。明确工作岗位,责任到人,明确安装作业顺序、操作程序、技术要求、安装要求,明确各工序各岗位使用的安装设备、工具、量具、用具、辅助材料、油料等,并按需分别准备妥当。

(7) 清理安装现场、去除杂物、清理出运输车辆通道。

(8) 清理风力发电机组基础,清理基础环工作表面(法兰的上、下端面和螺栓孔),对使用地脚螺栓的,清理螺栓螺纹表面、去除防锈包装、加涂机油,个别损伤的螺纹用板牙修复。

(9) 安装用的大、小吊车已按要求落实,并进驻现场。

(10) 办理风力发电机组出库领料手续,由各安装工序责任人负责按作业计划与明细表逐件清点,并完成去除防锈包装清洁工作,运抵安装现场。

图 5.1 所示为风力发电机组的基础施工。

图 5.1　风力发电机组的基础施工

阅读材料 5.1

风力发电机组基础的类型

风力发电机组基础均为现浇钢筋混凝土独立基础。根据风力发电场场址工程地质条件和地基承载力的力矩、尺寸大小的不同,从结构形式看,常用的基础可分为扩展基础、桩基础和岩石锚杆基础。

扩展基础又称块状基础,应用较为广泛,对基础进行动力分析时,可以忽略基础的变形,并将基础作为刚体来处理,而仅考虑地基的变形。

桩基础包括混凝土预制桩和混凝土灌注桩。桩基础应为 4 根及以上基桩组成的群桩基础。按桩的形状和竖向受力情况可分为摩擦型桩和端承型桩。摩擦型桩的桩顶竖向载荷主要由桩侧阻力承受,端承型桩的桩顶竖向载荷主要由桩端阻力承受。

岩石锚杆基础应置于较完整的岩体上,且与基岩连成整体。

具体采用哪种基础应根据建设场地地基条件和风力发电机组上部结构对基础的要求确定，必要时需进行试算或技术经济比较。当地基土为软弱土层或高压缩性土层时，宜优先采用桩基础。

二、风力发电机组安装程序

风力发电机组安装项目主要包括：塔架的吊装、风轮的组装、机舱的吊装、风轮的吊装、控制柜就位、附件的安装、箱变的安装、场内输电线路及通信线路的施工及中央监控装置的安装。

风力发电机组主要部件重量清单见表5.1。

表5.1　70/1500风力发电机组主要部件重量清单

总成		部件	数量	重量/kg	
				单重	总重
叶轮 (31 100 kg)	叶片		3个	5 750	1 7250
	轮毂变桨总成		1个	13 850	13 850
机舱 (11 685 kg)	机舱罩总成		1个	1 115	1 115
	底座总成	底座(5 480 kg)+附件(1 034 kg)	1个	6 514	6 514
	测风系统		1个	18	18
	偏航系统	偏航电机	3个	48	144
		偏航减速器	3个	440	1 320
		偏航轴承	1个	1 159	1 159
		偏航刹车盘	1个	550	55
		偏航制动器	10个	70	700
	润滑系统		1个	15	15
	液压系统		1个	50	50
	提升机总成		1个	100	100
发电机			1个	44 119	44 119
电控柜		主控柜+电容柜+计算机柜	1套	3 600	3 600
塔架 (90 157 kg)	塔架上段		1个	22 144	22 144
	塔架中段		1个	34 210	34 210
	塔架下段		1个	27 707	27 707
	基础环		1个	6 096	6 096
合计					180 661

1. 塔架的吊装

如图5.2所示，塔架运到安装现场后先经过进场检验，表面清洁、修复以及基础环法兰面的复测、清洁，再进行塔架安装材料、工具准备工作，吊装方案的专项设计，制定吊装现场的组织及管理方式，检查吊装设备，即可开始塔架的吊装，如图5.3所示。

塔架吊装有两种方式：

一种方式是使用起重量50 t左右的吊车先将下段吊装就位，待吊装机舱和风轮时，再吊装剩余的中、上段，这样可减少大吨位吊车的使用时间，适用于一次吊装风力发电机组数量少，且为地脚螺栓或基础结构。吊装时还需配备一台起重量16 t以上的小吊车配合“抬吊”。

图 5.2　塔架的运输和吊装

图 5.3　塔架的吊装

另一种方式是一次吊装的台数较多，除使用 50 t 吊车外，还使用起重量大于 130 t，起吊高度大于塔架总高度 2 m 以上的大吊车，一次将所有塔架几段全部吊装完成。

1）塔架下段的吊装

（1）吊车缓缓提起下段塔架，下段完全呈竖直状态后，拆下“下段下法兰吊耳”。

（2）移动塔筒使下法兰高于控制柜上方 100 mm 处，然后逐渐下落，注意调整塔筒位置，使其准确套入控制柜外（需特别注意移动时不能碰撞控制柜），继续缓慢下落至基础环上方10 mm 处。

（3）调整相互位置，注意对准法兰标记位置，确保塔架门的朝向正确。

（4）对称装上几个螺栓，放下筒体，装上所有螺栓，并用电动扳手预紧。

（5）松开上法兰吊具螺栓，组合成套后，用吊车将其吊至地面。

（6）调整好液压扳手的力矩，对角线方向紧固下法兰螺栓，螺栓力矩分 3 次调整，即 1 400 N·m、2 100 N·m、2 800 N·m。

2）塔架中段的吊装

（1）吊车缓缓提起中段塔架，中段完全呈竖直状态后，拆下“中段下法兰吊耳”。

（2）移动至高于中段上法兰上方 10 mm 处。

（3）调整相互位置，注意对准法兰标记位置。

（4）对称装上几个螺栓，放下筒体，装上所有螺栓，并用电动扳手预紧。

(5) 松开上法兰吊具螺栓,组合成套后,用吊车将其吊至地面。

(6) 调整好液压扳手的力矩,对角线方向紧固下法兰螺栓,螺栓力矩分 3 次调整,即 1 400 N·m、2 100 N·m、2 800 N·m。

3) 塔架上段的吊装

(1) 两台吊车缓缓提起上段塔架,上段完全呈竖直状态后,拆下“上段下法兰吊耳”。

(2) 移动至高于上段上法兰上方 10 mm 处。

(3) 调整相互位置,注意对准法兰标记位置。

(4) 对称装上几个螺栓,放下筒体,装上所有螺栓,并用电动扳手预紧。

(5) 松开上法兰吊具螺栓,组合成套后,用吊车将其吊至地面。

(6) 调整好液压扳手的力矩,对角线方向紧固下法兰螺栓,螺栓力矩分 3 次调整,即 1 400 N·m、2 100 N·m、2 800 N·m。

塔架吊装时,由于连接用的紧固螺栓数量多,紧固螺栓占用时间长,有可能时,尽量提前单独完成,且宜采用流水作业方式一次连续吊装多台,以提高吊车利用率。吊装过程中应注意:吊车以及所有吊钩、吊环和其他器具,应满足安全提升要求,能承受加于其上的全部载荷。厂家的说明书和有关吊装的文件应提供零、部件和安全起吊点、起吊前应进行试吊,以验证起吊设备、吊环、吊钩等是否能安全起吊。

2. 风轮的组装

与塔架的吊装一样,风轮的组装也需要在机舱吊装前提前完成。风轮的组装应按照制造厂的说明书进行。

(1) 进行叶片检查、修补、清洁,确保润滑合适,零件完好。

(2) 风轮的组装及检查:风轮的组装有两种方式,一种是在地面上将 3 个叶片与风轮轮毂连接好,并调好叶片安装角(有叶片加长节的,也一并连接好);另一种方法是在地面上,把风轮轮毂与机舱的风轮轴连接,同时安装上离地面水平线有 120°的 2 个风轮叶片,第 3 个叶片待机舱吊装至塔架顶后再安装,如图 5.4 所示。

图 5.4　风轮的组装与运输

3. 机舱的吊装

(1) 先进行机舱的检查、修理、清洁。

(2) 装有铰链式机舱盖的机舱,将其分成左右两半,挂好吊带或钢丝绳,保持机舱底部的偏航轴承下平面处于水平位置，即可吊装于塔架顶法兰上。

（3）装有水平剖分机舱盖的机舱，与机舱盖分先后两次吊装。

（4）对于已装好轮毂并装有两个叶片的机舱，吊装前切记锁紧风轮轴并调紧刹车。

（5）完工检查、清理现场，如图 5.5 所示。

图 5.5 机舱的运输及吊装

4. 风轮的吊装

（1）在第 3 个叶片上安装叶片防具，通过 U 形卸口，钢丝绳挂在辅助吊车吊钩上。

（2）在前 2 个叶片上安装吊带，在叶尖处通过帆布袋各固定一根导向绳。

（3）起吊前须将发电机转速检测盘放在轮毂内并绑扎牢固。

（4）吊车同时起吊，主吊车慢慢向上，辅助吊车配合风轮由水平状态慢慢倾斜，并保证叶尖不能接触到地面，待垂直向下的叶尖完全离开地面后，辅助吊车脱钩，拆除叶片护具，由主吊车将风轮起吊至轮毂高度。

（5）机舱中的安装人员通过对讲机与吊车保持联系，指挥吊车缓缓平移，轮毂法兰接近发电机动轴法兰时停止。

（6）使用 5 t 以上手拉葫芦从人孔处把风轮拉向发电机动轴法兰，拉动牵引绳配合吊车使轮毂变桨系统法兰面处于平行位置，旋下锁定销，把手轮顺时针旋转，一定要全部松开转子锁定装置，使用撬杠缓缓转动发电机以调整动轴法兰孔位置，螺栓涂 MoS_2 并旋入，注意保证叶片顺桨状态。

（7）用电动扳手紧固后，用液压力矩扳手分 3 次力矩(1 400 N · m、2 100 N · m、2 800 N · m)紧固螺栓。

（8）拆下吊带和导向绳。

5. 控制柜就位

控制柜安装于钢筋混凝土基础上的，应在吊装塔架下段时预先就位；控制柜固定于塔架下段下平台上的，可在放电缆前后从塔架工作门抬进就位。图 5.6 为电抗器及其支架的安装，图 5.7 为控制柜及其通风设备的安装。

1）电抗器及其支架的安装

（1）将调节螺栓安装到支架下部地脚钢板上。

（2）将支架下部吊入基础环内，正面与塔架门方向一致，并将 4 个调节螺栓落在定位标记的位置上。

（3）将电抗器及其支架（支架上部）落在支架下部上，用螺栓紧固支架上、下部。使用吊线测量支架组件的边缘位置，不能妨碍塔架下段的吊装，并调节螺栓高度使支架上部控制柜安装面水平。

2）控制柜及其通风设备的安装

(1) 控制柜正面与塔架门方向一致，用吊带把控制柜吊至电抗器支架上部平面上。

(2) 用导向绳固定控制柜，塔架下段吊装完成后，方可拆掉导向绳。

(3) 用吊带把通风系统吊至控制柜上、取下控制柜顶板相应螺栓，并固定通风系统。

(4) 控制柜及其电抗器整体应用防雨布遮盖，防止雨水或其他污物侵蚀电器元件。

图 5.6　电抗器及其支架的安装

图 5.7　控制柜及其通风设备的安装

6. 附件的安装

扭缆传感器、凸轮计数器、风速风向标、照明线路、叶尖油分配器安装、电控装置安装。

7. 箱变的安装

(1) 箱变进厂检验；

(2) 箱变的安装；

(3) 箱变的电缆接线；

(4) 完工检查、现场清理。

8. 场内输电线路及通信线路的施工

1) 电缆线路

(1) 电缆沟开挖、底面清理垫沙。

(2) 动力电缆进场检验,电缆铺设,埋沙盖砖。

(3) 通信电缆的敷设,埋沙盖砖。

(4) 电缆沟回填压实;电缆沟地面标识。

(5) 通过道路、水渠等特殊区域的技术防护。

(6) 检查、试验。

2) 架空线路

(1) 施工复测、分坑、基坑开挖。

(2) 材料进场及检验:电杆、底盘、拉盘、金具、导线、绝缘子等的进场及检验。

(3) 基础工程:底盘、拉盘的安装。

(4) 杆塔工程:电杆竖立。

(5) 架线工程:导线架设、附件安装。

(6) 接地工程:变压器的接地、线路接地(依据设计而定),水平接地,垂直接地。

(7) 线路防护工程:警告牌、警示牌、防水围堰。

9. 中央监控装置的安装

(1) 中央监控主机及通信模块、附属设备的安装。

(2) 通信电缆的接线。

(3) 中央监控装置的调试。

三、风力发电机组安装计划与进度

风力发电机组的安装工作应根据国家和地区的规程计划好,以使安装工作能安全地进行。

1. 安装计划编制依据

(1) 风力发电场建设总进度表。

(2) 风力发电机组制造商随机提供的安装手册。

(3) 风力发电机组制造商技术人员在施工现场提出的建议。

(4) 风力发电场施工现场当地的现场地形地貌、交通、气象和安装点的地质状况等资料。

2. 安装计划的内容

(1) 风力发电机组的型号规格、台数、设备编号、安装地点。安装现场平面布置图。

(2) 风力发电机组的安装进度表。

(3) 吊车使用计划或起重桅杆使用计划。

(4) 运输计划。

(5) 安装作业的主要技术、组织措施计划。

(6) 劳动力计划。

(7) 材料物资及安装施工机具设备供应计划。

(8) 安全措施计划及安装保险。

(9) 成本计划。

某风力发电场风力发电机组安装进度表见表5.2。

表5.2 风力发电机组安装进度表

序号	机组型号	工序名称	台数	业主	安装	监理	日期					
							1	2	3	4	5	6
1-1		吊装塔架下段	1	Y1	Z1	J1	○					
1-2		吊装塔架中上段	1	Y1	Z1	J1		○				
1-3		风轮的组装	1	Y2	Z1	J2	○					
1-4	甲公司A型	机舱的吊装	1	Y2	Z1	J2		○				
1-5	风力发电机组	风轮的吊装	1	Y2	Z1	J2		○				
1-6		控制柜的安装	1	Y2	Z1	J2		○				
1-7		放电缆	1	Y2	Z1	J2		○				
1-8		电气接线	1	Y2	Z1	J2		○				
2-1		吊装塔架下段	4	Y1	Z2	J1			△1		△2	
2-2		吊装塔架中上段	4	Y1	Z2	J1				△1		△2
2-3		风轮的组装	4	Y2	Z2	J2			△1		△2	
2-4	乙公司B型	机舱的吊装	4	Y2	Z2	J2				△1		△2
2-5	风力发电机组	风轮的吊装	4	Y2	Z2	J2				△1		△2
2-6		控制柜的安装	4	Y2	Z2	J2				△1		△2
2-7		放电缆	4	Y2	Z2	J2				△1		△2
2-8		电气接线	4	Y2	Z2	J2				△1		△2

注：表中Y1、Y2分别为业主代表1、2；
Z1、Z2分别为安装1组、2组；
J1、J2分别为监理工程师1、2；
△1、△2分别为第一、二台合B型风力发电机。

四、风力发电机组安装安全措施

(1) 风力发电机组开始安装前，施工单位应向建设单位提交安全措施、组织措施、技术措施，经审查批准后方可开始施工，安装现场应成立安全监察机构，并设安全监督员。

(2) 风力发电机组安装之前应制定施工方案，施工方案应符合安全生产规定，并报有关部门审批。

(3) 风力发电机组安装现场道路应平整、通畅，所有桥涵、道路能够保证各种施工车辆安全通行。

(4) 风力发电机组安装场地应满足吊装需要、并应有足够的零部件存放场地。

(5) 施工现场临时用电应采取可靠的安全措施。

(6) 施工现场应根据需要设置警示性标牌，围栏等安全设施。

(7) 风力发电机组安装的吊装设备，应符合DL408、DL409、电力工业部(电安全[1994]227号)《电业安全工作规范》(热力和机械部分)的规定。

(8) 安装现场应准备常用的医药用品。

(9) 安装现场应配备对讲机。

(10) 风力发电机组安装之前必须先完成风力发电机组基础验收，并清理风力发电机组基础。

(11) 吊装前应认真检查风力发电机组设备，防止物品坠落。

(12) 起吊前吊装人员必须检查吊车各零部件，正确选择吊具。

(13) 吊装现场必须设专人指挥,指挥人员必须有安装工作经验,执行规定的指挥手势和信号。

(14) 起重机械操作人员在吊装过程中负有重要责任,吊装前,吊装指挥和起重机械操作人员要共同制定吊装方案。吊装指挥应向起重机械操作人员交代清楚工作任务。

(15) 遇有大雾、雷雨天、照明不足,指挥人员看不清各工作地点,或起重驾驶人看不见指挥人员时,不得进行起重工作。

(16) 在起吊过程中,不得调整吊具,不得在吊臂工作范围内停留。塔上协助安装指挥及工作人员不得将头和手伸出塔筒之外。

(17) 所有吊具调整应在地面进行,在吊绳被拉紧时,不得用手接触起吊部位,以免碰伤。

(18) 机舱、桨叶、风轮起吊风速不能超过安全起吊数值,安全起吊风速大小应根据风力发电机组设备安装技术要求决定。

(19) 起吊塔筒吊具必须齐全,起吊点要保持塔筒直立后下端处于水平位置,应有导向绳导向。

(20) 起吊机舱时,起吊点应确保无误,在吊装中必须保证有一名工程技术人员在塔筒平台协助指挥吊车司机起吊。起吊机舱前必须配备对讲机,系好导向绳。

(21) 起吊桨叶必须保证有足够的起吊设备,应有两根导向绳,导向绳长度和强度应足够。应用专用吊具,加护板。工作现场必须配备对讲机。保证现场有足够人员拉紧导向绳,保证起吊方向,避免触及其他物体。

(22) 敷设电缆前应认真检查电缆支架是否牢固。

任务实施

1. 风力发电机组基础施工方案的编制要求

(1) 对风力发电机组基础土石方工程量进行计算,并确定施工方法,算出施工工期。

(2) 确定风力发电机组基础坑采用人工开挖或机械开挖的放坡要求。

(3) 选择石方爆破方法及所需机具和材料。

(4) 选择排除地表水、地下水的方法,确定排水沟、集水井和井点布置及所需设备。

(5) 绘制土石方平衡图。

(6) 风力发电机组基础混凝土和钢筋混凝土工程的重点是搞好模板设计及混凝土和钢筋混凝土的机械化施工方法。

(7) 对于重要的、复杂工程的混凝土模板、要认真设计。对于房屋建筑预制构件用的模板和工具式钢模、木模、反转模板及支模方式,要认真选择。

(8) 风力发电机组基础现场钢筋采用绑扎及焊接的方法进行组装。钢筋应有防偏位的固定措施。焊接应采用竖向钢筋压力埋弧焊及钢筋气压焊等新的焊接技术,这样可以节约大量的钢材。

(9) 对于风力发电机组基础混凝土的搅拌,无论采用集中搅拌还是分散搅拌,其搅拌站的上料方式和计量方法,一般应采用机械搅拌或半机械搅拌及自动称量的方法,以确保配合比的准确。由于施工现场的环境影响,搅拌混凝土过程中的防风措施要考虑周到。

(10) 对于风力发电机组基础混凝土的浇筑,应根据现场条件及混凝土的浇筑顺序、施工缝的位置、分层高度、振捣方法和养护制度等措施要求,一并综合考虑选择。

2. 完成 10 kW 风力发电机组基础施工方案的编制

3. 分组讨论

(1) 编制地基基础施工方案时,需准备哪些参数计算?

(2) 总结施工方案编制的原则。

任务二 风力发电机组的安全运行

学习目标

(1) 了解风力发电机组的工作状态。
(2) 掌握风力发电机组的安全运行要求。
(3) 掌握风力发电机组的运行状态。

任务描述

风力发电机组的正常运行及安全性取决于先进的控制策略和优越的保护功能。控制系统应以主动或被动的方式控制风力发电机组的运行,使系统运行在安全允许的规定范围内,且各项参数保持在正常工作范围内。控制系统可以控制的功能和参数包括功率极限、风轮转速、电气负载的连接、启动及停机过程、电网或负载丢失时的停机、纽缆限制、运行时电量和温度参数的限制。通过本任务的学习,了解风力发电机组安全运行的要求,掌握风力发电机组运行检测的方法。

相关知识

我国风力发电场运行的机组已经从定桨距失速型的风力发电机组转变为变桨距变速型风力发电机组为主导。变桨距变速型风力发电机组控制系统的控制思想和控制原则以安全运行控制技术要求为主。风力发电机组的保护环节以失效保护为原则进行设计,当控制失败,内部或外部故障影响,导致出现危险情况引起风力发电机组不能正常运行时,系统安全保护装置动作,保护风力发电机组处于安全状态。在下列情况系统自动执行保护功能:超速、发电机过载和故障、过振动、电网或负载丢失、脱网时的停机失败等。保护环节为多级安全链互锁,在控制过程中具有逻辑"与"的功能,而在达到控制目标方面可实现逻辑"或"的结果。此外,系统还设计了防雷装置,对主电路和控制电路分别进行防雷保护。控制电路中每一电源和信号输入端均设有防高压元件,主控柜设有良好的接地并提供简单而有效的疏雷通道。

一、风力发电机组的工作状态

风力发电机组的工作状态主要有运行、暂停、停机和紧急停机4种状态。为确保风力发电机组的安全运行,通常提高工作状态层次只能一层一层地提升,而降低工作状态层次可以是一层一层降低也可以是多层一起降低,如图5.8所示。用这种过程来确定系统的每个故障是否被检测,当系统在状态转变过程中检测到故障,则自动进入停机状态。当系统在运行过程中检测到故障,并且这种故障是致命的,那么工作状态不得不从运行直接到紧急停机,而不需要暂停和停机。

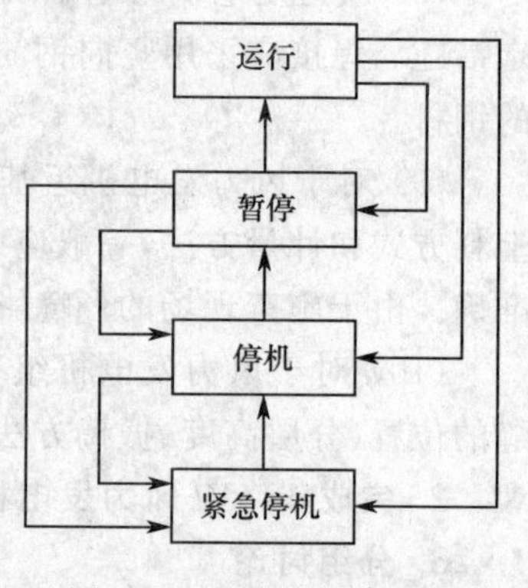

图5.8 工作状态的转换

1. 运行状态

(1) 机械刹车松开。

(2) 允许机组并网发电。

(3) 机组自动调向。

(4) 液压系统保持工作压力。

(5) 叶尖阻尼板回收或变桨距系统选择最佳工作状态。

2. 暂停状态

(1) 机械刹车松开。

(2) 液压泵保持工作压力。

(3) 自动调向保持工作状态。

(4) 叶尖阻尼板回收或变桨距系统调整桨距角为90°方向。

(5) 风力发电机组空转。

暂停状态在调试风力发电机组时非常有用。因为调试风力发电机组的目的是要求机组的各种功能正常,而不一定要求发电运行。

3. 停机状态

(1) 机械刹车松开。

(2) 液压系统打开电磁阀使叶尖阻尼板弹出,或变桨距系统失去压力而实现机械旁路。

(3) 液压系统保持工作压力。

(4) 调向系统停止工作。

4. 紧急停机状态

(1) 机械刹车与气动刹车同时动作。

(2) 紧急停机电路(安全链)开启。

(3) 计算机所有输出信号无效。

(4) 计算机仍在运行和测量所有输入信号。

当紧急停机电路动作时,所有接触器断开,计算机输出信号旁路,使计算机没有可能激活任何机构。

二、控制与安全系统安全运行的技术要求

控制与安全系统是风力发电机组的指挥中心,控制系统的安全运行就保证了风力发电机组安全运行,通常风力发电机组运行所涉及的内容相当广泛。就运行工况而言,包括启动、停机、功率调解、变速控制和事故处理等方面的内容。

风力发电机组在启停过程中,机组各部件将受到剧烈的机械应力的变化,而对安全运行起决定因素是风速变化引起的转速的变化。所以转速的控制是机组安全运行的关键。风力发电机组的运行是一项复杂的操作,涉及的问题很多,如风速的变化、转速的变化、温度的变化、振动的变化等都是直接威胁风力发电机组的安全运行。

1. 控制系统安全运行的必备条件

(1) 风力发电机组开关出线侧相序必须与并网电网相序一致,电压标称值相等,三相电压平衡。

(2) 风力发电机组安全链系统硬件运行正常。

(3) 调向系统处于正常状态,风速仪和风向标处于正常运行的状态。

(4) 制动和控制系统液压装置的油压、油温和油位在规定范围内。

(5) 齿轮箱油位和油温在正常范围内。

(6) 各项保护装置均在正常位置,且保护值均与批准设定的值相符。

(7) 各控制电源处于接通位置。

(8) 监控系统显示正常运行状态。

(9) 在寒冷和潮湿地区,停止运行一个月以上的风力发电机组再投入运行前应检查绝缘,合格后才允许启动。

2. 风力发电机组运行的相关参数

(1) 风速。自然界风的变化是随机的、没有规律的。当风速在 3～25 m/s 的规定工作范围时,只对风力发电机组的发电有影响,当风速变化率较大且风速超过 25 m/s 以上时,则对机组的安全性产生威胁。

(2) 转速。风力发电机组的风轮转速通常低于 40 r/min,发电机的最高转速不得超过额定转速的 30%,不同型号的风力发电机组,其转速的具体数值不同。当风力发电机组超速时,对机组的安全性产生严重威胁。

(3) 功率。在额定风速以下时,不做功率调节控制,只有在额定风速以上才进行最大功率的控制,通常安全运行最大功率不允许超过设计值。

(4) 温度。运行中风力发电机组的各部件运转将会引起温升,通常控制器环境温度应为 0～30 ℃,齿轮箱油温小于 120 ℃,发电机温度小于 150 ℃,传动等环节温度小于 70 ℃。

(5) 电压。发电机电压允许波动的范围在设计值的 10%,当瞬间值超过额定值的 30% 时,视为系统故障。

(6) 频率。风力发电机组的发电频率应限制在(50±1)Hz,否则视为系统故障。

(7) 压力。风力发电机组的许多执行机构由液压执行机构完成,所以各液压站系统的压力必须监控,由压力开关设计额定值确定,通常低于 100 MPa。

3. 系统的接地保护安全要求

(1) 配电设备接地。变压器、开关设备和互感器外壳、配电柜、控制保护盘,金属构架、防雷设施及电缆头等设备必须接地。

(2) 塔筒与地基接地装置,接地体应水平敷设。塔内和地基的角钢基础及支架要用截面 25 mm×4 mm 的扁钢相连作为接地干线,塔筒做一组,地基做一组,两者焊接相连形成接地网。

(3) 接地网形式以闭合型为好。当接地电阻不满足要求时,需引入外部接地体。

(4) 接地体的外缘应闭合,外缘各角要做成圆弧形,其半径不宜小于均压带间距的一半,埋设深度应不小于 0.6 m,并敷设水平均压带。

(5) 变压器中性点的工作接地和保护地线,要分别与人工接地网连接。

(6) 避雷线宜设单独的接地装置。

(7) 整个接地网的接地电阻应小于 4 Ω。

(8) 电缆线路的接地。当电缆绝缘损坏时,在电缆的外皮、铠甲及接线头盒均可能带电,要求必须接地。

(9) 如果电缆在地下敷设,两端都应接地。低压电缆除在潮湿的环境须接地外,其他正常环境不必接地;高压电缆任何情况都应接地。

三、自动运行的控制要求

1. 开机并网控制

当风速 10 min 平均值在系统工作区域内，机械闸松开，叶尖顺桨，风力作用于风轮旋转平面上，风力发电机组慢慢启动，当转速升到接近发电机同步转速时，变频器开始对转子注入电流进行励磁，使发电机出口的电压与频率和电网的电压与频率保持一致，主并网断路器动作，机组并入电网运行。

2. 小风和逆功率脱网停机

小风和逆功率停机是将风力发电机组停在待风状态，当 10 min 平均风速小于小风脱网风速或发电机输出功率负到一定值后，风力发电机组不允许长期在电网运行，必须脱网，处于自由状态，风力发电机组靠自身的摩擦阻力缓慢停机，进入待风状态。当风速再次上升，风力发电机组又可自动旋转起来，达到并网转速，风力发电机组又投入并网运行。

3. 普通故障脱网停机

风力发电机组运行时发生参数越限、状态异常等普通故障后，风力发电机组进入普通停机程序，风力发电机组进行变桨、气动刹车，通过变频器控制脱网，待低速轴转速低于一定值后，再抱机械闸。如果是由于内部因素产生的可恢复故障，计算机可自行处理，无需维护人员到现场，即可恢复正常开机。

4. 紧急故障脱网停机

当系统发生紧急故障，如风力发电机组发生飞车、超速、振动及负载丢失等故障时，风力发电机组进入紧急停机程序，将触发安全链动作，为安全起见所采取的硬性停机，即叶尖气动刹车、机械刹车和脱网同时动作，风力发电机组可在几秒内停下来。

5. 大风脱网停机

当风速 10 min 平均值大于 25 m/s 时，风力发电机组可能出现超速和过载，为了风力发电机组的安全，这时风力发电机组必须进行大风脱网停机。风力发电机组先投入叶片进行气动刹车，同时偏航 90°，等功率下降后脱网，20 s 后或者低速轴转速小于一定值时，机械闸动作，风力发电机组完全停止。当风速回到工作风速区后，风力发电机组开始恢复自动对风，待转速上升后，风力发电机组又重新开始自动并网运行。

6. 对风控制

风力发电机组在工作风速区时，应根据机舱的控制灵敏度，确定每次偏航的调整角度。用两种方法判定机舱与风向的偏离角度，根据偏离的程度和风向传感器的灵敏度，时刻调整机舱偏左和偏右的角度。

四、变桨距风力发电机组的运行状态

变桨距风力发电机组根据变桨距系统所起的作用可分为 3 种运行状态，即风力发电机组的转速控制状态（启动状态）、欠功率状态（不控制）和额定功率状态（功率控制）。

1. 转速控制状态（启动状态）

变桨距风轮的桨叶在静止时，桨距角为 90°（见图 5.9 所示），这时气流对桨叶不产生转矩，整个桨叶实际上是一块阻尼板。当风速达到启动风速时，桨叶向 0°方向转动，直到气流对桨叶产生一定的攻角，风轮开始启动。在发电机并入电网前，变桨距系统的节距给定值由发电机转速信号控制。转速控制器按一定的速度上升率给出速度参考值，变桨距系统根据给定的速度参考值调整桨距角，进行速度控制。虽然，在主电路中也采用了软并网技术，但由于并网过程的时间短（仅持续几个周波），冲击小，可以选用容量较小的晶闸管。在这种情况下，桨叶节距只是按所设定的变距速度将桨距角向0°方向打开，直到发电机转速上升到同步转速附近，变桨距系统才开始投入工作。转速控制的给定值事实上是恒定的，即同步转速。转速反馈信号与给定值进行比较，当转速超过同步转速时，桨叶叶距就向迎风面积增大的方向转动一个角度。当转速在同步转速附近保持一定时间后，发电机即并入电网。

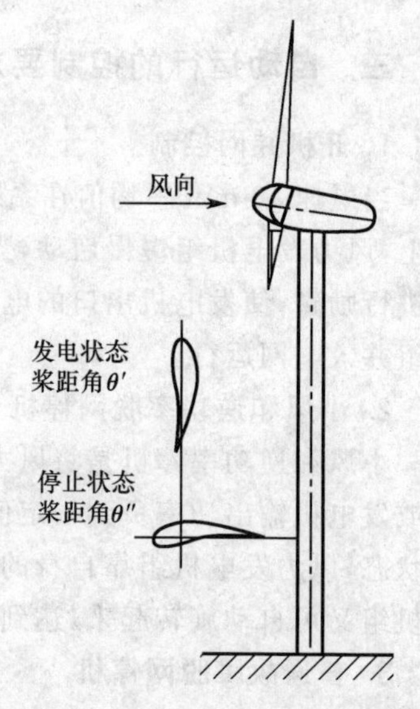

图5.9　不同桨距角的桨叶截面

2. 欠功率状态（不控制）

欠功率状态指发电机并入电网后，由于风速低于额定风速，发电机在额定功率以下的低功率状态运行。与转速控制相同，在早期的变桨距风力发电机组中，对欠功率状态不加以控制。这时的变桨距风力发电机组与定桨距风力发电机组相同，其功率输出完全取决于桨叶的气动性能。

近年来，新型的变桨距风力发电机组为了改善低风速时桨叶的气动性能，可根据风速的大小调整发电机的转差率，使其尽量运行在最佳叶尖速比，以优化功率输出。当然，能够作为控制信号的只是风速变化稳定的低频分量，对于高频分量不响应。这种优化只是弥补了变桨距风力发电机组在低速时的不足之处，与定桨距风力发电机组相比，并没有明显的优势。

3. 额定功率状态（功率控制）

当风速达到或超过额定风速后，风力发电机组进入额定功率状态。这时，在传统的变桨距控制方式中，将转速控制切换到功率控制，变桨距系统开始根据发电机的功率信号进行比较，当功率超过额定功率时，桨叶距就向迎风面积小的方向转动一个角度，反之则向迎风面积增大的方向转动一个角度，其控制系统框图如图5.10所示。

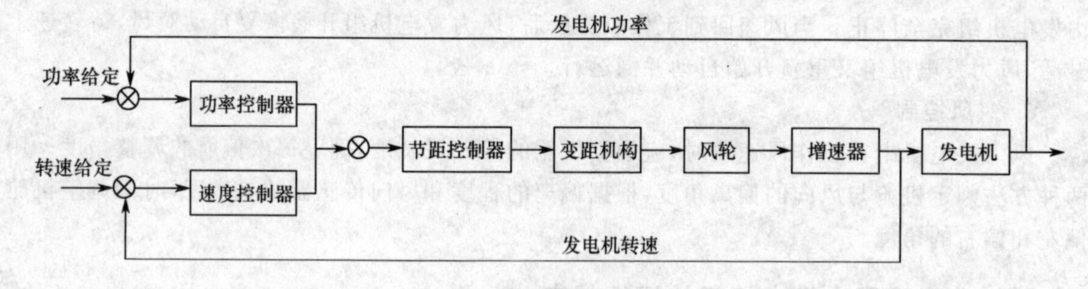

图5.10　功率控制系统框图

由于变桨距系统的响应速度受到限制，对快速变化的风速通过改变节距来控制输出功率的效果并不理想。因此，为了优化功率曲线，最新设计的变桨距风力发电机组在进行功率控制的过程中，其功率反馈信号不再作为直接控制桨叶距的变量。变桨距系统由风速低频分量和发电机转速控制，风速的高频分量产生的机械能波动，通过迅速改变发电机的转速来进行平衡，即通过转子电流控制器对发电机的转差率进行控制。当风速高于额定风速时，允许发电机转速升高，将瞬变的风能以风轮动能的形式储存起来，转速降低时，再将动能释放出来，使功率曲线达到理想的状态。

五、安全运行的保护要求

1. 主电路保护

在变压器低压侧三相四线进线处设置低压配电低压断路器，以实现机组电气元件的维护操作安全和短路过载保护，该低压配电低压断路器还配有分动脱扣和辅助触点。发电机三相电缆线入口处，也设有配电自动空气断路器，用来实现发电机的过电流、过载及短路保护。

2. 过电压、过电流保护

主电路计算机电源进线端、控制变压器进线端和有关伺服电动机进线端，均设置过电压、过电流保护措施。如整流电源、液压控制电源、稳压电源、控制电源一次侧、调向系统、液压系统、机械闸系统、补偿控制电容元件都有相应的过电流、过电压保护控制装置。

3. 防雷设施及熔丝

主避雷器、熔丝及合理可靠的接地线为系统主避雷保护，同时控制系统有专门设计的防雷保护装置。在计算机电源及直流电源变压器一次侧，所有信号的输入端均设有相应的瞬时过电压和过电流保护装置。

4. 热继电保护

运行的所有输出运转机构，如发电机、电动机、各传动机构均设有过热、过载保护控制装置。

5. 接地保护

由于设备因绝缘破坏或其他原因出现可能引起危险电压的金属部分，均应进行保护接地。所有风力发电机组的零部件、传动装置、执行电动机、发电机、变压器、传感器、照明器及其他电器的金属底座和外壳；电气设备的传动机构；塔架机舱配电装置的金属框架及金属门；配电、控制和保护用的盘（台、箱）的框架；交、直流电力电缆的接线盒和终端盒金属外壳及电缆的金属保护层；电流互感器和电压互感器的二次线圈；避雷器、保护间隙和电容元件的底座、非金属护套信号线的 1～2 根屏蔽芯线等都要求进行保护接地。

任务实施

1. 风力发电机组的运行检查

1）总体检查

（1）检查全部零部件的裂纹、损伤、防腐破损和渗漏，如有裂纹，损伤等破损情况应停机检查，如有防腐破损应进行修补，对渗漏应找到原因，进行修理。

（2）检查风力发电机组的运行噪声，如果发现与风力发电机组正常运行的噪声有异常时，须停机。

（3）检查灭火器和警告标志以及防坠落装置的功能是否完好。

2）塔架检查

（1）检查电缆绝缘是否有老化现象。

（2）检查保护隔板、电缆接头、电缆连接和接地线。

3）控制系统检查

（1）检查电缆是否有老化现象。

(2) 检查柜体内是否有杂物,并清洁柜体。

(3) 检查紧固柜体内螺栓。

(4) 清洁通风滤网并检测通风,检查温度传感器是否能控制风扇工作(通过软件更改温度参数控制风扇动作)。

4) 低压开关柜检查

(1) 检查柜体内螺栓是否松动,检查电缆连接情况,检查保护隔板,清洁柜体。

(2) 检查熔断指示器,是否显示为绿色。

(3) 检查电抗器上的螺栓是否松动,如有松动,须紧固。

(4) 检查电缆是否老化。

(5) 检查是否有杂物。

5) 塔架和基础检查

(1) 检查塔架和基础是否有裂纹,损伤、防腐破损。如有裂纹、损伤等破损情况应停机,如有防腐破损应进行修补。

(2) 检查塔架和基础连接有无防腐破损,有无进水。

(3) 检查入口、百叶窗、门、门框和密封圈是否遭到损坏,检测锁的性能(开、闭、锁)。

(4) 检查基础内支架的紧固,有无电缆烧焦,基础内有无进水。

(5) 检查塔架内梯子、平台是否损坏,防腐是否破损,并清洁。

(6) 检查灯及各连接处的接头。

6) 塔架法兰连接检查

(1) 在维护过程中,通常按一定比例抽检螺栓,紧固力矩时,先做好标记,转角超过 20°时,紧固所有螺栓,转角超过 50°时,必须更换螺栓和螺母,更换螺栓时应涂 MoS_2。

(2) 检查紧固塔架底法兰与基础法兰连接螺栓。

(3) 检查紧固塔架各段法兰之间连接螺栓。

(4) 检查紧固偏航轴承与塔架之间连接螺栓。

7) 塔架平台检查

(1) 检查平台的螺栓是否松动,平台是否有损坏,并清洁平台。

(2) 检查爬塔设备,安全绳、防坠落装置、灭火器,警告标志。

(3) 测试攀登用具的功能,安全绳的张紧度,安全锁扣是否完好。

(4) 检查平台的螺栓是否松动,平台是否有损坏,并清洁平台。

(5) 检查电缆夹板处的电缆老化,松动情况,检查机舱接地连接是否完好,检查扭缆开关。

8) 爬梯检查

(1) 检查梯子是否损坏,漆面是否脱落,并清洁梯子。

(2) 检查梯子的焊缝是否有裂缝,检查安全绳和安全锁是否符合要求。

(3) 检查并紧固梯子连接螺栓。

(4) 检测防坠制动器的功能,在爬升不超过 2 m 的高度通过坠落来进行测试。

9) 塔架灯和插座检查

(1) 检查塔架灯支架螺栓是否松动,是否有损坏,并清洁。

(2) 检查所有平台的照明灯和插座的功能。

(3) 检查灯线外观是否有破损。

(4) 检查塔架筒体表面是否有裂纹、变形,检查防腐和焊缝,并清洁。

10）塔架内电缆检查

（1）检查电缆固定是否有松动、是否有损坏，并清洁。

（2）测量电缆的绝缘性能和电阻。

（3）测试扭缆开关的性能。

（4）扭缆不超过 3 圈，发生扭缆开关动作，则需要解缆后检查扭缆设定。

注意：在检查中要严格按照安全生产规程与维护操作步骤进行。

2. 分组讨论

（1）运行检查为什么要遵循此顺序？

（2）如何检查扭缆设定？

任务三　风力发电机组的维护

学习目标

（1）了解风力发电机组定期检查内容与故障处理办法。

（2）了解风力发电机组年度例行维护内容。

（3）掌握风力发电机组维护检修工作安全注意事项。

任务描述

风力发电机组是集电气、机械、空气动力学等学科于一体的综合产品，各个部分紧密联系，息息相关。风力发电机组维护的好坏直接影响到发电量的多少和经济效益的高低。风力发电机组本身性能的好坏，也要通过维护检修来保证，维护工作及时有效就可以发现故障隐患，减少故障的发生，提高风力发电机组的效率。风力发电机组的维护主要包括机组常规检查和故障处理、年度例行维护及非常规维护。通过本任务的学习，了解风力发电机组维护与保养的安全操作规程，掌握风力发电机组维护与保养的内容。

相关知识

一、风力发电机组常规检查

为保证风力发电机组的可靠运行，提高设备可利用率，在日常的运行维护工作中建立日常登机检查制度。维护人员应当根据风力发电机组运行维护手册的有关要求并结合风力发电机组运行的实际状况，有针对性地列出检查标准和工作内容并形成表格，工作内容叙述应当简单明了，目的明确，便于指导维护人员的现场工作。通过检查工作，力争及时发现故障隐患，防患于未然，有效地提高设备运行的可靠性。有条件时应当考虑借助专业故障检测设备，加强对风力发电机组运行状态的监测和分析，进一步提高设备管理水平。

1. 风力发电机组进行检查主要内容

风力发电机组进行检查的主要内容在任务二中有详细介绍，这里不再赘述。

2. 风力发电机组定期检查维护主要内容

（1）检查风力发电机组液压系统和齿轮箱以及其他润滑系统有无漏油，油面、油温是否正常，油面低于规定时要加油。

（2）对设备螺栓应定期检查、紧固。

（3）对液压系统、齿轮箱、润滑系统应定期取油样进行化验分析，对轴承润滑点定时注油。

（4）对爬梯、安全绳、照明设备等安全措施应定期检查。

（5）控制箱、柜应保持清洁，定期进行清扫。

（6）对计算机系统和通信设备应定期进行检查和维护。

阅读材料 5.2

风力发电机组在维护时，应根据风力发电场实际执行下列行业标准：

DL/T 797—2012《风力发电场检修规程》

DL/T 838—2003《发电企业设备检修导则》

DL/T 573—2010《电力变压器检修导则》

DL/T 574—2010《变压器分接开关运行维修导则》

二、风力发电机组的日常故障检查处理

当标志风力发电机组有异常情况的报警信号出现时，运行人员要根据报警信号所提供的故障信息及故障发生时计算机记录的相关运行状态参数，分析查找故障的原因，并且根据当时的气象条件，采取正确的方法及时进行处理，并在《风力发电场运行日志》上认真做好故障处理记录。

1. 风力发电机组应立即停机并及时处理的情况

（1）叶片处于不正常位置或位置与正常运行状态不符。

（2）风力发电机组主要保护装置不动或失灵。

（3）风力发电机组因雷击而损坏。

（4）风力发电机组发生叶片断裂等严重机械故障。

2. 风力发电机组因运行异常需要立即停机操作的顺序

（1）利用主控室计算机遥控停机。

（2）遥控停机无效时，立即按正常停机按钮停机。

（3）正常停机无效时，立即按紧急停机按钮停机。

（4）上述操作仍无效时，拉开风力发电机组主开关或连接此台风力发电机组的线路断路器，之后，疏散现场人员，做好必要的安全措施，避免事故范围扩大。

图 5.11 为某风力发电场计算机监控界面。

3. 风力发电机组异常报警后的处理方法

（1）当液压系统油位及齿轮箱油位偏低时，应检查液压系统及齿轮箱有无泄漏现象发生。若是，则根据实际情况采取适当防止泄漏措施，并补加油液，恢复到正常油位。在必要时应检查油位传感器的工作是否正常。

（2）当风力发电机组液压控制系统压力异常而自动停机时，维护人员应检查油泵工作是否正常。如油压异常，应检查液压泵电动机、液压管路、液压缸及有关阀体和压力开关，必要时应进一步检查液压泵本体工作是否正常，待故障排除后，才允许重新启动风力发电机组。

（3）当风速仪、风向标发生故障，即风力发电机组显示的输出功率与对应风速有偏差时，

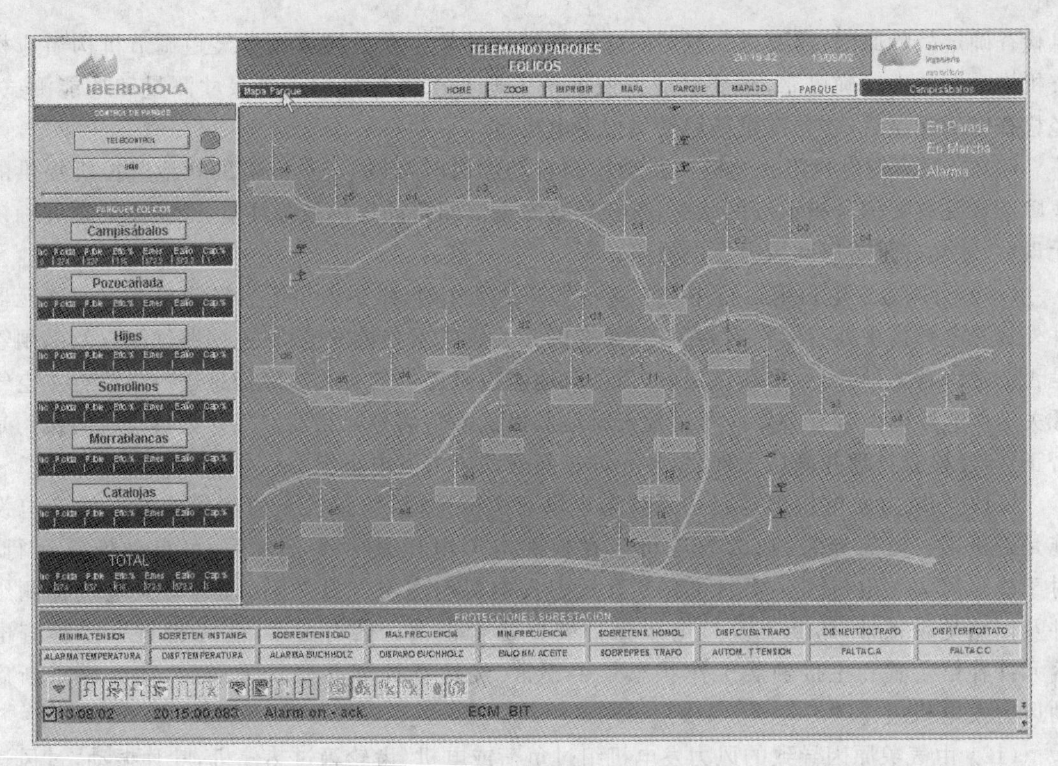

图 5.11　某风力发电场计算机监控界面

应检查风速仪、风向标转动是否灵活。如无异常现象，则进一步检查传感器及信号检测回路有无故障，如有故障予以排除。

(4) 当风力发电机组在运行中发现有异常声响时，应查明声响部位。若为传动系统故障，应检查相关部位的温度及振动情况，分析具体原因，找出故障隐患，并做出相应处理。

(5) 当风力发电机组在运行中发生设备和部件超过设定温度而自动停机时，即风力发电机组在运行中发电机温度、晶闸管温度、控制箱温度、齿轮箱温度、机械卡钳式制动器刹车片温度等超过规定值而造成了自动保护停机。此时维护人员应结合风力发电机组当时的工况，通过检查冷却系统、刹车片间隙、润滑油脂质量，相关信号检测回路等，查明温度上升的原因。待故障排除后，才允许重新启动风力发电机组。

(6) 当风力发电机组因偏航系统故障而造成自动停机时，维护人员应首先检查偏航系统电气回路、偏航电动机、偏航减速器以及偏航计数器和扭缆传感器的工作是否正常。必要时应检查偏航减速器润滑油脂油色及油位是否正常，借以判断减速器内部有无损坏。对于偏航齿圈传动的机型还应考虑检查传动齿轮的啮合间隙及齿面的润滑状况。此外，因扭缆传感器故障致使风力发电机组不能自动解缆的也应予以检查处理。待所有故障排除后，才允许重新启动风力发电机组。

(7) 当风力发电机组转速超过限定值或振动超过允许振幅而自动停机时，即风力发电机组运行中，由于叶尖制动系统或变桨系统失灵，瞬时强阵风以及电网频率波动造成风力发电机组超速；由于传动系统故障、叶片状态异常等导致的机械不平衡、恶劣电气故障导致的风力发电机组振动超过极限值。以上情况的发生均会使风力发电机组故障停机。此时，维护人员应检查超速、振动的原因，经检查处理并确认无误后，才允许重新启动风力发电机组。

(8) 当风力发电机组桨距调节机构发生故障时，对于不同的桨距调节形式，应根据故障信息检查确定故障原因,需要进入轮毂时应可靠锁定叶轮。在更换或调整桨距调节机构后应检查机构动作是否正确可靠,必要时应按照维护手册要求进行机构连接尺寸测量和功能测试。经检查确认无误后,才允许重新启动风力发电机组。

(9) 当风力发电机组安全链回路动作而自动停机时,维护人员应借助就地监控机提供的故障信息及有关信号指示灯的状态,查找导致安全链回路动作的故障环节,经检查处理并确认无误后,才允许重新启动风力发电机组。

(10) 当风力发电机组运行中发生主空气开关动作时,维护人员应当目测检查主回路元器件外观及电缆接头处有无异常,在拉开箱变侧开关后应当测量发电机、主回路绝缘以及晶闸管是否正常。若无异常,可重新试送电,借助就地监控机提供的有关故障信息进一步检查主空气开关动作的原因。若有必要应考虑检查就地监控机跳闸信号回路及空气开关自动跳闸机构是否正常,经检查处理并确认无误后,才允许重新启动风力发电机组。

(11) 当风力发电机组运行中发生与电网有关故障时,维护人员应当检查场区输变电设施是否正常。若无异常,风力发电机组在检测电网电压及频率正常后,可自动恢复运行。对于故障风力发电机组必要时可在断开风力发电机组主空气开关后,检查有关电量检测组件及回路是否正常,熔断器及过电压保护装置是否正常。若有必要,应考虑进一步检查电容元件补偿装置和主接触器工作状态是否正常,经检查处理并确认无误后,才允许重新启动风力发电机组。

(12) 由气象原因导致的风力发电机组过负荷或电机、齿轮箱过热停机,叶片振动,过风速保护停机或低温保护停机等故障,如果风力发电机组自启动次数过于频繁,维护人员可根据现场实际情况决定风力发电机组是否继续投入运行。

(13) 若风力发电机组运行中发生系统断电或线路开关跳闸,即当电网发生系统故障造成断电或线路故障导致线路跳闸时,维护人员应检查线路断电或跳闸原因(若逢夜间应首先恢复主控室用电),待系统恢复正常,才允许重新启动风力发机组并通过计算机并网。

4. 风力发电机组事故处理

在日常工作中风力发电场应当建立事故预想制度,定期组织运行维护人员做好事故预想工作。根据风力发电场自身的特点完善基本的突发事故应急措施,对设备的突发事故争取做到指挥科学、措施合理、应对沉着。

发生事故时,值班负责人应当组织维护人员采取有效措施,防止事故扩大并及时上报有关领导。同时应当保护事故现场(特殊情况除外),为事故调查提供便利。

事故发生后,运行维护人员应认真记录事件经过,并及时通过风力发电机组的监控系统获取反映风力发电机组运行状态的各项参数记录及动作记录,组织有关人员研究分析事故原因,总结经验教训,提出整改措施,汇报上级领导。

三、风力发电机组的年度例行维护

风力发电场的年度例行维护是风力发电机组安全可靠运行的主要保证。风力发电场应坚持“预防为主,计划检修”的原则,根据风力发电机组制造商提供的年度例行维护内容并结合设备运行的实际情况制定出切实可行的年度维护计划。同时,应当严格按照维护计划工作,不得擅自更改维护周期和内容。切实做到“应修必修,修必修好”,使设备处于正常的运行状态。

维护人员应当认真学习掌握各种型号风力发电机组的构造、性能及主要零部件的工作原理，并一定程度上了解设备的主要组装工艺和关键工序的质量标准。在日常工作中注意基本技能和工作经验的培养和积累，不断改进风力发电机组维护管理的方法，提高设备管理水平。

1. 年度例行维护的主要内容和要求

1）电气部分

(1) 传感器功能测试与检测回路的检查；

(2) 电缆接线端子的检查与紧固；

(3) 主回路绝缘测试；

(4) 电缆外观与发电机引出线接线柱检查；

(5) 主要电气组件外观检查（如空气断路器、接触器、继电器、熔断器、补偿电容元件、过电压保护装置、避雷装置、晶闸管组件、控制变压器等）；

(6) 模块式插件检查与紧固；

(7) 显示器及控制按键开关功能检查；

(8) 电气传动桨距调节系统的回路检查（驱动电动机、储能电容元件、变流装置、集电环等部件的检查、测试和定期更换）；

(9) 控制柜柜体密封情况检查；

(10) 风力发电机组加热装置工作情况检查；

(11) 风力发电机组防雷系统检查；

(12) 接地装置检查。

2）机械部分

(1) 螺栓连接力矩检查；

(2) 各润滑点润滑状况检查及油脂加注；

(3) 润滑系统和液压系统油位及压力检查；

(4) 滤清器污染程度检查，必要时做更换处理；

(5) 传动系统主要部件运行状况检查；

(6) 叶片表面及叶尖扰流器工作位置检查；

(7) 桨距调节系统的功能测试及检查调整；

(8) 偏航齿圈啮合情况检查及齿面润滑；

(9) 液压系统工作情况检查测试；

(10) 钳盘式制动器刹车片间隙检查调整；

(11) 缓冲橡胶组件的老化程度检查；

(12) 联轴器同轴度检查；

(13) 润滑管路、液压管路、冷却循环管路的检查固定及渗漏情况检查；

(14) 塔架焊缝、法兰间隙检查及附属设施功能检查；

(15) 风力发电机组防腐情况检查。

2. 年度例行维护的周期

正常情况下，除非设备制造商的特殊要求，风力发电机组的年度例行维护周期是固定的，即

(1) 新投运风力发电机组：500 h（一个月试运行期后）例行维护；

(2) 已投运风力发电机组：2 500 h（半年）例行维护；

(3) 部分风力发电机组在运行满3年或5年时，在5 000 h例行维护的基础上增加了部分检查项目，实际工作中应根据风力发电机组运行状况参照运行。

3. 年度例行维护计划的编制

风力发电机组年度例行维护计划的编制应以风力发电机组制造商提供的年度例行维护内容为主要依据，结合风力发电机组的实际运行状况，在每个维护周期到来之前进行整理编制。计划内容主要包括工作开始时间、工作进度计划、工作内容、主要技术措施和安全措施、人员安排以及针对设备运行状况应注意的特殊检查项目等。

在计划编制时还应结合风力发电场所处地理环境和风力发电机组维护工作的特点，在保证风力发电机组安全运行的前提下，根据实际需要可以适当调整维护工作的时间，以尽量避开风速较高或气象条件恶劣的时段。这样不但能减少由维护工作导致计划停机的电量损失，降低维护成本，而且有助于改善维护人员的工作环境，进一步增加工作的安全系数，提高工作效率。

4. 年度例行维护的组织与管理

风力发电机组的年度例行维护在风力发电场的年度工作任务中所占的比例较重，如何科学合理地进行组织和管理，对风力发电场的经济运行至关重要。

依据风力发电场装机容量和人员构成的不同，出现较多的主要有以下两种组织形式，即集中平行式作业和分散流水式作业：

(1) 集中平行式作业。在相对集中的时间内，维护作业班组集中人力、物力，分组多工作面平行展开工作。装机数量较少的中小容量风力发电场多采用这种方式。集中平行式作业的特点是：工期相对较短，便于生产动员和组织管理。但是，人员投入相对较多，维护工具的需求量较大。

(2) 分散流水式作业。将整个维护工作根据工作性质分为若干阶段，科学合理地分配工作任务，实现专业分工协作，使各项工作之间最大限度地合理搭接，以更好的保证工作质量，提高劳动生产率。适于装机数量较多的大中型风力发电场。分散流水式作业的特点是：人员投入及维护工具的使用较为合理，劳动生产率较高，成本较低。但是，工期相对较长，对组织管理和人员素质的要求较高。

年度例行维护工作开始前，维护工作负责人应根据风力发电场的设备及人员实际情况选择适合自身的工作组织形式，提早制定出周密合理的年度例行维护计划，落实维护工作所需的备品配件和消耗物资，保证维护工作所需的安全装备及有精度要求的工量卡具已按规定程序通过相应等级的鉴定，并已确实到位。

为了使每个维护班组了解维护工作的计划及进度安排，在年度例行维护工作正式开始前，应召开由维护人员和风力发电场各部门负责人共同参加的例行维护工作准备会，通过会议应协调好各部门间的工作，“以预防为主”督促检查各项安全措施的落实情况，确定各班组的负责人，“以人为核心”做到责任到人，分工负责，确保维护计划的各项工作内容得以认真执行，并按规定填写相应的质量记录。

工作中应做到“安全生产，文明操作”，爱惜工具，节约材料，在保证质量的前提下控制消耗、降低成本。同时还应注意工作进度的掌握，加强组织协调，切实关心一线维护人员的健康和生活，在实际生产中提高企业的凝聚力。

风力发电机组各个部件定期检查内容见表5.3。

表 5.3　风力发电机组各个部件定期检查内容一览表

检查部位	检查内容	可视性检查(是否损坏)	功能性检查	时间间隔
叶片	叶片表面检查	裂缝、针孔、雷击		一年
	叶片上螺栓	外观及腐蚀情况	20%抽样检查螺栓紧固	一年
	接地系统		是否正常	一年
导流罩	导流罩	有无损坏		一年
	紧固螺栓		有无松动	一年
主轴	主轴部件检查	有无破损、磨损、腐蚀、裂纹	100%紧固轴套与机座螺栓有无异常声音	一年
	主轴润滑系统及轴封	有无泄漏、轴承两端轴封润滑情况	按要求进行注油	半年
	轴承(前端和后盖)罩盖	有无异常情况		一年
	注油罐油位	是否正常		半年
	主轴与齿轮箱的连接	是否正常		一年
空气制动系统	叶尖刹车块与主叶片	是否复位		半年
	液压缸及附件	有无泄漏、轴承两端轴封润滑情况		半年
	连接钢索	是否牢固		半年
液压系统	液压马达		是否异常	半年
	液压系统本体	有无渗油，液压管有无磨损电气接线端子有无松动		半年
	相关阀件	工作是否正常		半年
	液压系统压力		是否达到设计压力	半年
	液压连接软管和液压缸	泄漏与磨损情况		半年
	液压油位	是否正常		半年
机械制动系统	接线端子	有无松动		经常
	刹车盘和蹄片间隙		间隙不能超过厂家规定数值	一年
	制动块	磨损程度	必要时按厂家规定的标准进行更换	一年
	制动盘	是否松动，有无磨损和裂缝	如果需要更换，按厂家规定标准执行	半年
	机械制动器相应螺栓		100%紧固力矩	一年
	过滤器			按厂家规定时间进行更新
	测量制动时间		按规定进行调整	半年

续表

检查部位	检查内容	可视性检查(是否损坏)	功能性检查	时间间隔
齿轮箱	齿轮箱噪声	有无异常声音		每月
	油温、油色、油标位置	是否正常		经常
	油冷却器和油泵系统	有无泄漏		半年
	箱体外观	有无泄漏		半年
	齿轮箱油过滤器			按厂家规定时间进行更换
	齿轮箱支座缓冲胶垫及老化情况	是否正常		一年
	齿轮箱与机座螺栓		100%紧固力矩	一年
	齿轮与齿面磨损及损坏情况	目视检查是否正常		一年
弹性联轴器	两个联轴器点的运行情况	径向和轴向窜动情况		半年
	联轴器螺栓	目视检查是否正常		半年
	弹性联轴器	联轴器润滑注油	按厂家规定加注	半年
	橡胶缓冲部件	有无老化及损坏		一年
	联轴器		同心度检查	一年
发电机	发电机电缆	有无损坏、破裂和绝缘老化		半年
	空气入口、通风装置和外壳冷却散热系统	目视检查是否正常		半年
	水冷却系统	有无渗漏		每半年按厂家规定时间更换水及冷却剂
	紧固电缆接线端子	有无松动	按厂家规定力矩标准执行	一年
	发电机消音装置	目视检查是否正常		半年
	轴承注油、检查油质			注油型号和用量按有关标准执行
	空气过滤器	每年检查并清理一次		一年
	绝缘强度、直流电阻		定期检查发电机绝缘强度、直流电阻等电气参数	五年
	发电机与底座紧固标准		按力矩表100%紧固螺栓	半年
	发电机轴偏差		按有关标准进行调整	五年

续表

检查部位	检查内容	可视性检查(是否损坏)	功能性检查	时间间隔
传感器	风速、风向、转速、齿轮箱液位、液压液位、温度、振动、方向传感器	有无异常松动、断线、损坏、结冰		半年
偏航系统	偏航齿轮箱外观	有无渗漏、损坏		半年
	塔顶法兰螺栓		20%抽样紧固	半年
	偏航系统螺栓		100%紧固	半年
	偏航系统转动部分润滑			注油型号和用量按有关标准执行
	偏航齿圈、齿牙	有无损坏、转动是否自如	必要时需作均衡调整	半年
	偏航电动机或偏航液压马达功能	是否正常		半年
	液压系统本体	有无渗油、液压管有无磨损、电气接线端子有无松动		半年
	检测偏航功率损耗		是否在规定范围内	一年
	偏航制动系统	是否正常		一年
机舱控制箱	测试面板上的按钮功能		是否正常	半年
	接线端子、模板	是否松动、断线		半年
	箱体固定	是否牢固		半年
塔架	中法兰和底法兰螺栓		20%进行抽样紧固	半年
	电缆表面	有无磨损、老化和损坏		半年
	塔门和塔壁	焊接有无裂纹		半年
	梯子、平台、电缆支架、防风挂钩、门及锁、灯、安全开关等	有无异常，如断线、脱落		半年
	塔身喷漆	有无脱漆腐蚀，密封是否良好		半年
	塔架垂直度		在厂家规定范围内	一年

四、风力发电机组维护检修工作安全注意事项

现场对风力发电机组进行维护检修，严格遵守《风力发电场安全操作规程》，做好安全保护措施，千万不能麻痹大意。

(1) 维护风力发电机组时，应打开塔架及舱内的照明灯具，保证工作现场有足够的照明亮度。

(2) 在登塔工作前必须手动停机,并把维护开关置于维护状态,将远程控制屏蔽。

(3) 在登塔工作时,要戴安全帽、系安全带,并把防坠落安全锁扣安装在钢丝绳上,同时要穿结实防滑的胶底鞋。

(4) 把维修用的工具、润滑油等放进工具包里,确保工具包无破损。在攀登时,把工具包挂在安全带上或背在身上,切记避免在攀登时掉下任何物品。

(5) 在攀登塔架时,不要过于急躁,应平稳攀登,若中途体力不支,可在中间平台休息后继续攀登,遇有身体不适,情绪异常者不得登塔作业。

(6) 在通过每一层平台后,应将层平台盖板盖上,尽量减少工具跌落伤人的可能性。

(7) 在风力发电机组机舱内工作时,风速低于 12 m/s 时可以开启机舱盖,但在离开风力发电机组前要将机舱盖合上,并可靠锁定。在风速超过 18 m/s 时禁止登塔工作。

(8) 在机舱内工作时禁止吸烟,在工作结束之后要认真清理工作现场,不允许遗留弃物。

(9) 若在机舱外高空工作须系好安全带,安全带要与刚性物体连接,不允许将安全带系在电缆物体上,且要两人以上配合工作。

(10) 需断开主开关在机舱工作时,必须在主开关把手上悬挂警告牌,在检查机组主回路时,应保证与电源有明显断开点。

(11) 机舱内的工作需要与地面配合时,应通过对讲机保证可靠的相互联系。

(12) 若机舱内某些工作确需短时开机时,工作人员应远离转动部分并放好工具包,同时应保证急停按钮在维护人员控制的范围内。

(13) 检查维护液压系统时,应按规定使用护目镜和防护手套。检查液压回路前必须开启泄压手阀,保证回路内已无压力。

(14) 在使用提升机时,应保证起吊物品的重量在提升机的额定起吊重量以内,吊运物品应绑扎牢靠,风速较高时应使用导向绳牵引。

(15) 在手动偏航时,工作人员要与偏航电动机、偏航齿圈保持一定的距离。使用的工具、工作人员身体均要远离旋转和移动的部件。

(16) 在风力发电机组风轮上工作时须将风轮锁定。

(17) 在风力发电机组启动前,应确保风力发电机组处于正常状态,工作人员已全部离开机舱回到地面。

(18) 若风力发电机组发生火灾事故时,必须按下紧急停机按钮,并切断主空气开关及变压器刀闸,进行力所能及的灭火工作,防止火势蔓延,同时拨打火警电话。当机组发生危及人员和设备安全的故障时,值班人员应立即拉开该机组线路侧的断路器,并组织工作人员撤离险区。

(19) 若风力发电机组发生飞车事故,工作人员须立即离开风力发电机组,通过远控可将风力发电机组侧风 90°。在风力发电机组的叶尖扰流器或叶片顺桨的作用下,使风力发电机组风轮转速保持在安全转速范围内。

(20) 如果发现风力发电机组风轮结冰,要使风力发电机组立刻停机,待冰融化后再开机,同时不要过于靠近风力发电机组。

(21) 在雷雨天气时,不要停留在风力发电机组内或靠近风力发电机组。雷击过后至少 1 h才可以接近风力发电机组。在空气潮湿时,风力发电机组叶片有时因受潮而发出杂音,这时不要接近风力发电机组,以防止静电感应。

五、维护检修条件准备

为做好维护检修与故障处理工作,风力发电场应准备好以下工具、仪表、材料和技术资料。

(1) 维修专用工具及通用工具:烙铁、扳手、螺钉旋具、剥线钳、纸、笔等。

(2) 仪器仪表:万用表、可调电源、液体密度计、温度计等。

(3) 维修必备的零部件、材料:熔断器、导线、棉丝、润滑油、液压油、刹车片等。

(4) 安全用品:安全帽、安全带、绝缘鞋、绝缘手套、护目镜、急救成套用品等。

(5) 完整的技术资料:产品说明书、安装和使用维护手册。

任务实施

1. 风力发电机组的日常维护保养

风力发电机组的正确维护与保养,是保证风力发电机组正常运转、延长使用寿命的重要工作。维护保养包括日常维护保养和定期维护保养。

风力发电机组的日常维护保养,就是平时要经常检查风力发电机组的各个部件,通过看、听、查,发现问题,及时排除。日常维护保养的内容已在前面介绍,这里不再赘述。

2. 风力发电机组的定期维护保养

风力发电机组在运转一年后,应进行一次全面的检修,对各个回转部件进行润滑保养。定期保养要依据以下项目逐一进行认真检查。

1) 各个紧固部件和连接部位的检修

紧固部件主要是指风轮与发电机轴的连接,叶柄与叶片的连接,叶片与轮毂的连接,尾翼板、尾翼杆及机座回转体的连接,发电机与机座回转体的连接等部位,如有松动应及时紧固,如有损坏要及时更换,各紧固部件为减缓其锈蚀可涂少许润滑油再紧固。

连接部位主要是指支架部件中,立杆与底座的销轴连接;地锚、铁钉、钢丝绳夹、立杆分段部位;风轮侧偏调速式风力发电机的尾翼销轴等。如果发现立杆不稳固而又必须立在这个位置时,可加辅助立杆把立杆固定住。立杆一般分为两段或三段,为了不使联接部位锈死,在保养时,把分段部位拨开,涂上润滑油再安装好。钢丝绳夹上的螺纹如果发现橹扣要立即更换。

2) 发电机润滑保养

(1) 放倒风力发电机,卸下风轮,拨开后盖上的输出插头,拧下端盖固定螺栓。

(2) 轻轻撬开前、后端盖。

(3) 擦干净前、后轴承上的油垢,如果油垢难以擦净,可用干净的布蘸上汽油进行擦洗。

(4) 重新涂上干净的润滑油脂,此时要注意不要沾上泥沙等杂物。

(5) 上述工作结束后,按拆卸的相反顺序重新装配好。

3) 机座回转体的润滑保养

(1) 拆卸下限位螺销或限位卡片。

(2) 对于设置手动刹车的风力发电机,拧下刹车线上端与刹车连杆之间的固定螺栓。

(3) 把机座回转体(连同机头)轻轻拔出。

(4) 擦干净机座回转体内和立杆上端的油垢,涂上干净的润滑油脂。

(5) 上述工作结束后,按拆卸的相反顺序重新装配好。

3. 分组讨论

总结风力发电机组在维护过程中的注意事项。

知识拓展

风能的其他用途

一、风力提水

风力提水是人类有效利用风能的主要方式之一，在一千多年前，我国就有了风力提水装置，我国曾先后发明过“走马灯式”和“斜杆式”等多种风力提水装置。风力提水之所以能在世界各地，特别是在发展中国家得到较广泛的应用，其主要原因有以下几点：

(1) 由于风力提水装置结构可靠，制造容易，成本较低，操作维护简单。

(2) 储水问题容易得到解决。

(3) 风力提水装置在低风速下工作性能好，对风速要求不严格。

(4) 风力提水效益明显。

因此，开发和应用风力提水装置对于节省常规能源，解决偏远地区提水动力不足的问题和促进农业的发展有着重要的意义。

根据提水方式的不同，风力提水装置可分为风力直接提水和风力发电提水。风力发电提水是近几年才出现的一种新的风力提水方式，其过程为为风力发电→储能→电泵提水，风力发电提水装置示意图如图5.12所示。

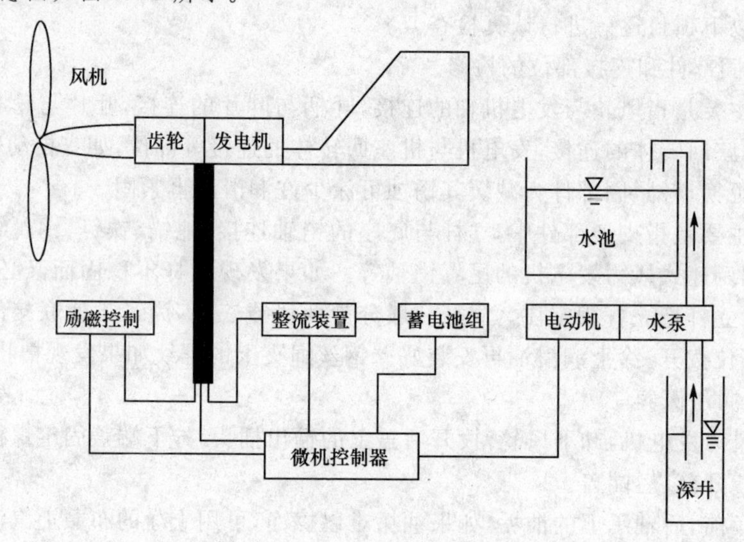

图5.12　风力发电提水装置示意图

叶片把流动的风能转换为动能，通过叶片和轮毂组合的风轮传送给发电机。控制系统可以比作风能发电提水装置的大脑。风力发电提水装置的所有动作都是在控制系统发出命令的指挥下完成的。

风力发电提水和传统的风力直接提水(如图5.13所示)相比有以下优点：

(1) 使用范围广。用户可根据井深、井径和需水量的不同，选择不同的常规电泵，弥补传统风力提水装置的不足。

(2) 能量转换效率高。虽然风力发电提水装置多了一级能量转换，但由于风轮采用的是现代流线型桨叶，风能利用系数 C_p 值较高，风力发电机的效率一般都在30%左右，提水用的电动机与通用水泵的效率乘积约为50%装置，所以风力发电提水装置的整体效率为10%～15%，达到或超过传统风力提水装置组的效率(10%左右)。

(3) 安装、维修方便。由于选用的组件都为通用产品，器件容易购买，维护维修简单方便。

图5.13　风力提水车

二、风力制热

随着社会发展对热能需求的增长，开发风力制热技术应用于生活采暖及农业生产等，具有广阔的发展前景。一方面，风力制热的能量利用率高，对风质要求低，风况变化的适应性强，储能问题也便于解决。另一方面，风力制热装置结构简单，且容易满足风力机对负荷的最佳匹配。

“风力制热”是将风能转换成热能，目前有3种转换方法：①由风力发电机发电，再将电能通过电阻丝发热，变成热能。虽然电能转换成热能的效率接近100%，但风能转换成电能的效率却很低，因此从能量利用的角度看，这种方法是不可取的。②由风力发电机将风能转换成空气压缩能，再转换成热能，即由风力发电机带动一离心压缩机，对空气进行压缩而放出热能。③由风力发电机直接转换成热能。显然第3种方法制热效率最高。风力发电机直接转换热能也有多种方法。最简单的是搅拌液体制热，如图5.14所示。它是通过风力发电机带动搅拌器转子转动，转子叶片搅拌液体容器中的载热介质(水或其他液体)，使之与转子叶片及容器产生摩擦、冲击，液体分子间产生不规则碰撞及摩擦，提高液体分子温度，将制热器吸收的功转化为热能。“液体挤压制热”是用风力发电机带动液压泵，使液体加压后再从狭小的阻尼小孔中高速喷出而使工作液体加热。此外还有固体摩擦制热和涡电流制热等方法。

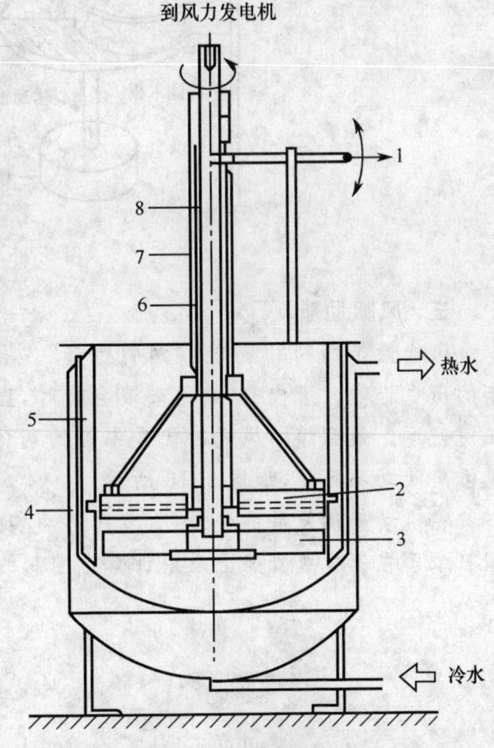

图5.14　搅拌液体制热装置

1—手柄；2—定子叶片；3—转子叶片；4—支撑梁；5—固定器；6—空心轴；7—管子；8—回转轴

风力制热有如下优点：

(1) 根据热力学定律，由高品位能量到低品位能量的转换，其理论效率可达到100%。理想的风力发电机的转换效率将近60%，实际应用的风力发电机效率一般仅为理想风力发电机效率的70%。通常风力发电机提水时的效率为16%左右，发电时的转换效率为30%，而风力制热的转换效率可以达到40%。

(2) 风轮工作特性与制热器工作特性匹配较为理想。制热器的功率转换曲线可呈二次方或三次方关系变化，这与风轮工作特性的变化曲线比较接近，容易实现合理配套。

(3) 该系统对风况要求不高，对不同的风速变化频率，不同的风速范围适应性较强。

风力制热应用的装置——风炉，它在我国的北方农村地区是很适用的，而且制造很简单。垂直轴风力发电机接上一个简单的搅拌器即可制成风力制热装置，如图 5.15 所示。把一个废弃的 50 gal(加仑)汽油桶，从中间把它截成两半，钉在一起。并在中心处插一根柱子(传动轴)，就构成了异步风力机。然后再柱子一头接上搅拌器，把水搅动，水温升高变成热水，就可以把它通到室内使用或取暖。

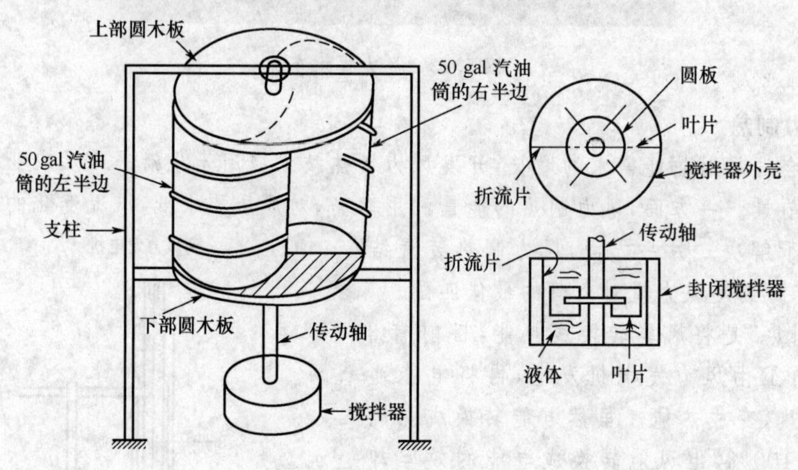

图 5.15　风力制热装置

三、风帆助航

风能最早的利用方式是“风帆行舟”。埃及尼罗河上的风帆船、中国的木帆船，都有两三千年的历史记载。唐代有“乘风破浪会有时，直挂云帆济沧海”诗句，可见那时风帆船已广泛用于江河航运。最辉煌的风帆时代是中国的明代，14 世纪初叶中国航海家郑和七下西洋，庞大的风帆船队功不可没，如图 5.16 所示。

在机动船舶发展的今天，为节约燃油和提高航速，古老的风帆助航也得到了发展。航运大国日本已在万吨级货船上采用计算机控制的风帆助航，节油率达 15%，如图 5.17 所示。

图 5.16　古代帆船

图 5.17　现代帆船

复习思考题

1. 风力发电机组安装前的准备工作有哪些？
2. 风力发电机组安装现场应具备怎样的条件？
3. 简述风力发电机组安装的程序。
4. 机舱吊装时有哪些注意事项？
5. 电抗支架、电控柜在安装现场如何摆放？
6. 简述风力发电机组安装的安全措施。
7. 风力发电机组在运行过程中可分为哪些工作状态？
8. 风力发电机组的年度例行维护包括哪些内容？
9. 列出风力发电机组吊装所用的工具。
10. 如何对机座回转体进行保养？

项目六 风力发电场建设

风力发电场是大规模利用风能的有效形式。风力发电场是在风能资源良好的较大范围内,将几台、几十台或几百台单机容量在数十千瓦、数百千瓦、乃至兆瓦的风力发电机组,按一定的阵列布局方式,成群安装组成的向电网供电的群体。风力发电场的建设包括风力发电场的规划设计、风力发电场的运行和风力发电场的管理。

本项目包括四个学习性工作任务:

任务一 风力发电场的选址

任务二 风力发电机组实用排布软件认识

任务三 风力发电机组的布置

任务四 风力发电场的管理

任务一 风力发电场的选址

学习目标

(1) 了解风力发电场场址选择的技术规定。

(2) 掌握风力发电场宏观选址所考虑的条件和因素。

(3) 掌握风力发电场微观选址所考虑的条件和因素。

任务描述

风力发电场的选址是风力发电场建设首先解决的问题,也是风力发电场建设中关键的第一步,直接影响到风力发电场经济效益的好坏。随着风力发电技术的不断完善,根据国内外大型风力发电场的开发建设经验,为保证风力发电机组高效率稳定运行,达到预期目的,风力发电场场址必须具备较丰富的风能资源。通过本任务的学习,掌握风力发电场宏观选址和微观选址的方法。

相关知识

20 世纪 70 年代末,风力发电场的概念首先由美国提出,到了 1987 年,世界上 90%以上的风力发电场都建在美国,主要分布在加利福尼亚州和夏威夷群岛。总的装机容量在 600 MW 以上。

进入 20 世纪 90 年代,不仅在发达国家,而且在发展中国家,风力发电场的建设也呈现了蓬勃发展的局面,全世界风力发电场总的装机容量达 59 113 MW,德国最多,我国总装机容量位列世界第五，增长率达到了127.5%。

一、风力发电场选址须考虑的基本要素

风力发电的经济效益取决于风能资源、电网连接、地质条件、交通条件、社会经济因素和环境保护要求等多方面复杂的因素，风力发电场选址时应综合考虑以上因素，避免由于选址不当而造成的损失。

1. 风能资源

众所周知，风况是影响风力发电经济性的一个重要因素。风能资源的评估是建设风力发电场成败的关键所在。现有测风数据是最有价值的资料，中国气象研究工作院和部分省区的有关部门绘制了全国或地区的风能资源分布图，按照风功率密度和有效风速出现的小时数进行风能资源区域的划分，标明了风能丰富的区域，可用于指导宏观选址。有些省区已进行过风能资源的调查，可以向有关部门咨询，尽量收集候选场址已有的测风数据或已建风力发电场的运行记录，对场址的风能资源进行评估。若某些地区完全没有或者只有极少的现成测风数据，或者有些区域地形较复杂，即使有现成资料用来推算测站附近的风况，其可靠性也受到限制，可采用项目一中介绍的方法初步判断风能资源是否丰富。

2. 电网连接

并网型风力发电机组需要与电网连接，因此在选择风力发电场场址时，首先应尽量靠近电网。对小型的风电项目而言，要求离10～35 kV电网较近；对比较大型的风电项目而言，要求离110～220 kV电网比较近。风力发电场离电网近不仅可以降低并网投资，而且可以减少线路损耗，满足电压降要求。其次，由于风力发电出力有较大的随机性，电网应有足够的容量，以免因风力发电场并网出力随机变化或停机脱网对电网产生破坏作用。一般来讲，规划风能资源丰富的风力发电场，选址时应考虑接入系统的成本，要与电网的发展相协调。

3. 地质条件

风力发电场场地开阔，不仅要便于大规模开发，还要便于运输、安装和管理，减少配套工程投资，形成规模效益。风力发电场四面临风，无陡壁，山坡坡度最好小于30°，紊流度小。风电机组基础的位置最好是承载力强的基岩、密实的壤土或黏土等，并要求地下水位低，地震烈度小。

4. 交通条件

风能资源丰富的地区一般都在比较偏远的地区，如山脊、戈壁滩、草原和海岛等，大多数场址需要拓宽现有道路并新修部分道路以满足大部件运输的要求，风力发电场选址时应考虑交通方便，便于设备运输，同时减少道路投资。单机容量1.5～2 MW的风力发电机组，最重部件为主机机舱，重约60 t，主机舱只能采用汽车运输；最长部件为风力发电机组叶片，长约34～40 m，因此运输风力发电机组的公路应达到三级或四级标准。

5. 社会经济因素

随着技术的发展和风电机组生产批量的增加，风电成本将逐步降低。但目前我国风力发电上网电价仍然比煤电高出约为0.3元/kW·h。虽然风力发电对保护环境是有利的，但对那些经济发展缓慢、电网比较小，电价承受能力差的地区，会造成沉重的负担，所以国家实施有关优惠政策是至关重要的。

6. 环境保护要求

风力发电场选址时应注意与附近居民、工厂、企事业单位保持适当的距离，尽量减小噪声

污染；应避开自然保护区、珍稀动植物地区以及候鸟保护区和候鸟迁徙路径等。另外，候选风力发电场场址内树木应尽量少，以便在建设和施工过程中少砍树木。

二、风力发电场宏观选址

风力发电场宏观选址过程就是从一个较大的地区，对气象条件等多方面进行综合考察后，选择一个风能资源丰富，而且最有利用价值的小区域的过程。

宏观选址主要按如下条件进行：

1. 场址选在风能质量好的地区

所谓风能质量好的地区是：年平均风速较高（一般年平均风速在到 6 m/s 以上），风功率密度大（年平均有效风功率密度大于 300 W/m^2），风频分布好，可利用小时数高（风速为 3～25 m/s 的小时数在 5 000 h 以上）。

2. 风向基本稳定（即主要有一个或两个盛行主风向）

所谓盛行主风向是指出现频率最高的风向。一般来说，根据气候和地理特征，某一地区基本上只有一个或者两个盛行的主风向且几乎方向相反，这种风向对风力发电机组的排布非常有利，考虑因素较少，排布也相对简单。但是也有这种情况，即虽然风况较好，但没有固定的盛行风向，这对风力发电机组排布尤其是在风力发电机组数量较多时带来不便，这时就要进行各方面综合考虑来确定最佳排布方案。

在选址考虑风向影响时，一般按风向统计各个风速的出现频率，使用风速分布曲线来描述各个风向上的风速分布，作出不同的风向风能分布曲线，即风向玫瑰图和风能玫瑰图，来选择盛行风向。

3. 风速变化小

风力发电场选址时尽量不要有较大的风速日变化和季节变化。我国属于季风气候，冬季风大，夏季风小。但是在我国北部和沿海地区，由于天气和海陆的关系，风速年变化较小，在最小的月份只有 4～5m/s。

4. 风力发电机组高度范围内风垂直切变要小

风力发电机组选址时要考虑因地面粗糙度引起的不同风速廓线，当风的垂直切变非常大时，对风力发电机组的运行十分不利。

5. 湍流强度小

由于风是随机的，加之场地表面粗糙和附近障碍物的影响，由此产生的无规则湍流会给风力发电机组及其出力带来无法预计的危害，如减小了可利用的风能，使风力发电机组产生振动，叶片受力不均衡，引起部件机械磨损，从而缩短了风力发电机组的寿命，严重时使叶片及部分部件受到不应有的毁坏等。因此选址时，要尽量使风力发电机组避开粗糙的地表面或高大的建筑障碍物。若条件允许，风力发电机组的轮毂高度应高出附近障碍物至少 8～10 m，距障碍物的距离应为障碍物的 5～10 倍。

6. 尽量避开灾害性天气频繁出现的地区

灾害性天气包括强风暴（如强台风、龙卷风等）、雷电、沙暴、覆冰、盐雾等，对风力发电机组具有破坏性。如强风暴、沙暴会使叶片转速增大，叶片失去平衡而增加机械摩擦导致机械部件损坏，降低风力发电机组使用寿命，严重时会毁坏风力发电机组；多雷电区会使风力发电机组遭受雷击，从而造成风力发电机组毁坏；多盐雾天气会腐蚀风力发电机组部件，从而降低风力发电机组部件使用寿命；叶片覆冰会使风力发电机组的叶片及测风装置发生结冰现象，从而改变叶片翼型，改变正常的气动力出力，减少风力发电机组出力；叶片积冰会引起叶片不平衡和振动，增加疲劳负荷，严重时会改变风轮固有频率，引起共振，从而缩短风力发电机组使用寿命或造成风力发电机组严重损坏；叶片上的积冰在风力发电机组运行过程中会因风速、旋转离心力而甩出，坠落在风力发电机组周围，危及人员和设备自身安全，测风传感器结冰会给风力发电机组提供错误信息，从而使风力发电机组产生误动作等等。此外，冰冻和沙暴还会使测风仪器的记录出现误差。风速仪上的冰会改变风杯的气动特性，降低转速甚至会冻住风杯，从而不能可靠地进行测风和对潜在的风力发电场风能资源进行正确评估。因此，频繁出现上述灾害性气候的地区应尽量不要安装风力发电机组。但是，在选址时，有时不可避免地要将风力发电机组安装在这些地区，此时，在进行风力发电机组设计时，就应将这些因素考虑进去，要对历年来出现的冰冻、沙暴情况及其出现的频度进行统计分析，并在风力发电机组设计时采取相应措施。

7. 尽可能靠近电网

要考虑电网现有容量、结构及其可容纳的最大容量，以及风力发电场的上网规模与电网是否匹配的问题；风力发电场应尽可能靠近电网，从而减少电损和电缆铺设成本。

8. 交通方便

要考虑所选定风力发电场交通运输情况，设备供应运输是否便利，运输路段及桥梁的承载力是否适合风力发电机组运输车辆等。风力发电场的交通方便与否，将影响风力发电场建设。如设备运输、备件运送等。

9. 对环境的不利影响最小

通常，风力发电场对动物特别是对飞禽及鸟类有伤害，对草原和树林也有些损害。为了保护生态，在选址时应尽量避开鸟类飞行路线，候鸟及动物停留地带和动物筑巢区，尽量减少占用植被面积。

10. 地形情况

地形因素要考虑风力发电场址区域的复杂程度。如多山丘区、密集树林区、开阔平原地、水域或多种区域并存的地形等。地形单一，则对风的干扰低，风力发电机组无干扰地运行在最佳状态；反之，地形复杂多变，产生扰流现象严重，对风力发电机组出力不利。验证地形对风力发电场风力发电机组出力产生影响的程度，通过考虑场区 50 km 半径范围（对非常复杂地区）内地形粗糙度及其变化次数、障碍物如房屋树林等的高度、数字化山形图等数据，还有其他如上所述的风速风向统计数据等，利用 WAsP 软件的强大功能进行分析处理。

11. 地质情况

风力发电场选址时要考虑所选定场地的土质情况，如是否适合深度挖掘（无塌方、出水等），房屋建设施工、风力发电机组施工等。要有详细地反映该地区的水文地质资料并依照工程建设标准进行评定。

12. 地理位置

从长远考虑，风力发电场选址要远离强地震带、火山频繁爆发区，以及具有考古意义和特殊使用价值的地区。应收集历年有关部门提供的历史记录资料，结合实际，作出评价。风力发电机组离居民区和道路的安全距离从噪声影响和安全角度考虑，单台风力发电机组应远离居民区至少 200 m，对于大型风力发电场，最小距离应增至 500 m。有关规范规定：风力发电机组离居民区的最小距离应使居民区的噪声小于 45 dB，该噪声可为人们所接受。

13. 温度、气压、湿度

温度、气压、湿度的变化会引起空气密度的变化，从而改变了风功率密度，由此改变风力发电机组的发电量。在收集气象站历年风速风向数据资料及进行现场测量的同时，应统计温度、气压、湿度。在利用 WAsP 软件对风速风向进行精确计算的同时，利用温度、气压、湿度的最大、最小及平均值进行风力发电机组发电量的计算验证。

14. 海拔

同温度、气压、湿度一样，具有不同海拔的区域其空气密度不同，从而改变了风功率密度，由此改变风力发电机组的发电量。在利用 WAsP 软件进行风能资源评估分析计算时，海拔的高度间接对风力发电机组发电量的计算验证起重要作用。

三、风力发电场微观选址

微观选址是在宏观选址选定的小区域中确定如何布置风力发电机组，使整个风力发电场具有较好的经济效益。一般来说，风力发电场选址研究需要两年时间，其中现场测风应有至少一年以上的数据。国内外的经验教训表明，由于风力发电场选址的失误造成发电量损失和增加维修费用将远远大于对场址进行详细调查的费用。因此，风力发电场微观选址对于风力发电场的建设是至关重要的。

风力发电机组微观选址时的一般要求如下：

1. 平坦地形

平坦地形可以定义为：在风力发电场区及周围 5km 半径范围内其地形高度差小于 50m，同时地形最大坡度小于 3°。实际上，对于周围特别是场址的盛行风的上（来）风方向，没有大的山丘或悬崖之类的地形，也可作为平坦地形来处理。

1）粗糙度与风速的垂直变化

对平坦地形，在场址地区范围内，同一高度上的风速分布可以看作均匀的，可以直接使用邻近气象站的风速观测资料来对场址进行风能估算。这种平坦地形下，风的垂直方向上的轮廓线与地表粗糙度有着直接关系，计算也相对简单。对平坦地形，提高风力发电机组输出功率的唯一办法是增加塔架高度。

2）障碍物的影响

障碍物是指针对某一地点存在的相对较大的物体，如房屋等。当气流流过障碍物时，由于障碍物对气流的阻碍和遮蔽作用，会改变气流的流动方向和速度。障碍物和地形变化会影响地面粗糙度，风速的平均扰动及风轮廓线对风的结构都有很大的影响，但这种影响有可能是有利的（形成加速区），也可能是不利的（产生尾流、风扰动）。所以在选址时要充分考虑这些因素，如图 6.1 所示。

一般来说，没有障碍物且绝对平坦的地形是很少的，实际上必须要对影响风的因素加以分析。由于气流流过障碍物时，在障碍物的下游会形成尾流扰动区，然后逐渐衰弱。在尾流区，不仅风速会降低，而且还会产生很强的湍流，对风力发电机组运行十分不利。因此在设置风力发电机组时必须避开障碍物的尾流区。尾流的大小，延伸长度及强弱与障碍物大小及形状有关。作为一般法则，当障碍物的宽度 b 与高度 h 的比值 $b/h \leqslant 5$ 时，在障碍物的下风方向可产生障碍物高度 20 倍的强的扰流尾流区，宽度越小，减弱越快；宽度越大，尾流区越长。极端情况，即 $b \gg h$ 时，尾流区长度可达障碍物高度 35 倍，尾流扰动高度可以达到障碍物高度的 2 倍。当风力发电机组风轮叶片扫风最低点为障碍物高度 3 倍时，障碍物在高度上的影响可以忽略。

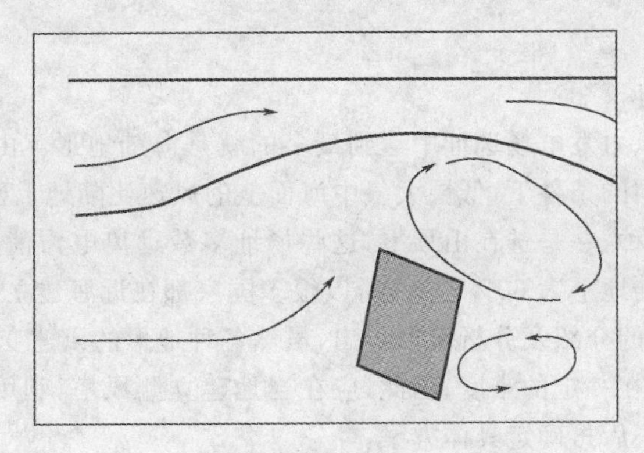

图 6.1　障碍物对气流流动方向的影响

因此如果必须在这个区域内安装风力发电机组,则风力发电机组的安装高度至少应高出地面障碍物高度 2 倍。另外由于障碍物的阻挡作用,在上风方向和障碍物的外侧也会造成湍流涡动区。一般来说,如果风力发电机组的安装地点在障碍物的上风方向,也应安装在距障碍物高度的 2~5 倍处。如果风力发电机组前有较多的障碍物时,平均风速由于障碍物的多少和大小而相应变化,此时地面影响必须考虑,如通过修正地面粗糙度等。

2. 复杂地形

复杂地形是指平坦地形以外的各种地形,大致可以分为隆升地形和低凹地形两类。局部地形对风力有很大的影响。这种影响在总的风能资源分区图上无法表示出来,需要在大的背景上作进一步的分析和补充测量。复杂地形下的风力特性分析是相当困难的。但如果了解了典型地形下的风力分布规律,就有可能进一步分析复杂地形下的风力发电场分布。

1) 山区风的水平分布和特点

一个地区自然地形提高,风速也可能提高。但这不只是由于高度变化引起的,也由于受某种程度的挤压(如峡谷效应)而产生的加速作用。

在河谷内,当风向与河谷走向一致时,风速将比平地大;反之当风向与河谷走向垂直时,气流受到地形的阻碍,河谷内的风速大大减弱。新疆阿拉山口风区,属中国有名的大风区,因其地形的峡谷效应,使风速得到很大的增强。山谷地形由于山谷风的影响,风将会出现较明显的日变化或季节变化。因此选址时需考虑到用户的要求。一般来说,在谷地选址时,首先要考虑的是山谷风走向是否与当地盛行风向一致。这种盛行风向是指大地形下的盛行风向,而不能按山谷本身局部地形的风向确定。因此在受山脉阻挡情况下,山地气流的运动会就近改变流向和流速,在山谷内,风多数是沿着山谷吹的。然后考虑选择山谷中的收缩部分,这里容易产生狭管效应,而且两侧的山越高,风也越强。另一方面,由于地形变化剧烈,所以会产生强的风切变和湍流,在选址时应该注意。

2) 山丘、山脊地形的风力发电场

对山丘、山脊等隆起地形,主要利用它的高度抬升和它对气流的压缩作用来选择风力发电机组安装的有利地形。相对于风来说展宽很长的山脊,风速的理论提高量是山前风速的 2 倍。而圆形山包为 1.5 倍,这一点可利用风图谱中流体力学和散射实验中的数学模型得以验证。孤立的山丘或山峰由于山体较小,因此气流流过山丘时主要形式是绕流运动;同时山丘本身又相当于一个巨大的塔架,是比较理想的风力发电机组安装场址。国内外研究和观测结果表明,在山丘与盛行风向相切的两侧上半部是最佳场址位置,这里气流得到最大的加速。其次是山丘的顶部。应避免在整个背风面及山麓选定场址,因为这些区域不但风速明显降低,而且有较强的湍流。

3）海陆对风的影响

除山区地形外，在风力发电场选址中遇到最多的就是海陆地形。由于海面摩擦阻力比陆地小，在气压梯度力相同的条件下，低层大气中海面上的风速比陆地上要大。因此各国选择大型风力发电场位置有两种：一是选在山顶上，这些场址多数远离电力消耗的集中地；二是选在近海，这里风能潜力比陆地上大50%左右，所以很多国家都在近海建立风力发电场。

从上面对复杂地形的介绍及分析可以看出，虽然各种地形的风速变化有一定的规律，但要进行进一步的分析还存在一定的难度，因此，应在当地建立测风塔，利用实际风的测量值来与原始气象数据比较，修正后再确定具体方案。

风力发电场选址是比较复杂的，考虑的因素也是多方面的，因此在选址中务必要按照程序和技术规范有序进行，以使建设后的风力发电场达到最好的经济效益。目前风力发电场微观选址的软件大大解决了选址的效率问题，但是风力发电场选址过程中的人为参与，尤其是在得到软件的输出结果后的实地落点过程中的机位微调是必不可少的环节，所以熟悉风力发电场宏观和微观选址的一些方法对于风力发电工作者而言是一门不可或缺的技术。图6.2为江苏龙源风力发电场的排布图。

图6.2 江苏龙源风力发电场的排布图

任务实施

1. 按照以下步骤完成风力发电场选址

(1) 调查了解当地的风能资源丰富区域；

(2) 收集气象、地质地貌的相关资料；

(3) 对风能丰富区的地形地貌勘探、分析；

(4) 根据收集的资料和勘探的结果综合分析该区域是否符合风力发电场建设要求；

(5) 根据宏观选址三阶段进行大区域的初选；

(6) 依据技术标准，综合考虑相关因素对选定区域进行校核和论证。

2. 分组讨论

(1) 初选场址的大小？

(2) 场址选择的一般性原则？

(3) 谈谈当地风力发电场场址特性？

(4) 地形对风力发电场有什么影响？

任务二　风力发电机组实用排布软件认识

学习目标

(1) 了解常用的风力发电机组实用排布软件。

(2) 掌握 WAsP9.0 的安装方法。

(3) 掌握 WAsP9.0 的使用方法。

(4) 应用 WAsP9.0 进行风资源评估。

任务描述

风力发电场设计优化和风能资源预测评估软件是风力发电场设计中相当重要的工具，对风力发电场的运作和风能产量起到直接作用。目前国内外该领域较常用的软件有丹麦 Riso 国家实验室研制的 WAsP 软件、英国 GH 公司推出的 WindFarmer 软件、英国 ReSoft 公司推出的 WindFarmer 软件。其他商用的风力发电场软件还包括 Park、WindPr0 等软件。通过本任务的学习，掌握各种排布软件的主要功能和使用方法。

相关知识

一、WAsP 软件

风图谱分析及应用程序 WAsP(Wind Atlas Analysis and Application Prograns)是目前国际上应用最广泛的风能资源分析软件。WAsP 是由丹麦国家实验室风能应用开发部开发出来的风能资源分析处理软件，主要用于对某地风能资源进行评估，正确选择风力发电场场址。

1. 主要功能

WAsP 的主要功能是：

(1) 风观察数据的统计分析；

(2) 风功率密度分布图的生成；

(3) 风气候评估；

(4) 风力发电机组年发电量计算；

(5) 风力发电场年总发电量计算。

用 WAsP 对某地区进行风能资源评估分析时，考虑了该地区一定范围内不同的地面粗糙度的影响，以及由附近建筑物或其他障碍物所引起的屏蔽因素，同时还考虑了山丘以及由于场地的复杂性而引起的风的变化情况，从而估算出该地区真实的风能资源情况。另外，可以根据某一地区的风能资源情况进行推算出另一点的风能资源，这对评估那些地处偏远又无气象资料记录的地区的风能资源是非常有用的。

2. WAsP 的输入数据

使用 WAsP 软件时需要输入如下数据：

1）气象数据

应由当地气象台、气象站提供3年以上的统计数据，可以是时间序列数据或直方图数据表。主要为风速（m/s）、风向（°）每小时（或3 h统计值）、当地标准气压、温度及海拔。WAsP将风向数据归类划分到0°～360°内的12个风向扇区内（每一扇区为30°，0°～30°为第一扇区，依此类推）；采用国际上通用的比恩统计法（bin）将风速数据归类划分到相应的扇区0～17m/s的风速段（每一个风速段为1 bin，0～1 m/s为第一风速段，依次类推）。根据需要，也可以将风向扇区划分为16个。

2）地表面粗糙度数据

地表面粗糙度是指风随高度为对数变化时平均风速为零处的高度。粗糙度依不同地形层次可划分为若干个等级。在一定距离内，地表面越复杂，或粗糙度变化层次越多，则粗糙度越大，对风的影响就越大；反之，地表面越简单，或粗糙度变化层次越少，则粗糙度越小，对风的影响就越小。在WAsP软件中，将平坦地形粗糙度等级分成4级。对于复杂地形，其粗糙度为综合粗糙度，表示为z_0^R。当地表面粗糙度不是均匀变化时，可以将一个扇区内的地形分为4个分区，每个分区内的地形有相近的粗糙度，经现场实际勘查后根据平坦地形粗糙度等级及对应的粗糙度表确定每个分区的粗糙度等级，然后，根据复杂地形综合粗糙度表确定其综合粗糙度z_0^R。例如，某一个扇区地形的4个分区内的粗糙度等级分别是0、0、2、3，即在这个扇区内的地形粗糙度等级0出现的次数为2，粗糙度等级2和3出现的次数分别为1，则其综合粗糙度z_0^R为0.015 m。现场实际勘察的范围在2～50 km之间，地形越复杂，勘察范围就越广。简单地形勘察范围可在20 km内进行。在勘察无法进行的情况下，需要提供详细描述本地区的地图来确定粗糙度及其等级。

3）地面障碍物数据

地面障碍物如建筑物、防风带等对风速、风向产生的衰减影响与障碍物到测风点的距离以及障碍物相对测风点的高度和宽度有密切关系；另外还与障碍物的孔隙度有一定关系。为便于计算，一般将障碍物近似视为具有一定长度、宽度和高度的矩形物来考虑。障碍物（如建筑物、墙壁等）实度越大，则孔隙度就越大；反之，障碍物（如防风带等）实度越小，则孔隙度就越小。障碍物输入数据要经过现场实际勘察后才能确定，或根据一定比例的可以明确描述障碍物特征的地图来确定。

4）复杂地形数据

地形对风的影响可以由高灵敏度的“上升式”极坐标网表示并输入。该输入坐标网可以是直角坐标或极坐标、或是等高线地图，它们之间可以进行转换。

5）计算系数输入

除上述4项输入数据外，在WAsP计算分析过程中，还要输入各种计算系数，如换算系数、补偿系数、场地参考坐标等，由WAsP运行人员按要求根据实际情况确定。

6）各种型号风力发电机组标准功率曲线数据

风力发电机组标准功率曲线是WAsP估算各种型号风力发电机组年发电量所需要的数据。

3. WAsP的输出数据

计算后，可输出如下结果：

（1）拟合威布尔分布的参数值。

（2）平均风速。

（3）0～17 m风速段风向、风速频率图。

(4) 输入数据、障碍物、山形对某一给定风速、风向的影响程度。

(5) 给定点风频图。

(6) 给定点的平均风速。

(7) 给定点风功率密度。

(8) 风向玫瑰图。

(9) 风能玫瑰图。

(10) 给定点风力发电机组年发电量。

(11) 风力发电场年总发电量。

WAsP 的主界面如图 6.3 所示，应用界面如图 6.4 所示。

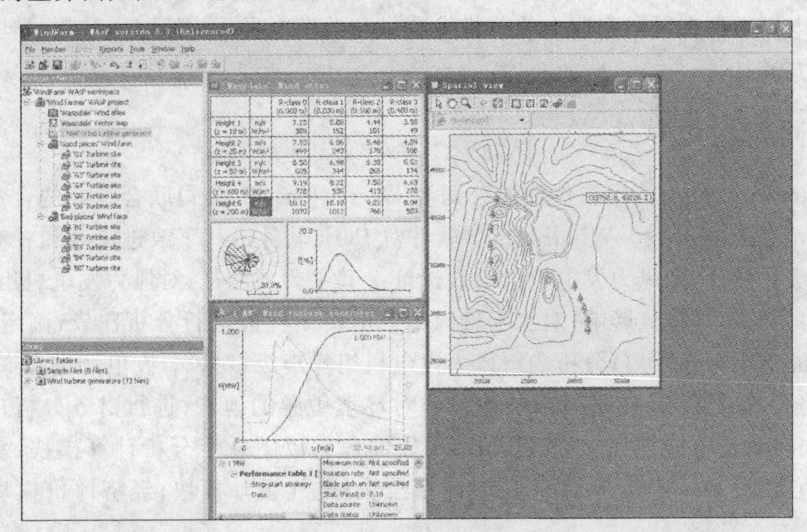

图 6.3　WAsP 主界面

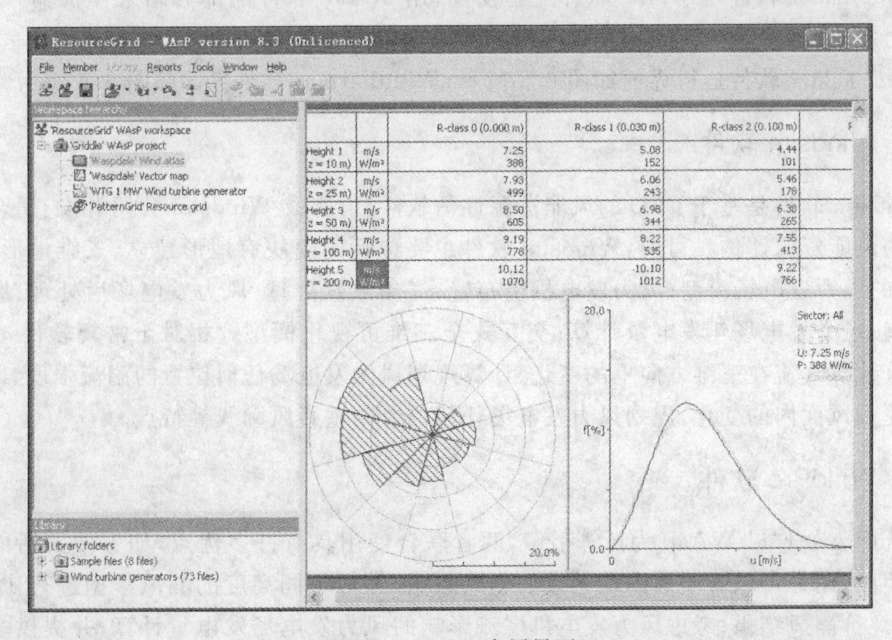

图 6.4　WAsP 应用界面

WAsP 可以充分估算出某一给定点的风能资源情况，这对风力发电场选址及风力发电机组排列有重要指导意义。但该软件是以特定的数学模型为基础的，因此在复杂地形上对风力发电场进行选址时，应尽可能多地安装测风仪，以实际测量的数据作为风力发电机组微观选址时的主要依据。当验证风力发电机组排布是否合理，可利用 Park 软件（风力发电场风力发电机组尾流计算级最佳排列计算软件），或者 WindFarmer（风力发电场设计和优化软件）进行。

二、Park 软件

Park 软件也是由丹麦国家实验室风能应用开发部开发出来的计算风力发电机组尾流效应和确定风力发电机组布置的分析软件。其主要功能是：计算某一给定的风速下，不同布置方式的风力发电机组群在风向扇区上的单机发电量和总发电量；通过比较，找出最佳的风力发电机组的布置方式。

三、WindFarmer 软件

WindFarmer 软件由英国自然能源公司和 GarradHassan 公司联合组成的合资软件公司，即 Windops 有限公司开发。WindFarmer 软件对 Park 软件进行了改进完善和补充，主要用于风力发电场优化设计，即风力发电机组微观选址。其主要功能是：对风力发电机组选址进行优化；确定风力发电机组尾流影响；对水平轴风力发电机组性能进行分析比较；确定并调整风力发电机组间的最小分布距离；分析确定风力发电机组噪声级；对风力发电场进行噪声分析及预测；排除不符合地质要求、技术要求的地段和对环境敏感的地段；进行财务分析；计算湍流强度、计算电气波动及电能损耗。WindFarmer 软件包含以下几个分析计算模块：基础模块；优化设计的核心模块；MCP 模块；湍流强度计算模块；电气设计模块；经济评价模块；阴影闪烁模块。

WindFarmer 软件与 WAsP 软件配套使用，用 WAsP 软件的部分结果作为输入数据，是进行风力发电场设计及风力发电机组微观选址的重要手段。

WindFarmer 软件运行界面如图 6.5 所示，WindFarmer 软件界面如图 6.6 所示。

四、Windsim 软件

Windsim 软件是基于 CFD 的风能资源评估软件，由挪威 Windsim 公司开发，适合在复杂地形下的风能资源评估。目前，Windsim 软件主要包括的模块有地形建立、三维地形模型；基于 CFD 的风力发电场模型；风力发电机组布置；气象数据处理；风力发电场后处理；风能资源地图绘制；风力发电场年发电量计算；交互式全三维可视化模型。相对于常规软件，Windsim 软件具有计算气流在三维方向上的变化、计算规划风力发电场任何位置的湍流强度、风速与风向在风轮扫风面内的变化，规划风力发电场任何位置的垂直风廓线等特点。

五、WindPro 软件

WindPro 软件以 WAsP 为计算引擎，两者联合使用具有许多优点，如方便灵活的测风数据分析手段，用户可以方便地剔除无效的测风数据，并对不同高度的测风数据进行比较，寻求相关性，评价测风结果；考虑风力发电机尾流影响的风力发电场发电量计算，并提供多种尾流模型；风力发电机实际位置的空气密度计算；自动修正标准条件下的风力发电机功率曲线；风力发电场规划区域的极大风速计算；几乎涵盖了市场上所有的风力发电机，并不断更新风力发

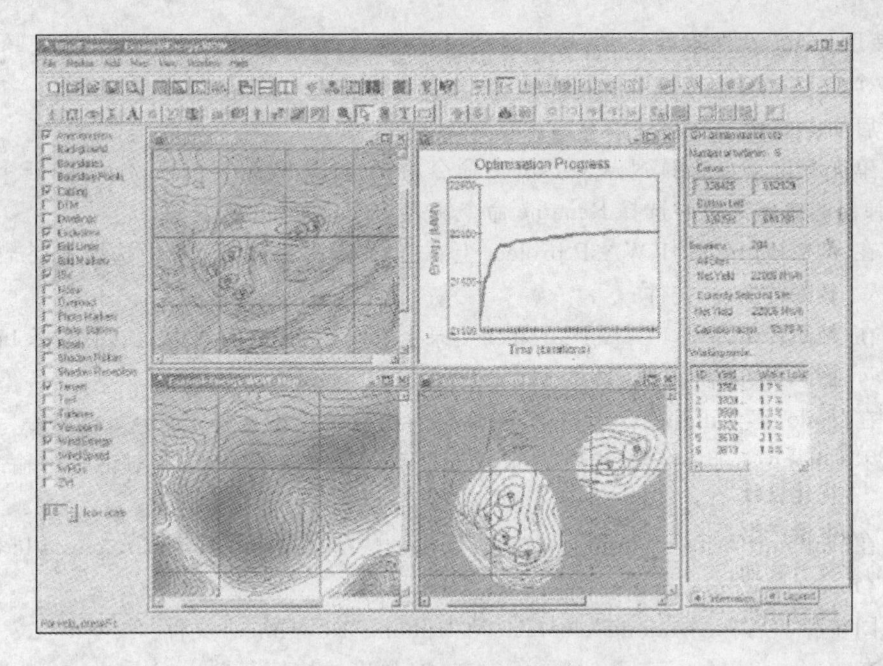

图 6.5　WindFarm 软件运行界面

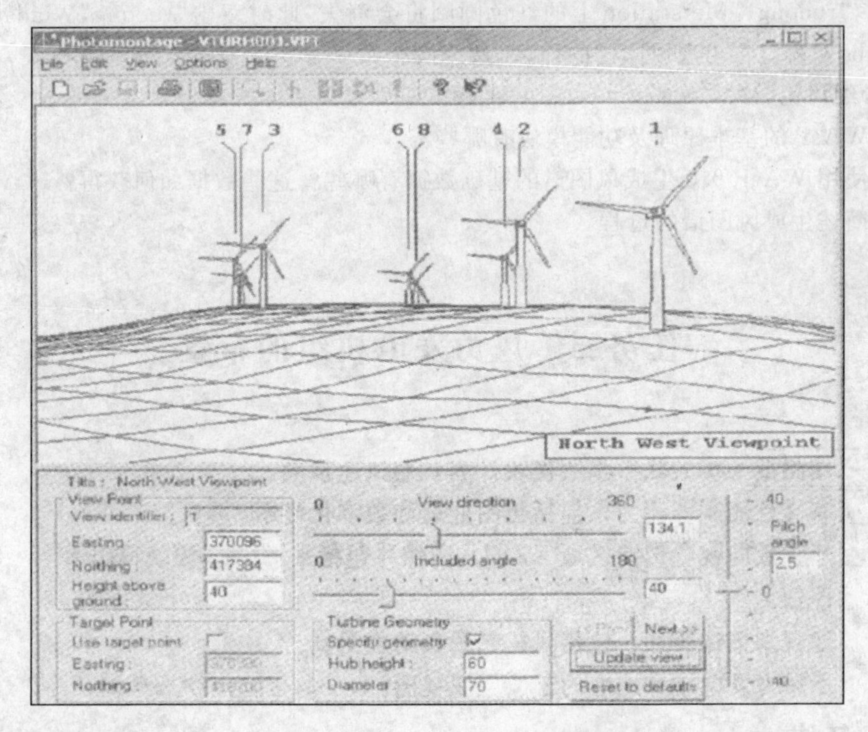

图 6.6　WindFarm 软件应用界面

电机数据库，包括功率曲线、噪声排放及可视化信息等。

任务实施

1. 安装 WAsP 9.0 软件

通过投影演示 WAsP 9.0 软件的安装步骤及方法。

2. 使用 WAsP 9.0 软件

以一个名为“rudong”的工程为例来说明怎样生成一个风图谱。

(1) 启动 WAsP 9.0 软件；

(2) 单击 File 菜单选择 Newworkpace 命令，在子目录 WAsP project 1 WAsP project 上右击，在弹出的快捷菜单中选择 Rename 命令输入文件名为 rudong；

(3) 在 WAsP project 1 WAsP project 上右击，在弹出的快捷菜单中选择 Insert from file 命令，载入“rudong”map 文件；

(4) 在 WAsP project 1 WAsP project 目录上右击，在弹出的快捷菜单中选择 Insert new Wind atlas 命令，同步骤(3)改名为“rudong”；

(5) 在“rudong”Wind atlas 上右击，在弹出的快捷菜单中选择 Insert new Met station 命令，命名为“rudong1”，此时会弹出“rudong1”子目录，双击该子目录，在对话框中输入气象站坐标值；

(6) 在“rudong1”Met station 上右击，在弹出的快捷菜单中选择 Insert new file 命令调入“rudong”Observet wind climate 文件；

(7) 同步骤(6)调入“rudong”Obstacle 和“rudong”Roughness 文件。

(8) 在“rudong1”Met station 目录下右击，在弹出的快捷菜单中 Calculate atlas 命令，当计算结束，“rudong1”Metstation 上的红色圆圈将会消失，此时双击“rudong”Windatlas 目录，在 Edit/show 窗口将出现风图谱的计算结果图表。

3. 分组讨论

(1) WAsP 的基本原理及功能模块有哪些？

(2) 使用 WAsP 9.0 生成风图谱的基础数据有哪些？这些数据如何获得？

(3) 简述生成风图谱的过程。

任务三　风力发电机组的布置

学习目标

(1) 了解风力发电机组布置的基本原则。

(2) 了解风力发电机组的尾流效应。

(3) 掌握风力发电机组排布的方法和步骤。

(4) 掌握用 WAsP 9.0 进行风力发电机组的布置方法。

任务描述

风力发电机组的排列布置是在机组的型号、数量和场地已知的情况下考虑地形地貌对风速的影响和风力发电机组尾流效应影响，合理选择机组的排列位置，使风力发电场的年发电量最大。因此合理排布风力发电机组是设计风力发电场时需要考虑的重要问题。通过本任务的学习，了解风力发电机组布置的方法和基本原则，掌握使用 WAsP9.0 软件和风力发电机组的指导原则对风力发电机组进行布置的方法。

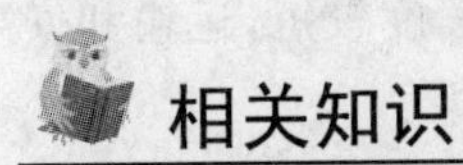

相关知识

风力发电机组布置时要综合考虑地形、地质、运输、安装和联网等条件。如果排列过密，风力发电机组之间的相互影响将会大幅度地降低效率，减少年发电量，同时产生的强紊流将造成风力发电机组振动，甚至会引起风力发电机过早地损坏；反之，如果排列过疏，不但降低年发电量增加速率和土地利用率，而且增加了道路、电缆等投资费用。

一、风力发电机组尾流效应

风经过风力发电机组后将部分动能转化为机械能，再转为电能，从而使得风速降低，坐落在下风向的风力发电机组的风速就低于坐落在上风向发电机组的风速，风力发电机组相距越近，前面风力发电机组对后面风力发电机组的发电量影响就越大，这种现象称为尾流效应（Wake Effects），如图 6.7 所示。所谓尾流效应就是指气流经过风轮旋转面后形成的尾流，对位于其后的风力发电机的功率特性和动力特性所产生的影响。

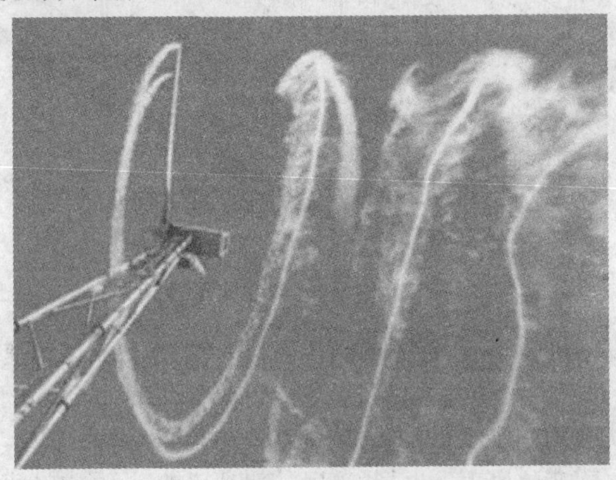

图 6.7　风力发电机组的尾流效应

尾流效应造成的能量损失可能对风力发电场的经济性和发电可靠性有着重要的影响。美国加州风力发电场的运行经验表明，尾流效应造成的能量损失的典型值是 10%；根据地形地貌，机组间的距离和风的湍流强度不同，尾流损失最小值是 2%，最大值可达 30%。

为了充分利用当地风能资源和发挥规模效益，大型风力发电场通常有几十台到数百台风力发电机组，受场地和其他条件的限制，这些机组不可能相距太远。因此，在选择风力发电机组和运行风力发电机组群布置以及确定风力发电场的输出功率和发电量时必须考虑尾流效应。

二、风力发电机组的排列布置基本原则

风力发电机组的排列布置的基本原则如下：

(1) 机组布置要综合考虑地形、地貌、运输、安装和联网等，充分利用风能资源，最大限度利用风能。

(2) 风力发电机组的布置应根据地形条件，充分利用风力发电场的土地和地形，恰当选择机组之间的行距和列距，尽量减少尾流影响，并结合当地的交通运输和安装条件选择机位。

(3) 考虑风力发电场的送变电方案、运输和安装条件，力求输电线路长度较短，运输和安装方便。

(4) 布置不宜过分分散，便于管理，节省土地，充分利用风力资源。

三、风力发电机组的排列布置指导原则

(1) 应根据风力发电场风向玫瑰图和风能密度玫瑰图显示的盛行风向，年平均风速等条件，确定主导风向，机组的排列应与主导方向垂直。对于平坦、开阔的场址，可以排成单列型、双列型和多列型。在多列布置时，尽量考虑呈“梅花形”排列，以减少风力发电机组之间尾流的影响，如图 6.8 所示。

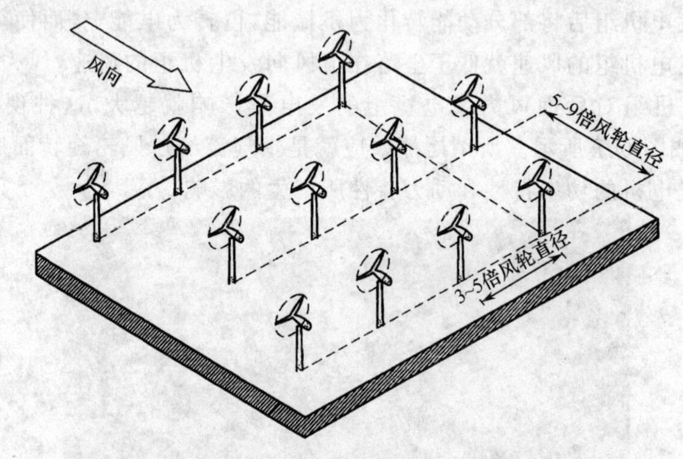

图 6.8　风力发电机组的“梅花形”排列

(2) 风能经风力发电机转轮后，部分动能转化为机械能，尾流区风速减小约 1/3，尾流流态也受扰动，因此，前、后排风力发电机之间应该有 $5D$(D 为风轮直径)以上的间隔，由周围自由空气来补充被前排风力发电机所吸收的动能，并恢复均匀的流场。

(3) 盛行风向基本不变的风力发电场，采用“梅花形”排列，通常在盛行风向上要求风力发电机间相隔 5～9 倍风轮直径，在垂直于盛行风向上要求风力发电机间相隔 3～5 倍风轮直径，如图 6.8 所示。

(4) 盛行风不是一个方向的风力发电机组，可考虑采用“梅花形”排列和对行排列，如图 6.9，图 6.10 所示。

(5) 在复杂地形的条件下，风力发电机组定位要特别慎重，设计难度也大，一般应选择在四面临风的山脊上，也可布置在迎风坡上，同时必须注意复杂地形条件下可能存在的紊流情况，如图 6.11 所示。

四、风力发电机组排布实例

风力发电机组排布方案确定步骤按如下方法进行：获取实测风能资源数据；校核及修正风能资源数据；获得评估需要的其他信息；使用风能资源评估软件计算；计算结果与实测数据对比修正；现场定点。

下面以某风力发电场风力发电机组排布为例说明风力发电机组排布方案确定的思络。该风力发电场，根据风测量数据由 WAsP 9.0 生成某风力发电场的风图谱如图 6.12 所示，初选机型为某公司 SL1500 风力发电机，总装机容量为 49.5 MW，试确定风力发电机组的排布方案。

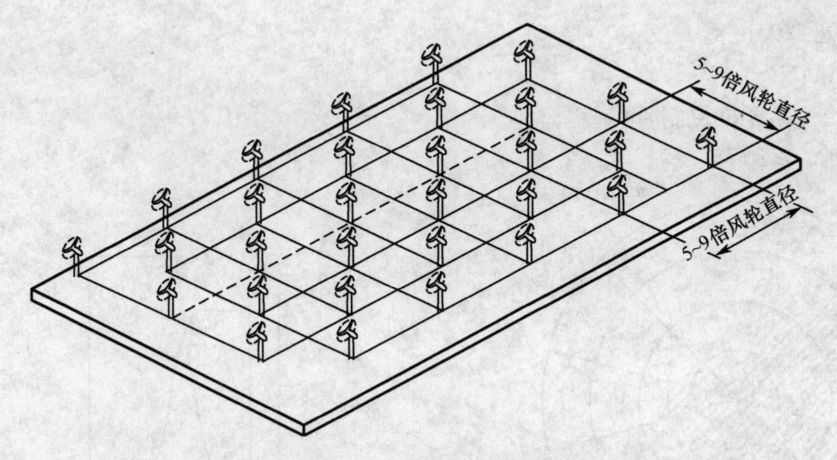

图 6.9　盛行风不是一个方向的风力发电机组的“梅花形”排列

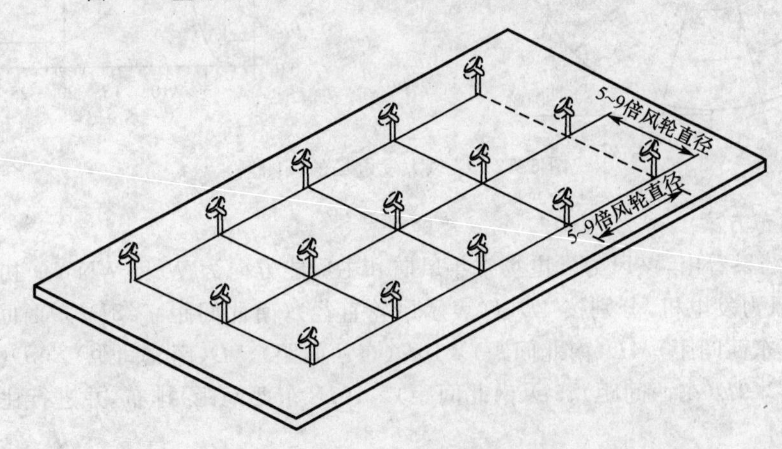

图 6.10　盛行风不是一个方向的风力发电机组对行排列

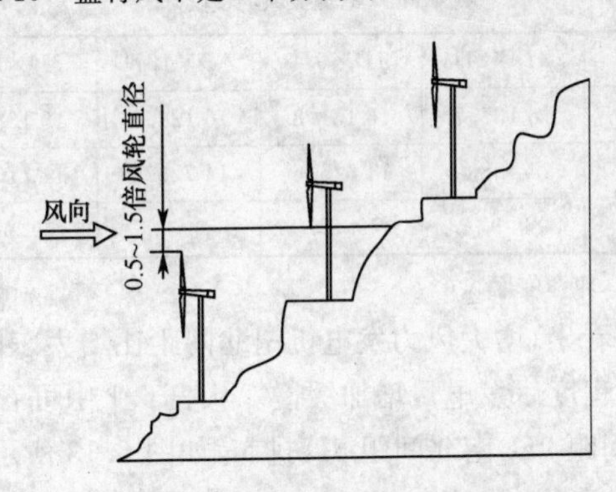

图 6.11　迎风坡上风力发电机组的排列

1. 初选机型 SL1500 的主要技术参数

机型:变桨距、上风向、三叶片。

额定功率:1 500 kW。

风轮直径:77 m。

轮毂中心高:65 m。

切入风速:3.0 m/s。

额定风速:11.5 m/s。

切出风速:20 m/s。

最大抗风:52.5 m/s。

控制系统:计算机控制,可远程监控。

工作寿命:≥20 年。

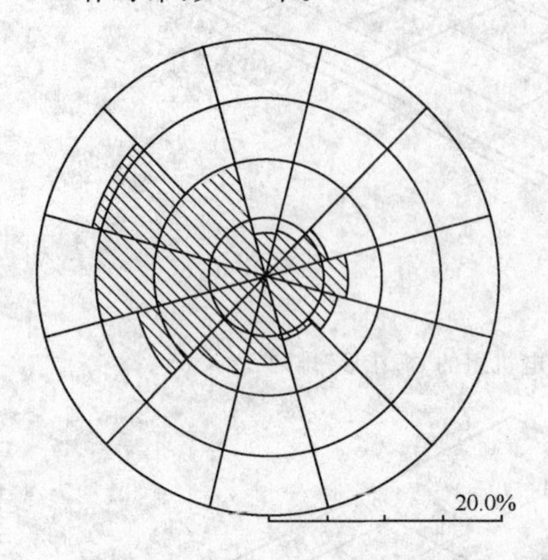

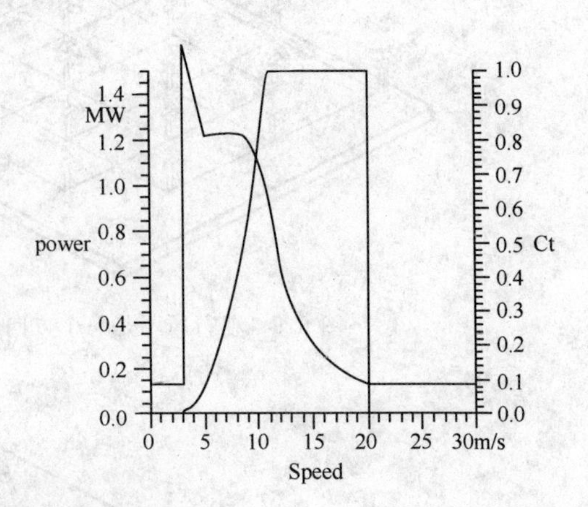

图 6.12　某风力发电场的风图谱

2. 确定排布方案

由风图谱结果看出,该风力发电场常年风向和主风能方向为 W 和 WNW。初选机型为某公司 SL1500 风力发电机,分别按 $4D$(D 表示风轮直径)(南北间距)$\times 8D$(东西间距)、$4D$(南北间距)$\times 9D$(东西间距)、$4D$(南北间距)$\times 10D$(东西间距)、$5D$(南北间距)$\times 8D$(东西间距)、$5D$(南北间距)$\times 9D$(东西间距)、$5D$(南北间距)$\times 10D$(东西间距)排布,并进行比较。尾流影响比较见表 6.1。

表 6.1　尾流影响比较表

布　置　方　案	$4D\times 8D$	$4D\times 9D$	$4D\times 10D$	$5D\times 8D$	$5D\times 9D$	$5D\times 10D$
理论发电量/10^4kW·h	16 135.7	16 131.8	16 128.1	16 138.5	16 133.5	16 128.7
尾流影响后发电量/10^4kW·h	14 498.9	14 625.6	14 725.4	14 716.0	14 829.2	14 895.6
尾流损失系数/%	9.92	9.60	9.30	9.94	9.61	9.30

注:发电量采用 WAsP 9.0 计算,粗糙度取 0.03。

从排布方案比较表可以看出,增大风力发电机南北间距比增大东西间距发电量增加得多,且风力发电机间距增大到一定程度后发电量增加缓慢。从表 6.1 中可看出,各排布方案中 $5D\times 9D$ 排布方案较优,故采用东西间距 $9D$,南北间距 $5D$ 排布,如图 6.13 所示。

任务实施

1. 利用 WAsP 9.0 建立模拟风力发电场

(1) 启动 WAsP 9.0 软件;

(2) 单击 File 菜单,选择 New workspace 命令,在子目录 WAsP project 1 WAsP project 上右击,在弹出的快捷菜单中选择 Rename 命令,输入文件名为 windfarmer;

(3) 在"windfarmer"WAsP project 上右击,在弹出的快捷菜单中选择 Insert from file 命令,载入"rudong"map 文件;

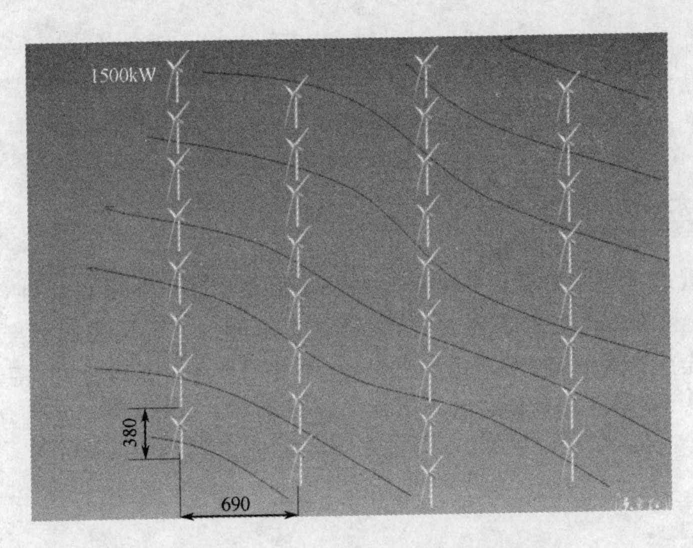

图 6.13　1 500 kW 机型排布方案

(4) 在“windfarmer”Project 目录上右击，在弹出的快捷菜单中选择 Insert from file 命令，载入“rudong wind atlas”文件；

(5) 在“windfarmer”WAsP project 上右击，在弹出的快捷菜单中选择 Insert new wind farm 命令，命名为 rudong1，此时会出现 rudong 1 目录；

(6) 在 rudong1 windfarm 上右击，在弹出的快捷菜单中选择 Insert new turbin site 命令，输入该风力发电机的坐标值及轮毂高度数值；

(7) 在“rudong1”windfarm 目录上右击，在弹出的快捷菜单中选择 Calculate“rudong1”windfarm 命令，当计算结束时，“rudong1”windfarm 上的红色圆圈将会消失，此时双击“rudong” windfarm 目录，在 Edit/show 窗口将出现该模拟风力发电场各项指标的计算结果图表。

2. 利用 WAsP 9.0 结合风力发电机组排布原则进行风力发电机组排布

根据 WAsP 9.0 所建立的模拟风力发电场，结合风图谱及风力发电机组排布指导原则，设定多种排布方案，利用软件进行对比计算，考虑风力发电机组排布原则综合对比确定最佳方案。

利用风力发电机模型分别按 $4D$(南北间距)×$8D$(东西间距)、$4D$(南北间距)×$9D$(东西间距)、$4D$(南北间距)×$10D$(东西间距)、$5D$(南北间距)×$8D$(东西间距)、$5D$(南北间距)×$9D$(东西间距)、$5D$(南北间距)×$10D$(东西间距)排布，并进行比较。

3. 分组讨论

(1) 在风力发电机组排布时，为什么要考虑尾流效应？

(2) 列出风力发电机组的排布方案。

任务四　风力发电场的管理

学习目标

(1) 了解风力发电场安全管理工作的主要内容。

(2) 掌握风力发电机组维护工作的安全事项。

(3) 掌握风力发电场人员培训管理的主要内容。
(4) 掌握风力发电场维护的主要内容。
(5) 掌握风力发电场意外事故处理的方法。

任务描述

风力发电场管理工作的主要任务就是提高设备可利用率和供电可靠性，保证风力发电场的安全，经济运行和工作人员的人身安全，保证输出电能符合电网质量标准，降低各种损耗。工作中必须以安全生产为基础，科学进步为先导，以整治设备为重点，以提高员工素质为保证，以经济效益为中心，安全扎实地做好各项工作。通过本任务的学习，完成风力发电场的日常管理及维护工作。

相关知识

图 6.14 为国内大型风力发电场。

(a) 国电福建莆田南日风电场

(b) 国电甘肃玉门风电场

(c) 新疆天风发电公司风电场

(d) 国电江苏如东海上试验风场

图 6.14 国内大型风力发电场

风力发电场的管理主要包括以下几大管理内容：
(1) 生产指挥系统管理；
(2) 安全管理；
(3) 人员培训管理；
(4) 生产运行管理；

(5) 备品配件及工具管理；

(6) 经营管理。

一、生产指挥系统管理

生产指挥系统是风力发电场管理的重要环节，是实现场长负责制及总工程师为领导的技术负责制的组织措施。它的正常运转能有力地保证指挥有序，有章可循，层层负责，人尽其职；也是实现风力发电场生产稳定、安全、提高设备可利用率的重要手段；更是严格贯彻落实各项规章制度的有利保证。

风力发电场在国内作为一种新兴的发电企业形式，因其自身发展和生产性质的特点，还未形成一种统一的组织机构形式。就目前已有的形式来说，可用“小而全，少而精”来概括。这主要表现在：风力发电涉及专业较多，包括电力电子、机械制造、空气动力、工业控制、机电一体化等；人员规模相对较小，组织结构简单；专业水平要求较高，员工必须要有较高的专业知识、技术业务水平和必要的技能技巧，在工作中要采用比较先进的管理方法和手段才能较好地完成各项工作任务。为此生产指挥系统在机构设置上必须充分适应风力发电行业特点，做到结构精简、指挥有利、工作高效。

生产指挥除了过去单一行政命令外，还应当根据各风力发电场的实际情况，积极采用承包经营责任制等经济手段来充分调动基层单位和员工的积极性，实现最佳的企业经济效益。

二、安全管理

安全管理是所有企业生产管理的重要组成部分，是一门综合性的系统科学。风力发电场因其所处行业的特点，安全管理涉及到生产的全过程。必须坚持“安全生产，预防为主”的方针，这是由电力生产性质决定的。因为没有安全就没有生产，就没有经济效益。安全工作要实现全员、全过程、全方位的管理和监督，要积极开展各项预防性的工作，防止安全事故发生。

风力发电场安全管理工作的主要内容：

(1) 根据现场实际，建立健全安全监察机构和安全网。风力发电场应当设置专职的安全监察机构和专(兼)职安全员，负责各项安全工作的监督执行。同时安全生产需要全体员工参与，形成一个覆盖整个生产岗位的安全网络组织，这是安全工作的组织保证。

(2) 安全教育常抓不懈，做到“安全教育、全面教育、全过程教育”，并掌握好教育的时间和方法，达到好的教育效果。对于新员工要切实落实三级安全教育制度，对已有员工定期进行安全规程的培训考核，考核合格后方可上岗工作。

(3) 严肃认真的贯彻执行各项规章制度。工作中严格执行 DL769—2001《风力发电场安全规程》，并结合风电生产的特点，建立符合生产需要，切实可行的“工作票制度”“操作票制度”、“交接班制度”、“巡回检查制度”、“操作监护制度”、“维护检修制度”等制度，认真按照规程工作。

(4) 建立和完善安全生产责任制。明确每个员工的安全职责，做到奖优、罚劣，以做好涉及安全的各项工作为手段，达到提高安全管理水平，消灭事故、保证安全的目的。

(5) 事故调查要坚持“三不放过”的原则。调查分析事故应按照《电业生产事故调查规程》的要求，实事求是，严肃认真。切实做到：事故原因不清不放过；事故责任者和其他员工没有受到教育不放过，没有采取防护措施不放过。

(6) 认真编制并完成安全技术劳动保护措施计划和反事故措施计划。安全技术措施计划和反事故措施计划应包括事故对策、安全培训、安全检查及有关安全工作的上级指示等，对安全生产十分重要。应当结合风力发电场生产实际做到针对性强、内容具体，将安全工作做在其他各项工作的前面。

三、人员培训管理

随着风力发电场的不断变化，新技术的广泛使用，人员综合素质的培训提高显得日益重要。风力发电场的行业特点也决定了员工培训工作应当贯穿生产管理的全过程。培训分为新员工进场培训、岗前实习培训和员工岗位培训。

1. 新员工进厂培训

新员工到风力发电场报到后，必须先经过一个月的理论知识和基础操作培训，对风力发电机组的基本结构、工作原理、输变电设施以及风力发电场的组织结构、生产过程和各项规章制度进行全面的了解。在进场实习培训期间应由技术部门派专人负责讲解指导，根据生产的实际适当地进行一些基本工作技能的培训，并对各个职能部门的基本工作内容进行初步了解，但一定要有监护人陪同，不得影响正常生产程序。培训结束后由技术部门组织进行笔试和实际操作考试，合格后方可进入下一步培训。

新员工进场培训的主要内容包括：风力发电场各项规章制度；风力发电机组的基本结构和原理；风力发电场输变电设备基本结构和原理；风力发电场的生产过程；风力发电场的组织结构；风力发电场安全规程初步学习。

2. 岗前实习培训

岗前实习培训的重要目的是使新员工在对风力发电场的整个生产概况进行初步了解的基础上，针对生产实际的需要全面系统地掌握风能利用的基础知识、风力发电机的结构及运行原理、风力发电机组及变电所运行维护基本技能以及风力发电场各项管理制度。在此基础上，由值班长根据生产的需要，安排实习员工逐步参与实际工作，进一步培养独立处理问题的能力。在运行部进行五个月的岗前实习后进行考评，考评的内容包括理论知识及管理规程考评、实际操作技能考评和部门考评。考评合格后，方可在运行值班长带领下正式上岗，岗前实习培训考评不合格者不能上岗，继续进行岗前实习培训。

岗前实习培训的主要内容如下：

(1) 风能资源及其利用的基本常识；

(2) 风力发电机组的结构原理；

(3) 风力发电机组的总装配工艺；

(4) 风力发电机组的出厂试验；

(5) 风力发电机组的安装工序；

(6) 风力发电机组的调试；

(7) 风力发电机组的试运行；

(8) 风力发电机组运行维护基本技能；

(9) 变电所运行维护基本技能；

(10) 风力发电机组常见故障处理技能；

(11) 风力发电场运行相关规程、规范；

(12) 风力发电场各项管理制度。

3. 员工岗位培训

在职员工应当有计划地进行岗位培训，培训的内容与生产实际紧密结合，做到学以致用。员工岗位培训应本着为生产服务的目的，采用多种可行的培训方式，全面提高员工素质，促进企业的健康发展。

风力发电场员工的基本素质要求如下：

(1) 员工要热爱本职工作，工作态度积极主动，工作中乐于奉献、不怕吃苦。

(2) 经检查鉴定身体条件能够满足工作需要，能够进行日常登高作业。

(3) 对各类风力发电机组的工作原理、基本结构、维护方法及运行程序熟练掌握，具备基本的机械及电气知识。

(4) 有一定的独立工作能力，能够独立对风力发电机组出现的常见故障进行判断处理，对一些突发故障有基本的应变力，能发现风力发电机组运行中存在的隐患，并能分析找出原因。

(5) 有一定的计算机理论知识及运用能力，能够熟练操作常用办公自动化软件。能使用计算机打印工作所需要的报告及表格，能独立完成运行日志及有关质量记录的填写，具有基本的外语阅读和表达能力。

(6) 具有良好的工作习惯，认真严谨、安全操作、善始善终、爱护工具及其他维护用品。

(7) 掌握触电现场急救方法，能够正确使用消防器材。

(8) 勤学好问，积极学习业务知识，不断提高自身的综合素质。

四、生产运行管理

1. 风力发电场生产运行管理的模式

目前，国内风力发电场生产运行管理模式主要有以下 3 种：

1) 风力发电场业主自行管理维护模式

这种模式的特点是：管理人员和技术人员需要较长时间知识积累，才能满足风力发电场运行管理的需要；需要配置风力发电场运行维护的专用工具、设备及检测仪器设备，增大运营维护成本；前期管理成本较大，经济效益可能较差，项目中、后期可以充分保证风力发电场经济效益。

2) 专业运行公司承包运营管理模式

该模式的特点是：风力发电场业主提出风力发电场运行管理的经济、技术考核指标，运行维护工作由专业运行公司承担，业主可以省心，将时间和精力投入到其他项目；承包运行期间，发电场运行的经济效益受风力发电场业主对外承包价格的影响；合适的对外运行管理费用，可以保证风力发电场的经济效益，但不利于风力发电场业主自身员工能力发展，风力发电场后期可持续运行、维护可能面临较多的问题。

3) 风力发电场业主与专业运行公司合作运行管理模式

风力发电场业主在风力发电场运行管理期间，与专业的运行公司建立技术合作关系。风力发电场业主委派风力发电场经理，主要负责风力发电场行政及财务管理工作，专业运行公司主要负责风力发电场技术管理及绩效考评工作。这种模式通过实施科学、有效的管理模式，可以降低运营管理成本，保证风力发电场运行管理的综合经济效益。

2. 风力发电场运行分析制度

风力发电场应根据场内风力发电机组及输变电设施的实际运行状况以及生产任务完成情况，按规定时间进行月度、季度、年度风力发电场运行分析报告。报告中应结合历年的报告及数据对设备的运行状况、电网状况、风速变化情况以及生产任务完成情况进行分析对比，找出事物的变化规律，及时发现生产过程中存在的问题，提出行之有效的解决方案，促进运行管理水平的提高。

3. 技术文件管理

风力发电场应设立专人进行技术文件的管理工作，建立完善的技术文件管理体系，为生产实际提供有效的技术支持，风力发电场除应配备电力生产企业生产需要的国家有关政策、文件、标准、规定、制度外，还应针对风力发电场的生产特点建立风力发电机组技术档案及场内输变电设施技术档案，具体内容如下：

1）机组建设期档案

（1）机组出厂信息。主要包括：机组技术参数、主要零部件技术参数、机组出厂合格证、出厂检验清单、机组试验报告、机组主要零部件清单、机组专用工具清单。

（2）机组配套输变电设施资料。主要包括：设备编号及相关图纸、机组配套输变电设施技术参数等。

（3）机组安装记录。主要包括：机组安装检验报告、机组现场调试报告、机组500 h试运行报告、验收报告、机组交接协议等。

2）运行期档案

（1）运行记录。主要包括：机组月度产量记录表、机组月度故障记录表、机组月度发电小时记录表、机组年度检修清单、机组零更换记录表、机组油品更换记录表、机组配套输变电设施维护记录表等。

（2）运行报告。主要包括：机组年度运行报告、机组油品分析报告、机组运行功率曲线、机组非常规故障处理报告等。

五、备品配件及工具的管理

1. 备品配件的管理

备品配件的管理工作是设备全过程管理的一部分，技术性强，做好此项工作对设备正常维护、提高设备健康水平和经济效益，确保安全运行至关重要。

备品配件管理的目的是：科学合理地分析风力发电场备品配件的消耗规律，寻找出符合生产实际需求的管理方法，在保证生产实际需求的前提下，减少库存，避免积压，降低运行成本。

目前大多数风力发电场使用的风力发电机组多是进口机型，加之机组备品配件通用性和互换性较差，且购买费用较高，手续繁杂，供货周期长，这就给备品配件的管理提出了较高的要求。在实际工作中根据历年的消耗情况并结合风力发电机组的实际运行状况制定出年度一般性耗材采购计划，而批量的备品配件的采购和影响机组正常工作的关键部件的采购则应根据实际消耗量、库存量、采购周期和企业资金状况制定出3年或5年的中远期采购计划，实现资源的合理配置，保证风力发电场的正常生产。在规模较大的风力发电场，还应根据现场实际考虑对机组的重要部件（齿轮箱、发电机等）进行合理的储备，避免上述部件损坏后导致机组长期停运。

对损坏的机组部件应当积极查找损坏原因及部位，采取相应的应对措施。有修复价值的部件应当安排修复，节约生产成本。无修复价值的部件应报废处理，避免与备品配件混用。

进口设备配件的国产化是保证设备安全、经济运行的重要手段。日常生活中应积极搜集相关备品配件的信息，在国内寻找部分进口件替代品。对部分需求较大，进口价格偏高的备品配件还可以考虑与国内有关厂家协作，进行国内生产，进一步降低运行成本。

2. 工具的使用管理

(1) 工具使用必须按照操作规程、正确合理使用，不得违规野蛮操作。

(2) 工具使用完毕后应精心维护保养，保证工具的完好清洁，并按规定位置及方式摆放整齐。

(3) 工作过程中携带工具物品应固定牢靠，轻拿轻放，避免发生工具跌落损坏事故。

(4) 临时借用的工具使用完毕后应主动及时归还，不得随意放置，以免丢失。

(5) 贵重工具必须由值班长负责借用，并对使用者强调使用安全。

(6) 安全带、安全绳的可靠性直接关系到运行人员的工作安全，应当妥善保管，合理使用，定期检查，避免划伤、损坏，并不得移为他用。严禁将上述物品用作吊具，超限起吊重物。

(7) 对损坏的工具应及时进行修复，暂无条件修复的应妥善保管。

(8) 工具的报废与赔偿。

① 工具符合下列条件之一者，才能提出报废申请：

a. 超过使用年限，结构陈旧，精度低劣，影响工作效率，无修复价值者。

b. 损坏严重，无修复价值者或继续使用易发生事故者。

c. 绝缘老化，性能低劣，且无修复价值者。

d. 因事故或其他灾害使工具严重损坏，无修复价值者。

② 因工具使用不慎造成损坏的，需总结经验，找出原因，以教育为主。

③ 严重违反操作规程，损失严重者，应追究主要当事人责任，并由厂领导研究决定具体赔偿金额。

(9) 工具室应定期进行盘点，做到账物相符，对遗失的工具应追查责任人。

六、风力发电场的经营管理

风力发电场项目公司在初始阶段主要是负责风力发电场的筹建工作，为项目筹资、贷款、征地，购售电协议谈判与签约，争取各项优惠政策，组织和参与工程施工完成后的工程验收和项目的运行管理等。

风力发电场项目公司应作为一个独立经营的企业实体来进行经营管理，公司除了要按国家有关规定，搞好风力发电场的生产运行和经营管理外，对下列事项也应予以注意：

1. 上网电价的落实

风力发电场项目的上网电价是风力发电场经营效益能否实现的关键，电价水平的高低决定着风力发电场效益的好坏。在商品经济中，电价应由发售电供需双方，即风力发电场和当地的电力公司在所签订的购售电协议中予以明确。在我国，现阶段大多数情况下，风力发电电价都是由当地物价局以行文批准的方式予以规定的。由于有国家政策的扶持，在风力发电电量的销售和电价问题上理应较容易解决。

2. 电费的兑现

电费的兑现风险是支付中出现的问题，即风力发电买方承认所购电量和规定的电价，但由于种种原因拒绝支付或长时间拖欠电费，造成风力发电场不能及时还贷，出现风险。这个问题一般出现在供需双方没有签订购售电协议，风力发电电价仅由当地政府物价局的批文规定的情况下。如果项目公司与当地的电力公司签订了购售电协议，并且在协议中规定了付款方式，鉴于各地电力公司的资信问题，电费的兑现风险不会出现。

3. 争取优惠政策

风力发电作为国家鼓励和提倡的清洁能源，对我国能源可持续发展具有重要意义。又由于风力发电目前处于发展的初期，国家和各地政府都很关注风力发电的发展，因此采取了一些政策来扶持风力发电场的开发建设。

这些扶持政策大多表现在对风力发电项目的批复、风力发电电量的收购、电价的核定、电价的补贴、风力发电场用地、风力发电税收等各个方面。风力发电场项目公司应充分利用政策，争取较好的效益，达到风力发电进一步发展的目的。

4. 加强内部管理

风力发电项目公司的内部管理原则上与其他公司的内部管理大同小异，在此不赘述。为了发展风力发电事业，应该鼓励和动员社会资金投资风力发电场项目。风力发电场作为一个新兴的投资领域，应欢迎各方面积极参与投资。出资方多一些，可以加大投资，建设较大的项目。同时多个投资商，股权比较分散，有利于实施和完善现代企业制度；对公司进行规范化管理，增加管理透明度都有好处，还可以减少管理漏洞和由此所造成的风险。

七、提高风力发电场综合经济效的技术措施

风力发电场的经济效益，取决于风力发电场的发电收入和运营管理费用。采取有效的技术措施保证风力发电场风力发电机的发电量、控制和降低运营管理费用，是保证风力发电场经济效益的重要措施。

1. 提高风力发电机发电量的技术措施

影响风力发电机发电量的主要因素包括风力发电机的可利用率，风力发电场设备的安全管理和风力发电机的最优输出。

1）提高风力发电机的可利用率

（1）高效快速处理和解决风力发电机运行过程中出现的故障，降低风力发电机故障停运时间。主要技术措施有：建立风力发电机各类故障清单、故障处理程序、方法等技术标准；建立故障处理定额标准、质量记录等方面的管理标准；建立考核体系及方法。

（2）通过风力发电机的运行维护工作质量，发现风力发电机运行存在的潜在质量隐患并及时有效处理。主要技术措施有：定期进行风力发电机噪声、温升、振动、接地、保护定值校验等方面的测试，做好质量记录；建立考核体系及方法；储备一定数量的备品配件，保证风力发电机故障时，能够快速处理，排除故障；依据风力发电机的运行时间，科学合理地进行风力发电场设备的定期检查、预防性试验。

2）保证风力发电机、变配电设备等资产的安全

风力发电场资产的安全管理，对保证风力发电场设备的稳定、可靠运行非常重要。主要内容包括：风力发电场资产的安全管理；保证特殊情况下风力发电场设备的安全防护。

3）风力发电机输出的优化

风力发电机在运行过程中，输出功率受到风力发电机安装地点的空气密度、湍流、叶片污染、周围地形、地表植被等方面的影响，风力发电机的输出达不到最优状态。

风力发电机投入运行后，应根据风力发电机安装地点的具体情况，调整叶片的安装角度，使风力发电机的功率曲线满足现场风能资源的风频分布，保证风力发电机发电量最大。

2. 控制和降低风力发电场运营管理成本

风力发电场运营管理成本主要包括人工费用、检修费用、系统损耗、下网电量、办公费用及其他费用。

控制和降低风力发电场运营管理成本，对提高风力发电场经济效益意义显著。

1）人工费用

(1) 合理规划和设计风力发电场工作岗位、优化岗位结构。

(2) 建立长期、稳定的人才队伍，满足风力发电场可持续运营发展的需要；避免人才频繁流动，造成风力发电场人工费用的增加。

(3) 科学、合理地编制，实施人员培训计划，达到人员的素质、技能满足岗位工作的要求，避免人力资源的浪费。

2）检修费用

(1) 依据风力发电场实际运行情况，配置合适数量的检修工具、设备和仪器。

(2) 科学、合理地编制，实施年度定期检修计划，控制设备定期检修时的检修费用。

3. 控制场用电或下网电量、降低系统损耗

控制风力发电场下网电量、降低系统损耗（变压器、输电线路、用电设备），就是间接地增加风力发电场的发电量，提高发电收入，系统降损是提高风力发电场发电收入的重要措施。

任务实施

1. 风力发电场在维护时，应注意以下情况

1）出现以下情况，应停止维护工作

(1) 在风速≥12 m/s时，请勿在叶轮上工作。

(2) 在风速≥18 m/s或雷雨天气时，请勿在机舱内工作。

2）以下情况，进行维护工作时应注意

(1) 在风力发电机上工作时，应确保此期间没有无关人员在塔架工作区内或在周围停留。

(2) 因为是对高压电器的维护，所以不要单独在塔架及机舱内进行维护工作。

(3) 塔筒平台的窗口在通过后应当立即关闭，防止工具和其他物件坠落伤人。

(4) 使用提升机吊运物品时，勿站在吊运物品的正下方，地面工作人员应该站在上风向。

3）与电气系统有关的操作，进行维护工作时应注意

(1) 为了保证人员和设备的安全，未经允许或授权禁止对电气设施进行任何操作。

(2) 工作过程中应注意用电安全，防止触电。在进行与电控系统相关的工作之前，断开主控开关以切断电源，并在门把手上挂警告牌。

(3) 不允许带电作业，如果某项工作必须带电作业，只能使用特殊工具和由专业人员操作，带电作业时工作人员必须使用绝缘手套、橡胶垫和绝缘鞋等安全防护措施，操作完毕以后将裸露的导线作绝缘处理，并做彻底检查，防止其他工作人员意外触电。

4）爬升塔架时应注意

(1) 打开塔架及机舱内的照明灯，开关位于主控柜的侧面。

(2) 在攀爬之前，必须仔细检查梯架、安全带和安全绳，如果发现任何损坏，应在修复之后方可攀爬。

(3) 在攀爬过程中，随身携带的小工具或小零件应放在袋中或工具包中，固定可靠，防止

意外坠落。不方便随身携带的重物应使用机舱内的提升机输送。

(4) 进行停机操作后,应将计算机柜侧面的“维护/正常”开关扳到“维护”状态,断开遥控操作功能。当离开风力发电机时,记住将“维护/正常”开关扳到“正常”状态。

5) 机舱内外的安全注意事项

(1) 提升机的最大提升质量不大于 200 kg。

(2) 需要在机舱罩外面工作时,必须将安全带可靠地挂在护栏上。

(3) 机舱内停机或开机时会引起振动,所以在停机、开机前须使机舱内及塔架内的每一个工作人员知道,以免其他意外发生。

2. 出现意外事故的处理程序

1) 如果风力发电机失火

(1) 立即紧急停机。

(2) 切断风力发电机的电源。

(3) 进行力所能及的灭火工作,同时拨打火警电话。

2) 如果叶轮飞车

(1) 远离风力发电机。

(2) 通过中央监控将风力发电机偏离主风向 90°。

(3) 切断风力发电机电源。

3) 叶片结冰

(1) 如果叶轮结冰,风力发电机应停止运行。叶轮在停止位置应保持一个叶片垂直朝下,等结冰完全融化后再开机。

(2) 如果在霜冻情况下工作,应该注意防滑,特别是在机舱外和导流罩里工作时,安全绳一定要随时注意固定牢固。

3. 工作完成后

(1) 清理检查工具。

(2) 各开关复原,检查是否恢复了风力发电机的正常工作状态。

(3) 风力发电机启动前,应告知每个在现场的工作人员,正常运行前离开现场,记录维护工作的内容。

4. 分组讨论

(1) 任务实施过程中遇到的问题及解决的办法。

(2) 心得体会。

知识拓展

海上风力发电技术

海上风力发电由于具有资源丰富、风速稳定,不与其他发展项目争地,可以大规模开发等优势,一直受到人们的关注。研究表明,海上的风速要比陆地上的风速高 20%,发电量增加 70%,海上风力发电场可在水深 50 m 以内,距海岸线 50 km 以内的近海大陆架区域建设。其优点是风能资源丰富、运输和吊装条件优越,风力发电机组单机容量大,年利用小时丰富,缺点是建设成本较高、技术难度大。

一、海上风力发电发展现状

1991年，丹麦建成第一个海上风力发电场——VINDEBY海上风力发电场，这个风力发电场由11台功率为450 kW的失速型风力发电机组组成，建造在2.5～5 m深的水域，离岸的最大距离为3 km，建造成本约为7 620万丹麦元。2000年，丹麦在哥本哈根湾建设了世界上第一个商业化意义的海上风力发电场，安装了20台2 MW的海上风力发电机组，可利用率达到98%，甚至更高，为海上风力发电的开发积累了经验。

此后，世界各国开始考虑海上风力发电的商业化开发，丹麦、英国、爱尔兰、瑞典和荷兰等国家海上风力发电发展得到重视，是世界上主要的海上风力发电装机国家。据报道，英国、德国等欧洲国家规划了大量的海上风力发电场项目，并开始了向深海进行风能开发的研究和试验。图6.15、图6.16所示为丹麦海上风力发电场。

图6.15　丹麦LOLLAND海岸的VINDEBY海上风力发电场

图6.16　丹麦海滩风力发电场

根据欧洲风能协会统计，2011年，欧洲海上风力发电机装机容量为866 MW，总投资达24亿欧元。风电累计装机容量达到3 813 MW，分布在欧洲10个国家的53个风力发电场中。新增装机容量的87%在英国，紧随其后的是德国108 MW，丹麦3.6 MW和葡萄牙2 MW。欧洲海上风电累计排名前十名国家是英国(2 093.7 MW)、丹麦(857.3 MW)、荷兰(246.8 MW)、德国(200.3 MW)、西班牙(195 MW)、比利时(163.7 MW)、法国(26.3 MW)、爱尔兰(25.2 MW)、挪威(2.3 MW)和葡萄牙(2 MW)。表6.2为2011年欧洲海上风电累计装机前十名。

表 6.2 2011 年欧洲海上风电累计装机前十名

国家	累计装机容量/MW	风力发电场数/个	风力发电机数/个
英国	2 093.7	18	636
丹麦	857.3	13	401
荷兰	246.8	4	128
德国	200.3	6	62
西班牙	195	2	61
比利时	163.7	6	76
法国	26.3	2	9
爱尔兰	25.2	1	7
挪威	2.3	1	1
葡萄牙	2	1	1
合计	3 812.6	54	1 382

我国的第一个规模化开发的海上风力发电项目是上海东海大桥海上风力发电场，位于上海小洋山岛的东海大桥一侧，使用的机组额定功率为 3 MW，总装机容量为 102 MW，距海岸线 8～13 km。风电由 35 kV 海底电缆接入岸上 110 kV 风力发电场升压变压站，再接入上海市电网。该项目于 2010 年 8 月 31 日完成全部 34 台风力发电机组 240 h 预验收考核，至今已运行超过一年。图 6.17 所示为东海大桥海上风力发电场。

图 6.17 东海大桥海上风力发电场

目前，我国沿海各省市正在着手编制海上风力发电发展规划，其中规模最大的是江苏省近海千万千瓦海上风力发电基地。根据江苏省海上风力发电发展规划的研究成果，江苏省海上风力发电可开发容量为 18 GW，其中潮间带可开发 2.5 GW，近海可开发 15.85 GW。预计到 2020 年，江苏省在潮间带和近海将建成约 7 GW 的海上风力发电场，千万千瓦级风力发电基地基本形成。江苏省海上风力发电场的开发分为4大区域，即盐城北部，包括灌云、响水、滨海北区近海风力发电场；盐城东部，包括滨海南区、射阳北区近海风力发电场；盐城南部，包括大丰、东台和射阳南区潮间带和近海风力发电场；南通，包括如东、通州、启东潮间带和近海风力发电场。图6.18所示为国电江苏如东海上试验风力发电场。

图6.18　国电江苏如东海上试验风力发电场

二、近海风资源

我国海岸线长约18 000 km，岛屿6 000多个，东南沿海及其附近岛屿是风能资源丰富的地区，有效风能密度在300 W/m^{2}以上，全年中风速不小于3 m/s的时数约为7 000～8 000 h，不小于6 m/s的时数为4 000 h。东部沿海水深5～50 m的海域面积辽阔，按照与陆上风能资源同样的方法估测，5～25 m水深、50 m高度海上风电开发潜力约为2亿千瓦，5～50 m水深、70 m高度海上风电开发潜力约为5亿千瓦。除了丰富的海上风能资源外，中国东部沿海地区经济发达，能源需求大；电网结构强，风电接网条件好，这意味着我国海上风力发电发展前景广阔。

三、海上风力发电场的可行性分析

在海上风力发电场开发以前，首先要做的是风力发电场的可行性分析和开发许可证的申请。

海上风力发电场的可行性分析需要考虑的因素主要来自于技术条件、环境约束、渔业、航运及海上其他工业，此外还包括军事和通信的约束。海上风能资源是决定风力发电场是否可行的首要要素，另外需要考虑场址的离岸距离、海水深度、潮差、波浪、地震，以及对自然环境的影响，还需要评估电网接入能力、海上运输可行性等。

海上风力发电项目开发主要包括7个阶段，即项目前期规划，项目详细设计，生产和采购，安装和调试，全面运行，升级改造，报废拆除。在每个阶段中，又有若干个步骤要完成，具体见图6.19所示。

四、海上风力发电的前景展望

虽然，海上风能的开发有许多特殊的制约条件，如盐雾问题导致的防腐问题，地质条件复杂导致的施工困难等，但是经过对现有海上风力发电场与风力发电设备的研究发现，海上风力发电设备的故障远低于陆上。另外，各个设备供应商对海上风力发电已经进行了10多年的研究和开发积累，如维斯塔斯、西门子、GE都有海上风力发电设备实际商业化运行的经验，装备

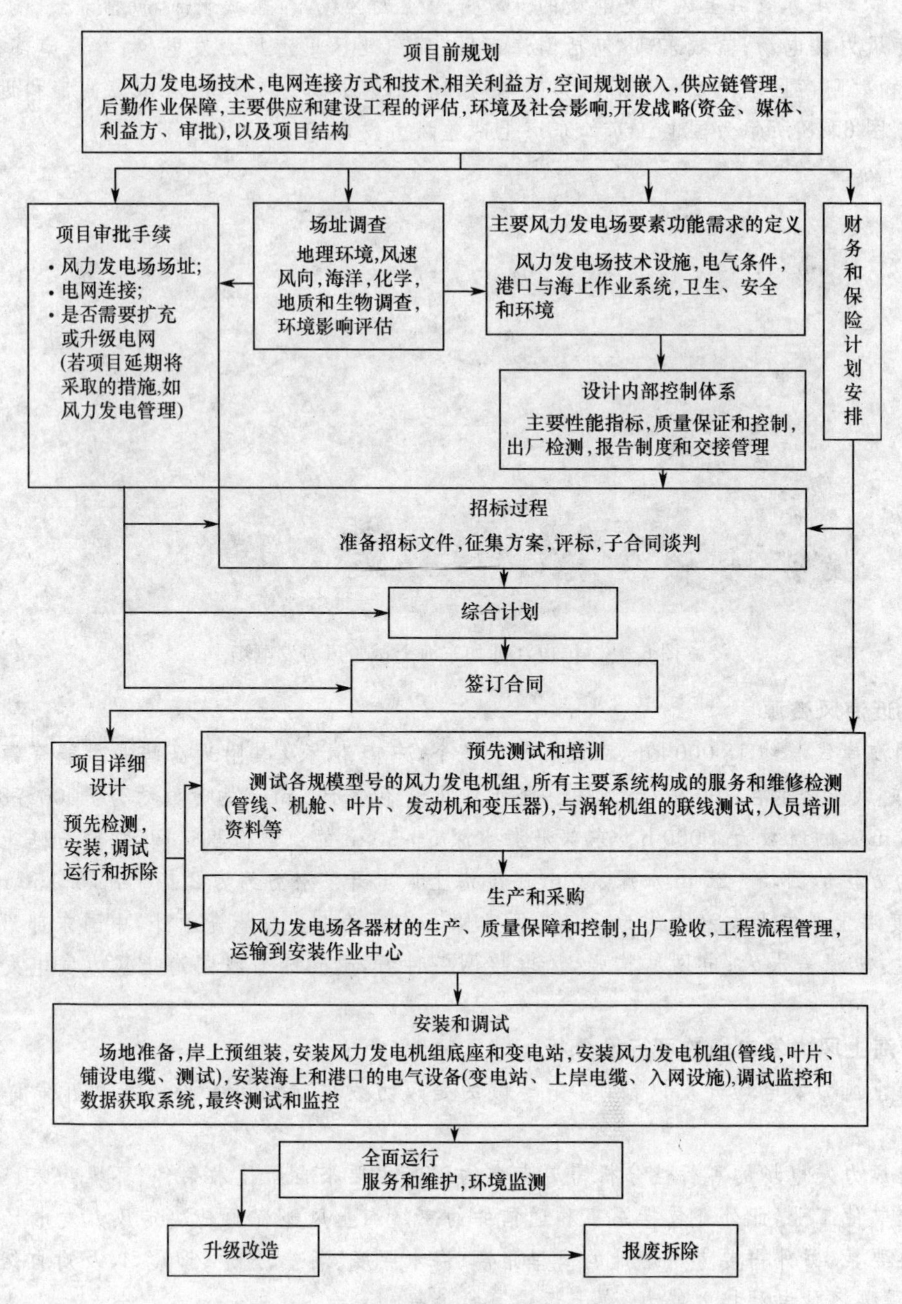

图 6.19　海上风力发电开发阶段主要工作流程图

技术已经不再是海上风力发电的障碍。但是投资大和成本高将是制约海上风力发电开发的主要因素。

目前,欧洲海上风力发电的发展趋势是:单机规模大型化,风力发电场规模大型化,风力发电场建设也由近海、浅海向远海、深海发展。在过去的几年里,每年都有 100～200 MW 规模加入全球海上风力发电装机容量。可再生能源顾问公司 BTM 的研究认为:2013 年全球海上风力发电装机容量将达到 11 721 MW。图 6.20 所示为正在建设中的海上风力发电场。

图 6.20　正在建设中的海上风力发电场

复习思考题

1. 风力发电场选址的技术规定有哪些？
2. 风力发电场选址基本步骤有哪两个？
3. 简述风力发电场宏观选址的条件。
4. 风力发电场微观选址中如何合理地进行风力发电机组的排列，依据是什么？
5. 为什么说风力发电场场址直接关系到风力机的设计及风力机型的选择？
6. 风力发电机组的布置有哪些要求？
7. 建设风力发电场的基本条件有哪两个？
8. WAsP 软件的功能是什么？有哪些优缺点？
9. 风力发电场管理的主要内容有哪些？
10. 在一丘陵连绵的山地背面有一块 10 万平方千米以上的较为平坦的地面上拟建一个风力发电场，已知山峰的最高点高出平地 300 m，试问风力发电场应选定在哪一区域较为合适？
11. 已知某地 10 m 高处的风速为 6 m/s，经验指数 n 取 0.5，试问该地 160 m 高处的风速应为多少？

附　录

附录 A　风力发电科技发展“十二五”专项规划

一、现状

“十一五”期间，我国风力发电产业发展引人瞩目，已成为新能源的领跑者，并具有一定国际影响力。在国家的大力支持下，经过科研机构、风力发电企业等各方的共同努力，我国在风能资源评估、风力发电机组整机及零部件设计制造、检测认证、风力发电场开发及运营、风力发电场并网等方面都具备了一定的基础，初步形成了完整的风力发电产业链。在海上风力发电开发领域，初步解决了海上运输、安装和施工等关键技术，开始积累海上风力发电场运营经验。在人才培养上，初步形成了一定规模的风力发电专业人才队伍，风力发电学科建设也已经起步。

1. 风力发电设备产业化情况

在“十一五”科技计划的引领下，国内科研机构、企业通过消化吸收引进技术、委托设计、与国外联合设计和自主研发等方式，掌握了 1.5～3.0 MW 风力发电机组的产业化技术。目前，国产 1.5～2.0 MW 风力发电机组是国内市场的主流机型，并有少量出口；2.5 MW 和 3.0 MW 风力发电机组已有小批量应用；3.6 MW、5.0 MW 风力发电机组已有样机；6.0 MW 等更大容量的风力发电机组正在研制。国内叶片、齿轮箱、发电机等部件的制造能力已接近国际先进水平，满足主流机型的配套需求，并开始出口；轴承、变流器和控制系统的研发也取得重大进步，开始供应国内市场。

截至 2010 年底，我国具备兆瓦级风力发电机组批量生产能力的企业超过 20 家。2010 年新增装机容量前五名的风力发电整机制造企业当年市场份额占全国的 70%以上。我国有四家企业 2010 年新增装机容量进入全球前十名。

2. 风力发电场建设及资源开发情况

《中华人民共和国可再生能源法》及一系列配套政策的实施，促进了国内风力发电开发快速增长。2010 年，我国风力发电新增装机容量 1 890 万千瓦，居世界第一位。截至 2010 年底，我国具备大型风力发电场建设能力的开发商超过 20 家，共已建成风力发电场 800 多个，风力发电总装机容量(除台湾省未统计外)4 470 万千瓦，超过美国，居世界第一位。

“十一五”期间，我国已启动海上风力发电开发，首个海上项目上海东海大桥风力发电场安装 34 台国产 3.0 MW 风力发电机组，并于 2010 年 6 月全部实现并网发电；2010 年 9 月，国家能源局组织完成了首轮海上风力发电特许权项目招标，项目总容量 100 万千瓦，位于江苏近海和潮间带地区。

3. 风力发电科学技术及公共服务发展情况

“十一五”期间，我国在大型风力发电机组整机及关键零部件设计、叶片翼型设计等风力发电关键科学技术领域获得了一批拥有自主知识产权的成果，打破了国外对风力发电科学技术的垄断。在海上风力发电开发领域，我国自主研究开发了一系列海上风力发电场设计、施工技术，研制了一批专用的海上风力发电施工机械装备。

风力发电产业的飞速发展也促进了风力发电行业公共服务体系建设。“十一五”期间，我国建立了一批风能领域相关的国家重点实验室和国家工程技术研究中心，并参考国际惯例初步建立了风力发电标准、检测和认证体系，为我国风力发电发展提供了技术支撑和保障。

4. 风力发电人才队伍及学科建设情况

“十一五”期间，我国风力发电产业的发展推动了风力发电人才队伍及学科的建设。目前，我国已拥有一批风资源勘测分析、风力发电机组整机及零部件设计制造、风力发电场设计、建设及运行维护、风力发电并网等风力发电行业各领域的专业人才，形成了风力发电全产业链的熟练技术人员队伍，并吸引了大量国外优秀的风力发电人才加盟。在学科建设方面，我国已初步建立了风能与动力工程专业，并开始培养专门化人才。

二、形势与需求

1. 当前形势

通过国家多年的持续支持，我国在风力发电科技领域取得了长足进步，但与国际先进水平相比，还存在较大差距。基于我国风力发电产业现状及国内外趋势，我国在风力发电科技领域仍面临一系列挑战，主要表现在：

(1) 先进风力发电装备自主设计和创新能力有待加强。早期，我国风力发电机组主要依赖引进国外设计技术或与国外机构联合设计，根据我国风资源等环境条件进行自主设计、研发新型风力发电机组的能力不足，且缺少自主知识产权的风力发电机组设计工具软件系统。

在风力发电零部件方面，我国自主创新能力较弱，制造过程中的智能化加工和质量控制技术比较落后。如齿轮箱、发电机的可靠性有待提高；叶片处于自主设计的初级阶段；为兆瓦级以上风力发电机组配套的轴承、变流器刚开始小批量生产，控制系统尚处于示范应用阶段。

(2) 风资源等基础数据不完善，风力发电场设计、并网及运行等关键技术需要提升。我国可利用的风能资源评价尚不精细，风力发电场设计需要的长期风资源数据不完善；风力发电场设计工具依赖国外软件产品，缺乏具有自主知识产权、符合我国环境和地形条件的风资源评估及风力发电场设计及优化软件系统；风力发电并网技术急需深入研究和创新，以提高风力发电并网消纳水平；尚未形成自主研发的先进运行控制和风力发电功率预测等风力发电场运行及优化系统。

(3) 风力发电行业公共测试体系刚刚起步，风力发电标准、检测和认证体系有待进一步完善。我国已参考国际惯例初步建立了风力发电标准、检测和认证体系，但鉴于我国特殊的环境条件(如台风、低温、高海拔等)和工业基础与国际上有一定差别，需根据我国国情进一步完善。我国风力发电行业测试及相关测试系统设计等技术主要依赖国外，制约了我国风力发电技术的发展，而欧美风力发电发达国家已建成了完善的国家级风力发电机组野外测试、地面传动链和叶片测试等公共测试服务体系，为本国风力发电产业的发展做出了贡献。

(4) 风力发电基础理论研究尚待深入，缺乏自主创新；风力发电学科建设、人才培养亟待加强。由于风力发电大规模发展较晚，我国在风力发电基础理论研究方面积累不够，大多是直接引用或跟踪国外的研究成果，对技术的突破和创新能力不足。风力发电的科研水平与国外有较大差距，风力发电科研人员系统培养机制有待加强。

(5) 中小型风力发电机组研发和风力发电非并网接入技术需要进一步提高。我国小型风力发电机组生产和使用量均居世界之首,但产品的性能和可靠性有待提高,中型风力发电机组研发和风力发电非并网的分布式接入技术研究刚刚起步,在风力发电微网技术和多能互补利用集成技术方面需要持续研究和示范。

(6) 风力发电直接工业应用技术研究需要扩展。虽然我国风力发电装机规模迅速增长,但在如何利用规模化储能降低风力发电的不确定性,以及如何利用风能进行制氢、海水淡化等工业直接应用方面的技术研究刚刚起步,需要进一步扩展。

2. 战略需求

在未来5年,我国风力发电科技要逐步实现从量到质的转变,完善和发展风力发电科技的实力,实现从风力发电大国向风力发电强国的转变。

根据我国发布的《国民经济和社会发展第十二个五年规划纲要》,在"十二五"期间,我国规划风力发电新增装机7 000万千瓦以上。从我国能源规划、碳减排目标及产业发展需求来看,我国风力发电科技的战略需求主要体现在:

(1) 特大型风力发电场建设的需要。特大型风力发电场建设是我国风力发电开发的需求重点,国外无法提供直接的经验。"十二五"期间,国家规划建设6个陆上和2个海上及沿海风力发电基地,迫切需要在特大型风力发电场风资源评估、风力发电场设计、并网消纳与智能化运营管理和大容量、高可靠性、高效率、低成本的风力发电机组等方面进行科技开发和创新,为我国特大型风力发电场建设提供技术保障。

(2) 大规模海上风力发电开发的需要。我国海上风力发电已经起步,"十二五"期间潮间带和近海风力发电将进入快速发展、规模化开发阶段,因此,需要开展海上风力发电机组研制及产业化关键技术研究,加强工程施工与并网接入等海上(潮间带)风力发电场开发系列关键技术研究,为大规模海上风力发电开发提供技术支撑。

(3) 风力发电自主创新体系、能力建设与人才培养的需要。"十二五"期间,结合国家能源产业和风力发电科技发展战略的总体部署,迫切需要建立公共研发测试服务体系,根据我国环境条件和地形条件等开发出具有自主知识产权的风力发电设计工具软件系统,在整机设计集成与关键部件制造领域实现技术突破,实现产、学、研、用相互结合共同发展,为我国风力发电装备性能优化及自主设计提供条件和支持,保障我国风力发电产业的持续、快速和稳定增长。

三、总体思路

1. 指导思想

以科学发展观为指导,贯彻落实《国家中长期科学和技术发展规划纲要(2006—2020年)》和《国民经济和社会发展第十二个五年规划纲要》,以"统筹规划、重点突破、交叉融合、自主创新"为原则,面向风力发电领域国家重大需求与国际科技前沿,发挥科技在风力发电产业发展过程中的支撑与引领作用,全面提升我国风力发电产业的核心竞争力,实现我国从风力发电大国向风力发电强国的跨越,推动我国风力发电产业健康可持续发展。

2. 发展原则

重点解决与自主创新能力相关的关键科技问题。立足现状,并面向我国风力发电发展的趋势,全面推动具有自主知识产权的风力发电关键技术研究,攻克一批陆上及海上风力发电机组设计制造和风力发电并网及非并网接入的关键技术。

加强基础性、共性技术研究。适当整合资源,实现成果共享,避免重复性建设、资源分散和浪费，同时，加强风力发电产业自主发展的基础研究和科研队伍建设，建立链条紧密、结构合理的科技研发和公共服务体系。

重视企业在技术创新领域的主体地位。以风力发电场规模化开发带动风力发电产业化发展，促进产、学、研科研链条的形成和健康发展，以科技推动产业进步。

3. 规划目标

在风力发电设备设计制造方面，掌握3～5 MW直驱风力发电机组及部件设计与制造，产品性能与可靠性达到国际领先水平，并实现产业化；掌握7 MW级风力发电机组及零部件设计、制造、安装和运营等成套产业化技术，产品性能和可靠性达到国际先进水平，推动我国大容量风力发电机组的产业化；突破10 MW级海上风力发电机组整机和零部件设计关键技术，实现海上超大型风力发电机组的样机运行。

在风力发电场开发及运行方面，掌握大型风力发电场设计、建设、并网与运营关键技术，提高风力发电消纳能力，提高风力发电场的运营管理水平，支撑我国(千万千瓦)风力发电基地的建设。

在风力发电公共服务体系方面，突破从风资源特性到电网接入送出全过程的科学基础问题，推动行业整体进步；建设风力发电机组地面传动链测试、叶片测试和风力发电设计工具软件等一批公共系统，全面提升我国风力发电行业的整体水平；开发储备一批风力发电新技术，推动风力发电技术创新和应用；培育一批高水平的科技创新队伍，系统部署建设一批国家级重点实验室和工程技术研究中心，全面提升我国风力发电制造企业的国际竞争力。

通过"十二五"风力发电科技规划的实施，促进我国风力发电产业的健康、有序和可持续发展，使我国风力发电产业和风力发电科技整体上达到国际先进水平，为2020年我国二氧化碳排放强度降低40％～45％、非化石能源占一次能源消费比重15％能源战略目标的实现做出直接重要贡献。

四、重点方向

1. 基础研究类

为推动风力发电机组和风力发电场设计技术的发展与完善，解决基于我国气候条件的风能资源基础理论研究和风力发电系统基础理论研究等关键科学问题。

风能资源基础理论研究主要方向包括：陆地及海上大气边界层风特性与模型、复杂地形中尺度数值模式、海上风能资源及台风基本数据的观测理论方法等。

风力发电系统基础理论研究主要方向包括：风力机空气动力学理论、风力发电机组及关键部件建模和仿真理论、风力发电系统工程理论等。

2. 研究开发类

围绕风力发电的全产业链，结合国家能源发展战略，研究开发类重点方向涉及公共试验测试系统及测试、适合我国环境特点和地形条件的风力发电机组整机和关键零部件设计及制造、风力发电场开发及运营、海上风力发电场建设施工等主要领域，全面提升我国风力发电设备的自主设计能力和风力发电场的设计、施工及运行管理水平。

公共试验测试系统及测试技术主要方向包括：风力发电公共试验测试系统设计建设、风力发电测试等。

大容量风力发电机组整机关键技术主要方向包括：整机设计、制造、检测、认证和运行等技术；独立变桨、新型传动系统、先进控制系统等技术。

风力发电机组零部件关键技术主要方向包括:零部件设计、制造、检测、认证和运行等技术;零部件抗疲劳、在线监测与故障诊断等技术。

风力机翼型族设计关键技术主要方向包括:先进翼型族设计及应用技术、风力机风洞实验技术及设计工具软件开发技术等。

风力发电场关键技术主要方向包括:大型风力发电场设计及优化软件开发技术,海上风力发电场施工建设、接入系统设计技术,海上基础设计技术,区域多风力发电场运行控制及智能化管理技术等。

风力发电并网关键技术主要方向包括:风力发电并网模型及仿真技术,大规模风力发电并网接入技术,非并网的分布式接入技术等。

中小型风力发电机组关键技术主要方向包括:高性价比中小型风力发电机组设计、制造及并/离网运行技术,中小型风力发电机组检测认证技术等。

风力发电应用技术主要方向包括:风力发电大规模储能技术,风能直接工业应用技术等。

3. 集成示范类

依托示范工程,加强风力发电全系统集成技术研究,主要方向包括:风力发电场智能化管理,海上风力发电场建设,多能互补发电系统,分布式发电系统等。

4. 成果转化类

成果转化类的主要方向包括:先进风力机翼型族的应用;大容量风力发电机组及其关键零部件产业化;适合我国环境条件的风力发电机组产业化;先进控制等风力发电新技术规模化应用等。

五、重点任务

1. 基础研究类

(1) 风能资源基础理论研究。研究复杂地形下中尺度数值模式的高精度参数化;研究中尺度模式资料四维同化;研究海上风资源及台风的测量及评价;研究卫星对地观测数据用于海上风能资源分析的方法;研究风速在不同海岸线走向、岸边不同地形条件下,由远海-近海-滩涂-陆地的变化机理;研究海上和陆上风速垂直切变、湍流变化等风特性模型及参数确定;研究台风系统的模型和参数化;研究特大型风力发电场风资源特性等。

(2) 风力发电系统基础理论研究。研究风力机空气动力设计理论,研究风力机空气动力与结构、机械与电气等之间的耦合机理;研究风力发电机组建模、验证与仿真理论和方法,研究建立风力发电系统整体动态数学模型的方法。

2. 研究开发类

(1) 风力发电机组整机关键技术研究开发。研究10 MW级风力发电机组总体设计技术,包括长寿命(超过20年)及高可靠性设计方案、简单轻量化的新型传动技术、抗灾害性大风的气动和结构设计技术、抗盐雾和防腐蚀材料工艺设计及机械制造工艺设计技术等。

3~5 MW永磁直驱风力发电机组产业化技术研究,包括总体设计、永磁电机的设计制造,机组设计优化、可靠性设计技术、系统控制技术以及装配工艺等。

7 MW级风力发电机组研制及产业化技术研究,包括总体设计技术、载荷确定技术、强度和刚度校核技术、整体动力稳定性计算技术、先进控制技术,机组设计优化技术、可靠性设计技术、整体装配工艺流程与阶段质量控制技术和分体组装技术等。

研究风力发电机组结构紧凑化、轻量化等新型传动形式设计技术;研究风力发电机组独立变桨、载荷实时测量分析、激光雷达测速仪辅助控制等先进控制技术；研究新型传动调速技术。

研究耐低温、防沙尘、抗灾害性大风、防盐雾及适合高原地区等各类适合我国环境特点的风力发电机组整体结构设计技术、安全与先进控制设计优化技术、高性能电气部件设计技术、新型材料工艺设计与应用技术、制造工艺设计技术等。

研究高性价比中小型风力发电机组设计、制造及并/离网运行控制技术，研究中小型风力发电机组检测认证技术，制定中小型风力发电机组相关标准，建立中小型风力发电机组检测认证体系。

(2) 零部件关键技术研究开发。研究大容量风力发电机组齿轮箱载荷谱分析技术，研究复杂载荷下齿轮箱的结构完整性及优化设计技术，研究齿轮箱轮齿传动齿向修正和齿形修形设计技术，研究齿轮箱箱体设计及密封技术，研究齿轮箱齿轮材料低温处理技术，研究齿轮箱轻量化设计技术，研究大容量风力发电机组齿轮箱产业化技术等。

研究超长叶片气动外形、结构、材料与控制一体化的设计技术，研究叶片气动控制、柔性结构设计技术，研究叶片整体装配工艺流程和结构铺层优化设计技术，研究分段式叶片设计及制造技术，研究碳纤维等先进材料在叶片结构设计中的应用技术，研究风力发电机组叶片性能仿真分析技术，研究超长叶片产业化技术等。

研究大容量风力发电机先进、高效的冷却技术，研究发电机结构及工艺设计技术，研究发电机电磁方案选择优化技术，研究发电机防腐设计技术，研究大容量风力发电机轻量化设计技术等。

研究大容量风力发电机组变流器和变桨系统等的模块化设计技术，研究变流器全数字化矢量控制、电磁兼容和中高压变流等技术，研究变桨距与变速控制技术，研究电网失电及系统内外各种故障下安全顺桨技术等；研究轴承、偏航系统等其他零部件设计技术。

(3) 公共试验测试系统及测试技术研究。研究风力发电公共试验测试系统设计建设关键技术，研制大型风力发电机组传动链地面测试系统、野外测试风力发电场，研制叶片、轴承等关键零部件的公共测试系统，研究风力发电机组在线监测与故障诊断技术，研制大型风力发电机组在线综合动态测试、分析诊断和优化系统，研制风力发电机组/风力发电场并网特性测试系统，研究风力发电机组整机、传动链、关键零部件、并网等方面的测试技术。

(4) 先进风力机翼型族设计及应用技术。研究风力机叶片先进翼型设计技术，包括大厚度翼型设计技术、翼型直接优化设计技术、钝尾缘修型方法和钝尾缘翼型减阻技术。

研究高精度风力机翼型大攻角性能仿真技术，包括翼型大攻角流场和气动特性数值模拟技术、翼型动态失速模拟技术、翼型气动噪声数值模拟技术，研究翼型数值模拟方法的软件实现技术。

研究风力机翼型大攻角风洞实验技术，包括翼型大攻角风洞实验洞壁干扰修正技术、翼型大攻角气动特性测试技术、翼型动态失速风洞实验技术、翼型绕流风洞实验技术。

研究风力机翼型在大型风力机叶片上的应用技术，包括翼型气动性能预测技术、二维翼型气动数据三维效应修正技术、翼型在风力机叶片上的优化布置技术、风力机叶片设计工具软件系统开发技术。

(5) 大型风力发电场设计、建设及运行关键研究开发。研究高性能测试设备设计开发技术；研究复杂地形下的风能资源分析技术；研究风力发电场宏观选址、微观选址技术；研究符合我国环境条件和风力发电场特点的风力发电场设计、优化系统软件开发技术；研究适合陆上风力发电场吊装及维护专用设备的设计开发技术。

研究风力发电场功率预测技术,研究风力发电场有功/无功控制调节等风力发电场优化控制策略技术;研究集成功率预测、有功/无功调节的风力发电场综合监控技术;研究风力发电场集中解决低电压穿越的关键技术;研究区域多风力发电场远程故障诊断系统开发技术;研究风力发电场维护策略及优化技术;研究连接监控系统和远程诊断的区域风力发电场资产信息化管理系统开发技术。

研究特大型风力发电场与电网相互作用;研究大型风力发电场对局部气候、生态环境等的影响。

研究近海风力发电运输安装、风力发电场电力传输、变电及送出技术,研究近海风力发电场工程建设施工作业方法和技术,研究近海风力发电场运营维护技术和方法,研究近海风力发电场防腐蚀、抗破坏性大风、绝缘等相关技术;研究多桩式、悬浮式等不同海上风力发电机组基础设计技术。

(6) 风力发电并网关键技术研究开发。研究大型风力发电场出力及运行特性、电压分层分区控制策略和综合控制技术、风力发电场支持电网调频的有功控制技术、新能源发电与系统稳定控制技术、风力发电场并网系统备用容量优化配置和辅助决策技术。

研究风力发电分布式接入电网的控制技术。

(7) 储能及风能直接应用关键技术研发。研究新型储能材料,研究大容量、高效率、高可靠性、规模化储能装置和储能装置系统集成技术;研究利用风能进行制氢、海水淡化及高耗能工业领域直接应用技术;研究风力发电、光伏发电、水电等多能互补发电系统关键技术。

3. 集成示范类

在开展风力发电关键技术研究开发的同时,积极推进集成示范工程建设,形成海上风力发电机组、特大型风力发电场、多能互补发电系统和分布式发电系统等标志性示范工程,以进行海上风力发电机组设计、海上风力发电机组基础设计及施工、海上风力发电机组运输及安装、大型风力发电场运营管理、大型可再生能源多能互补发电系统接入电网特性技术和分布式发电系统直接应用技术等验证工作。

集成示范技术的主要方向如下:

(1) 百万千瓦以上区域性多风力发电场的监控与智能化管理。

(2) 15 万千瓦海上及潮间带风力发电场,包含单机容量 7 MW 级风力发电机组。

(3) 风、光、水、储等多能互补发电系统。

(4) 分布式发电直接应用系统。

4. 成果转化类

衔接"十一五"已有成果,结合"十二五"规划的实施,以整机制造作为重点,将具有创新性的技术成果转移到整个行业,改进风力发电产品生产制造工艺,提高风力发电产品性能和可靠性,降低风力发电开发成本。

成果转化技术的主要方向如下:

(1) 7 MW 级风力发电机组及关键零部件产业化基地。

(2) 耐低温、防沙尘、抗灾害性大风、防盐雾及适合高原地区等符合我国环境条件风力发电机组的产业化基地。

(3) 将新开发翼型族应用于 1.5 MW 及以上风力发电机组叶片。

(4) 将独立变桨技术在 3.0 MW 及以上主流风力发电机组上进行规模化应用等。

5. 公共服务体系建设

建设国家级风力发电公共数据库及信息服务中心，建设国家级公共研发与试验测试中心，研究风力发电测试技术，建立和完善各类风力发电标准、检测与认证体系，建设风力发电国家重点实验室，国家工程技术研究中心、产业联盟及产业化基地，推动我国风力发电产业的自主创新能力建设，推动风力发电技术进步，提高风力发电机组效率、性能与可靠性，提升我国风力发电产业的国际竞争力。

(1) 公共数据库及信息服务中心建设。研究建立我国不同环境、地形与电网条件下风力发电机组的运行状况、故障以及翼型、标准、专利等各个方面的公共数据库，为我国风力发电机组设计及优化提供基础数据依据；建立风力发电公共信息服务中心，收集、分析、发布权威信息，推动数据与信息等资源的共享。

(2) 标准、检测与认证体系建设。建立完善符合我国具体环境条件、地形条件与电网条件的风力发电标准体系，建立、完善大型及中小型风力发电产品检测与认证能力，加强检测认证机构能力建设，统一规范认证模式，建立完善的风力发电设备认证软件工具系统，有效推进并严格实施风力发电产品检测与认证工作。

(3) 技术创新平台建设。建设风力发电国家重点实验室，国家工程技术研究中心、产业联盟以及产业化基地等技术创新平台，能够加快新技术和新设备从设计、开发、验证、成果转化和推广的进程，为风力发电技术进步提供强有力的支撑。

6. 人才培养

风力发电是一项综合性很强的高新技术，与众多学科有交叉，涵盖气象、材料、空气动力学、控制与自动化、电气、机械、电力电子、检测认证等多个专业领域。目前我国风力发电人才严重匮乏，尤其是风力发电机组研发专业人员、高级管理人才、制造专业人员、高级技工以及运行和维护人员。因此，“十二五”期间必须重视和加强风力发电人才培养和人才队伍建设，培养从研发、设计、制造、试验到标准、检测认证、质量控制、管理、运行维护、售后服务等各个环节的人才，为我国风力发电产业的快速发展提供人才储备和支撑。

加强风能科技研究与产业化领域各类人才的培养，着力培育和建设一批专业技术过硬、自主创新能力强、具有国际竞争力和影响力的高水平研究团队；在高校和科研院所等科研教育单位设立风能相关专业，加强学科建设，培养不同层次的专业人才；设立青年人才培养计划，加强人才梯队建设，加大海外优秀人才和智力资源的引进；建立和完善人才培育引进的优惠政策、评价体系和激励机制，稳定人才队伍；积极鼓励和推荐我国科学家参与国际研究计划、并在国际组织机构任职，提升国际影响力。

(1) 加快培育建设一批高水平研究团队。依托风能领域重大科研项目、重点学科和科研基地以及国际学术交流与合作项目，加大风力发电学科或学术带头人的培养力度，积极推进创新团队建设，培育一批专业技术过硬、自主创新能力强、具有国际竞争力和影响力的高水平研究团队；进一步完善高级专家培养与选拔的制度体系，培养造就一批中青年高级专家，提高风力发电自主研发与创新能力。

(2) 充分发挥学科建设在人才队伍培养中的作用。加强风力发电科技创新与人才培养的有机结合，鼓励科研院所与高等院校培养研究型人才；支持研究生参与科研项目，鼓励本科生投入科研工作；高等院校要及时合理地设置风能学科及相关专业，开展相关风能资源评估、空气动力学、机械制造、电力电子、电力并网等方面的理论和实验研究，将基础研究与人才培养相结合。加强职业教育、继续教育与培训，培养适应风力发电产业发展需求的各类实用技术专业人才。

(3) 支持企业培养和吸引科技人才。鼓励风力发电企业聘用高层次科技人才,培养优秀科技人才,并给予政策支持;鼓励和引导科研院所和高等院校的科技人员进入市场创新创业;鼓励企业与高等院校和科研院所共同培养技术人才;鼓励企业多方式、多渠道培养不同层次研发与工程技术人才;支持企业吸引和招聘海外科学家和工程师。

(4) 加大高层次人才引进力度。制定和实施吸引风能领域海外优秀人才回国工作和为国服务计划,重点吸引高层次人才和紧缺人才;加大对高层次留学人才回国的资助力度;加大高层次创新人才公开招聘力度;健全留学人才为国服务的政策措施;实施有吸引力的政策措施,吸引海外高层次优秀科技人才和团队来华工作。

7. 国际科技合作

"十二五"期间,将风能开发与利用国际合作的内容纳入国家科技计划予以安排,列入双边或多边政府间科技合作协议框架,鼓励发展与风能领域主要国家、国际组织、知名研究机构等的长期合作关系。

(1) 基础科学领域合作。结合我国风力发电发展对基础科学研究的迫切需求,围绕风能资源测量与评估、风力发电系统工程等研究领域中的基础科学问题,与国外科研机构开展有针对性的合作研究,提升我国风力发电基础科学领域的研究能力。

(2) 适应我国环境特点与地形条件的技术开发领域合作。结合我国具体的环境、地形与电网条件,围绕风力发电机组及关键零部件设计制造、风力发电场设计及运营、风力发电并网及非并网的分步式接入、风力发电系统软件等技术开发领域的重点问题,深化与拓展与国外国际组织、科研机构及企业的技术合作,开展有针对性的联合开发或合作研究,开发适应我国实际情况的风力发电技术与产品。

(3) 产业公共服务体系与能力建设领域合作。围绕风力发电公共测试系统设计与建设、风力发电关键测试技术研究、公共数据库信息服务中心建设等产业公共服务体系的建设和完善,以及标准、检测与认证体系、人才培养体制、政策、环境与安全研究等能力建设领域中的重点问题,与欧美等风力发电发达国家开展有针对性的合作研究与交流,借鉴国际先进经验,逐步建立、完善和规范我国产业公共服务体系。

(4) 积极参与国际组织、国际研究计划及国际标准制定。紧密围绕国内需求、重点任务等相关要求,有针对性地积极参与风能领域国际组织和国际间研究计划,积极参与国际标准的研究与制定;适时发起新的由我国主导的国际研究计划,鼓励在华创建风能领域的国际或区域性科技组织;鼓励我国科学家和科研人员在国际组织及国际研究计划中任职或承担重要研究、管理工作,提高我国科研人员及科技成果的国际影响力。

六、保障措施

根据"基地+人才+项目"的总体建设模式,以企业为创新主体,以学和研为研发主力,采取产、学、研、用相结合的方式,完成科学突破、技术攻关和应用示范,确保"十二五"计划的顺利实施。

通过合理规划研发结构布局及资源配置,有效吸引、大胆使用和着力培养一批具有国际水平和合作精神的科研人才,提高科研项目管理水平,加强公共信息服务中心建设,保护知识产权,推进标准、检测、认证体系建设,最终形成可持续发展的风力发电产业科研体系。

结合风力发电多学科交叉的特点,打破传统学科和学历界限,广纳物理学、化学、材料学以及工程技术等多方面人才;将人才队伍建设与学科建设和创新体系建设紧密结合;注重队伍结构的合理性,在引进、培养技术/学术带头人的同时,相应地配置高水平的技术支撑人员和管理人员,大力推进团队建设,形成完善的人才培养体系和选拔机制。

充分发挥国家高新技术产业开发区、国家级高新技术产业化基地的作用,加快成果产业化,推动创新型产业集群建设工程,围绕本专项确定的主要目标,合理选择技术路径和产业路线,采取有效措施,促进产业集群的形成和创新发展。

附录B　风力发电机组安装标准

一、安装资质要求

(1) 风力发电机组安装是风险较大的一项作业,安装单位必须具备相应的安装资质,具备设备安装企业二级及以上安装资质。

(2) 特种作业人员必须持证上岗,如起重工必须具备起重工操作证、起重指挥必须具备起重指挥操作证、从事电气工作的必须具备电工证,焊工应有焊工证等。其他作业人员必须身体健康,如恐高症、心脏病等不能从事高空作业。

(3) 从事安装工作的所有人员必须熟悉掌握安装要求,并经过相应的培训考核。

二、安全规范

1. 安全基本要求

(1) 现场作业人员应经过安全培训,参加吊装的人员应经体格检查合格。

(2) 现场指挥人员应唯一且始终在场,其他人员应积极配合并服从指挥调度。

(3) 现场必须有一名专职安全员,监督所有人员遵照安全规范进行作业,人员每天到场及各工序作业前,均应进行安全技术教育。

(4) 吊装作业区应有安全设施,如警示性标牌、围栏等,并设专人警戒,与作业无关人员严禁入内。起重机工作时,起重臂杆旋转半径范围内,严禁站人或通过。

(5) 进入风力发电机组安装现场,所有人员必须戴好安全帽,穿好安全鞋,防止被意外坠落物体砸伤。

(6) 所有在风机现场使用的人身防护装备必须符合下列一般条款:

① 在有效期内使用。

② 若有损坏,应立即更换。

③ 人身防护装备标准应符合现行的标准和规范以及厂家的使用说明书规定。

(7) 人身防护装备包括如下的安全设备:安全帽、安全带、减震系绳、带挂钩的安全绳和防坠落的机械安全锁扣。并且这些安全设备必须要符合安全设备标准。

(8) 凡在离地面 2 m 及以上的地点进行作业时,都必须穿戴好安全带。使用前进行检查,不得低挂高用,需将安全绳固定在可靠的固定点上并与安全衣相连。

(9) 严禁在工作期间饮酒或意识不清楚状态下进行工作。

(10) 安装过程中不允许带电作业,在工作之前,应切断电源,并挂上警告牌。如果必须带电作业时,必须使用专用电气工具,并将裸露的导线作绝缘处理。应注意用电安全,防止触电。

(11) 作业人员要注意力集中,塔筒和机舱对接及叶片组装时,严禁将头、手伸出塔筒外或叶片法兰内。

(12) 在风力发电机组机舱外作业时,塔筒周围不得站人。有人员在机舱外工作时,须确保此期间无人在塔筒周围,避免坠物伤人。

(13) 在作业现场,应随身携带对讲机或移动电话并保证通信畅通,以提高安装工作效率和安装工作质量或其他紧急情况时使用。

(14) 攀爬塔筒时,每次每节塔筒梯子上只允许一人。通过平台后,及时关好盖板门。只有当平台盖板关上后,第二个人才允许攀爬,携带工具者应后上先下,避免坠物伤人。

(15) 攀爬的时候,小工具和其他松散的小零件必须放在专用工具包或箱中,并固定可靠。不方便随身携带的重物应使用提升机输送。

(16) 恶劣天气特别是雷雨、大雾天气,严禁进行吊装和在风机内工作,工作人员不得滞留现场,在雷雨过去至少 1h 后或能见度达到要求后才可继续进行工作。

(17) 机组起吊风速不能超过安全起吊数值,安全起吊风速大小应根据风机设备安装技术要求决定,一般在风速≥10 m/s 时不允许进行吊装,风速≥8 m/s 不允许进行叶轮的吊装,风速≥12m/s 时,严禁在机舱内外以及叶轮处工作。

2. 其他特殊要求

(1) 吊装工作开始前,应对起重运输和吊装设备以及所用索具的规格、技术性能进行细致检查或试验,起重设备应进行试运转,吊装前应进行试吊,经检查合格方能投入使用。

(2) 吊索、吊具必须是专业厂家按国家标准规定生产、检验、具有合格证和维护、保养说明书,报废标准应参考各吊索具相关报废标准。

(3) 起重机应尽量避免满负荷运行。在满负荷或接近满负荷时,严禁同时进行提升与回转。

(4) 两台起重机同时起吊一重物时,要根据起重机的起重能力进行合理的负荷分配(吊重质量不得超过两台起重机所允许起重量总和的 75%,每一台起重机的负荷量不宜超过其安全负荷量的 80%)。

(5) 起重机驾驶人应严格遵守《起重机安全操作规程》。

(6) 在安装现场进行焊接、切割等容易引起火灾的作业,应提前通知有关人员,做好安全防范及与其他工作的协调工作。作业周围清除一切易燃易爆物品,或进行必要的防护隔离。

三、机组进场准备

1. 进场道路基本要求

见风力发电场设计标准。

2. 吊装机位场地及塔筒基础要求

(1) 吊装作业场地应平整,最大高低差值小于 15 cm,场地压实系数不小于 0.93。

(2) 吊装作业场地面积应根据机组安装手册中的相关要求确定。

(3) 基础施工完毕后,当基础混凝土强度、接地电阻测试结果及基础环上法兰水平度均合格后方可进行机组吊装作业。

3. 施工管理的要求

(1) 安装前期,由项目公司组织监理、施工单位、设备厂家等单位召开技术交流会,明确各方职责、制定安装计划,确定安装方案,形成会议纪要。

(2) 设备厂家应给各单位做技术交底,工程施工过程应严格按照设备厂家的技术规范进行。

(3) 施工单位负责整个工程的施工安全、施工总进度控制、施工质量控制和施工的组织等,其中设备的安装安全及质量应遵循国家有关法律法规和设备厂家的技术标准,设备厂家应给予相应的技术支持。

(4) 监理单位代项目公司,依据国家有关法律法规和工程建设监理合同、工程建设的各有关合同及设备安装规范,对风力发电场工程项目实施监理,包括对工期控制、质量控制以及组织协调等。

四、机组卸货及存储

1. 塔筒卸货及存储

(1) 依据设备进场验收单进行详细检查,要求零部件齐全、完好,塔筒两端用防雨布封堵、法兰用米字支撑固定并如实填写检查记录表。

(2) 依据塔筒技术条件,检查塔筒是否合格。

(3) 塔筒应放置在基础环附近,按上、中、下次序并排摆放,每节塔筒的上法兰应靠近基础环,以利于塔筒吊装,减少主吊车的移动。

(4) 塔筒应水平放置,在靠近塔筒法兰的地方,支撑稳固,并用合适的材料采取打“堰”的方式,防止塔筒滚动。

2. 机舱卸货及存储

(1) 依据设备进场验收单进行检查,要求零部件齐全、完好,如实填写检查记录表。

(2) 使用专用的机舱卸载吊具将机舱缓慢平稳地卸载到指定的地点,具体的卸车地点要视场地的条件来定,总的原则是要利于后续机舱的吊装且不影响其他部件的吊装。在安装和卸载吊具的过程中要注意不要碰坏机舱里的元器件。

(3) 机舱放置时机舱应顺风放置,并保持运输支架水平,确保地面有足够的承载力,如果不立即吊装需做好机舱的防护,防止风沙雨雪进入设备。

3. 轮毂卸货及存储

(1) 依据设备进场验收单进行检查,要求零部件齐全、完好,如实填写检查记录。

(2) 轮毂卸载之前,必须制定好现场布置方案确定叶轮组装的位置,总的原则是要利于日后其他机组部件的吊装。

(3) 使用专用的轮毂卸载吊具将轮毂缓慢平稳地卸载到指定的地点。在安装和卸载吊具的过程中尤其要注意不要碰坏机舱里的元器件。

(4) 轮毂放置时保持运输支架水平,支撑地面要求地面平坦、有足够的承载力,如果不立即吊装需及时将轮毂外包装防护好,防止风沙雨雪进入设备。

4. 叶片卸货及存储

(1) 叶片卸载前,依据设备进场验收单,对叶片进行详细检查,如实填写检查记录。

(2) 按照规范要求使用专用的叶片卸载吊具将叶片安全平稳地卸载到指定的地点。

(3) 卸载过程中随时要注意观察叶片与地面是否接触,如果接触立即要采取措施使叶片前缘远离地面,并保证叶片前后支架支撑处有足够的承载力。

(4) 夜晚光线不足时不要进行叶片卸载作业,以免发生意外。

5. 电控柜卸货及存储

(1) 电控柜在摆放时,大面应顺着主风向,摆放应平稳。若到货当日不安装,必须进行固定,避免倾翻。

（2）必须用防雨布对电控柜做好防护，避免风沙、雨、雪对电器元件造成侵蚀。

五、机组吊装作业

1. 塔筒安装

（1）塔底电控柜安装：

① 电控柜安装前，将基础环内混凝土地面清扫干净。

② 根据安装工艺要求，安装好塔底电控柜，要求电控柜安装平稳、不得倾斜，并采取防震、防潮等安全措施。

③ 电控柜与电控柜支架连接紧固。

④ 如果下段塔筒不立即吊装，还需要采取措施将电控柜控制牢固，防止因大风带来安全隐患，并用防雨布将电控柜防护好。

⑤ 电控柜安装完毕后，要及时回收外包装材料。

（2）塔筒吊装

① 顶部塔筒吊装和机舱吊装必须在同一天完成，在顶部塔筒吊装前就要完成机舱的组装工作。

② 塔筒安装前，清理干净塔筒法兰表面的各种污物包括油脂、毛刺、凸起物等，清理干净后在基础环法兰涂抹一圈密封胶。

③ 检查塔筒表面是否有防腐漆破损，如有破损应在吊装前按照规范补刷防腐漆。

④ 安装好吊具，使用两台吊车配合，将塔筒在空中由水平状态变成竖直状态。

⑤ 拆去底部法兰吊具后，由主吊将塔筒缓慢吊至安装位置，要求塔筒法兰对接标记正确，下降过程中注意要控制好塔筒。

⑥ 塔筒法兰对正后，安装好螺栓、垫圈和螺母，要求安装方向正确并在规定的位置涂抹固体润滑膏。

⑦ 按工艺要求紧固塔筒螺栓至规定扭矩，并注意采取必要的措施做好对塔壁的防护，避免损坏塔壁防腐漆。

⑧ 拆卸掉主吊具，开始下一段的吊装准备。

⑨ 按要求安装塔筒入口舷梯及其他附件。

⑩ 安装其余塔筒，安装方法同上，各段爬梯应对正。

⑪ 按要求连接各段塔筒的接地线，要求连接紧固可靠。

⑫ 塔筒安装完毕后，及时回收外包装。

2. 机舱安装

（1）机舱附件安装：

① 按工艺要求安装好测风支架、风向标、风速仪、航空灯、机舱内部爬梯等附件，测风支架底座与机舱接触一圈要求用密封胶密封好。

② 按工艺要求完成机舱壳体的组装，要求机舱壳体接缝处用密封胶密封良好。

（2）机舱吊装：

① 按要求将机舱专用吊具安装好，并在吊装前将机舱内外清扫干净。

② 当机舱起吊离开地面后拆除机舱运输支架，继续起吊到一定高度后，清洁机舱连接法兰面，并按要求安装定位螺栓，然后由主吊将机舱 缓慢起吊至塔筒安装位置，注意：机舱放置方向要便于随后主吊车安装叶轮。

③ 机舱对正后，按要求安装螺栓和垫圈，并在规定的位置涂抹固体润滑膏。

④ 按工艺要求紧固机舱连接螺栓至规定扭矩，并注意采取必要的措施做好对塔壁的防护，避免损坏塔壁防腐漆。

⑤ 机舱专用吊具安装和拆卸过程中，要注意不要碰坏机舱内的设备和电气元件。

⑥ 机舱安装完毕后要及时回收机舱包装材料。

(3) 直驱机组发电机安装：

① 按要求将发电机专用吊具安装到吊钩及发电机上，主吊起吊至一定高度后，清洁发电机连接法兰面和发电机表面，安装螺栓及定位螺栓并按要求露出规定的长度。

② 主吊将发电机起吊至一定高度后，辅吊将发电机由垂直位置翻转到水平状态，然后调整发电机倾斜角到规定值。

③ 发电机吊装及螺栓紧固方法同机舱。

3. 叶轮安装

(1) 叶片组装：

① 叶片组装前，注意全面检查叶片外观，如有问题立即反馈，并做好记录。

② 清理叶片法兰螺纹孔，安装双头螺栓(如果已安装，此步骤省略)，螺栓露出长度符合设备厂家的技术要求，在规定的部位涂固体润滑膏。

③ 按工艺要求将叶片组装到轮毂上，要求叶片根部 0 刻度线零点与变桨轴承的 0 度标记线对正，并安装好螺母，注意在组装叶片时，叶片支撑一定要稳固、牢靠，禁止使用泡沫直接作支撑，如果叶片支撑不牢固可采用吊车协助。

④ 按工艺要求紧固叶片连接螺栓至规定扭矩，并注意采取必要的措施做好对轮毂防腐漆的防护。

⑤ 三只叶片未组装完毕之前，安装人员不得擅自离开现场。

⑥ 夜间光照不好情况下，不得进行叶片组装作业。

(2) 叶轮附件安装

① 安装叶轮导流罩，接缝处用密封胶密封良好。

② 按要求在叶根规定位置上打双组份结构胶，并安装好叶片密封，在叶片密封与叶片接触的边缘接缝处用密封胶密封良好(出厂前如已安装，此步骤省略)。

③ 按照工艺要求安装好其余附件。

(3) 叶轮吊装

① 按工艺要求安装好叶轮吊具，并在吊装前将叶轮内外清扫干净。

② 拆除轮毂支架，主吊车和辅助吊车同时配合起吊提升到一定高度后清洁轮毂法兰面和螺纹孔，并按要求安装叶轮定位螺栓。

③ 继续缓慢提升叶轮，待叶轮垂直于地面时，撤离辅吊，拆除辅助吊带，由主吊车继续慢慢提升至叶轮安装位置，在叶轮吊装过程中，要求地面人员通过导向绳控制好叶片，防止叶片碰撞吊车吊臂和塔筒。

④ 当轮毂法兰对正后，按要求安装好连接螺栓，并在规定的部位涂固体润滑膏。

⑤ 按工艺要求紧固叶轮连接螺栓至规定扭矩，并注意采取必要的措施做好对部件防腐漆的防护。

⑥ 对于因干涉还有部分螺栓无法完成紧固的，需解开主吊车的吊具，转动叶轮后，完成剩余螺栓的力矩紧固。转动叶轮的同时，利用导向绳取下叶尖护套，取下时注意坠物伤人。

⑦ 将叶片变桨到顺桨 90°位置(叶轮吊装时叶片已呈 90°时,此步骤省略),变桨时需注意安全。

⑧ 按要求安装完叶轮内部其他附件,完毕之后打扫叶轮及机舱内卫生,要求不得有任何工具、杂物遗留在叶轮及机舱内,至此风力发电机组机械部分安装结束。

六、内部电气安装

1. 基本要求

(1) 正确使用工器具,所使用的工器具应符合国家现行技术标准的规定。

(2) 电缆使用前应做好检查,要求电缆芯无发黑等现象,绝缘层无裂纹、损伤等质量缺陷。

(3) 端子或电器螺栓紧固时,应按规定的力矩紧固,并涂防松标识。

(4) 选用合适的电缆标记套给每根电缆做好标识。

(5) 控制柜接线安装完毕后要注意清理,仔细检查确保柜内无异物。柜门关紧、锁牢并做好密封。

(6) 电气安装须安排有相应资质并经培训合格的熟练人员进行。

2. 接线端头的处理要求

(1) 电缆接线端头制作不可损伤线芯。

(2) 电缆接线端子制作时应选用合适的工具,压接牢固。

(3) 使用的热缩套规格要正确,按要求进行热缩。

(4) 电缆终端和接头应采取加强绝缘、密封防潮、机械保护等措施。

(5) 动力电缆的连接时,按要求紧固螺栓并做好标记。

(6) 动力电缆接线完毕后,需测试相序以及相线对地绝缘。

3. 电缆安装排布要求

(1) 电缆安装排布要求牢固、整齐、美观、利于维护。

(2) 电缆不允许有绞接、交叉现象,并按要求进行固定。

(3) 电缆应横平竖直,均匀排布,拐弯处自然弯弧、下垂,不能超过国家规定的电缆最小弯曲半径。

(4) 电缆敷设前应合理安排每根电缆,动力电缆在终端头与接头附近宜留有备用长度。

(5) 敷设电缆时,电缆允许敷设最低温度,在敷设前 24 h 内的平均温度以及敷设现场的温度不应低于国家规定的温度值。当温度低于规定值时,应采取措施。

(6) 母线的相序标识应符合要求。

(7) 电缆在部件锐角处、易产生晃动、摩擦、温度较高、受强光照射等地方需按要求做好防护。

(8) 接线应排列整齐、清晰、美观,导线绝缘应良好、无损伤。

4. 接地部分要求

(1) 接地线至少与塔筒三点连接。

(2) 焊接应严格按相应的规范执行。

(3) 接地系统的连接点应按要求做好防腐。

(4) 接地电阻符合要求。

七、机组安装检查验收

(1) 机组安装检查工作是保证吊安装安全及机组安全运行的一个重要环节,一定要对每一步的安装检查工作认真负责,真正做到防患于未然,具体按照《风力发电场竣工验收标准》执行。

(2) 严格按照各种测试仪器的使用说明进行操作。

(3) 如发现问题及时做好记录,并及时通知现场技术负责人,组织人员做相应的处理工作。

参考文献

[1] 王承煦,张源．风力发电[M]. 北京:电力出版社,2005.

[2] 宋海辉．风力发电技术及工程[M]. 北京:中国水利水电出版社,2009.

[3] 吴双群,赵丹平．风力发电原理[M]. 北京:北京大学出版社,2011.

[4] 宋亦旭．风力发电机的原理与控制[M]. 北京:机械工业出版社,2012.

[5] 中国气象局风能太阳能资源评估中心．中国风能资源评估(2009)[S]. 北京:气象出版社,2010.

[6] 张志英,赵萍,等．风能与风力发电技术[M]. 北京:化学工业出版社,2010.

[7] 史仪凯．异步电机发电原理及其应用[M]. 西安:西北工业大学出版社,1994.

[8] 中国风力机机械标准化技术委员会．风力机械标准汇编[S]. 北京:中国标准出版社,2006.

[9] 叶杭治．风力发电机组的控制技术[M]. 北京:机械工业出版社,2006.

[10] 徐大平,柳亦兵,等．风力发电原理[M]. 北京:机械工业出版社,2011.

[11] 国际电工委员会．IEC 61400-1 风力发电系统:设计要求[S],2005.

[12] 宫靖远．风力发电场工程技术手册[M]. 北京:机械工业出版社,2004.

[13] 邵联合．风力发电机组运行维护与调试[M]. 北京:化学工业出版社,2009.

[14] 任清晨．风力发电机组工作原理和技术基础[M]. 北京:机械工业出版社,2010.

[15] 叶杭治,等．风力发电系统的设计、运行与维护[M]. 电子工业出版社,2010.

[16] 李俊峰,等．2012 中国风力发电发展报告[S]. 北京:中国环境科学出版社,2012.

[17] 王海云．风力发电基础[M]. 重庆:重庆大学出版社,2010.

[18] 姚兴佳,宋俊．风力发电机组原理与应用[M]. 北京:机械工业出版社,2009.

[19] 卢卫平,卢卫萍．风力发电机组装配与调试[M]. 北京:化学工业出版社,2009.

[20] 张俊妍,李玉军,张振伟．风力发电技术及工程[M]. 天津:天津大学出版社,2011.

读者意见反馈表

感谢您选用中国铁道出版社出版的图书！为了使本书更加完善，请您抽出宝贵的时间填写本表。我们将根据您的意见和建议及时进行改进，以便为广大读者提供更优秀的图书。

您的基本资料（郑重保证不会外泄）

姓　名：______________ 职　业：______________

电　话：______________ E-mail：______________

您的意见和建议

1. 您对本书整体设计满意度

封面创意：□ 非常好　□ 较好　□ 一般　□ 较差　□ 非常差

版式设计：□ 非常好　□ 较好　□ 一般　□ 较差　□ 非常差

印刷质量：□ 非常好　□ 较好　□ 一般　□ 较差　□ 非常差

价格高低：□ 非常高　□ 较高　□ 适中　□ 较低　□ 非常低

2. 您对本书的知识内容满意度

□ 非常满意　□ 比较满意　□ 一般　□ 不满意　□ 很不满意

原因：____

3. 您认为本书的最大特色：

____

4. 您认为本书的不足之处：

____

5. 您认为同类书中，哪本书比本书优秀：

书名：______________________________ 作者：______________

出版社：______________________________

该书最大特色：______________________________________

6. 您的其他意见和建议：

____

____

我们热切盼望您的反馈。

为了节省您的宝贵时间，请发送邮件至 hehongyan@tqbooks. net 索取本表电子版。

教材编写申报表

教师信息(郑重保证不会外泄)

姓 名			性 别		年 龄	
工作单位	学校名称		职务/职称			
	院系/教研室					
联系方式	通信地址(**路**号)		邮编			
	办公电话		手机			
	E-mail		QQ			

教材编写意向

拟编写教材名称			拟担任	主编() 副主编() 参编()	
适用专业					
主讲课程及年限		每年选用教材数量		是否已有校本教材	
教材简介(包括主要内容、特色、适用范围、大致交稿时间等,最好附目录)					

为了节省您的宝贵时间,请发送邮件至 hehongyan@tqbooks. net 索取本表电子版。